DIE NEUE BREHM-BÜCHEREI

388

Die Murmeltiere der Welt

Marmota

2. völlig neu bearbeitete und erweiterte Auflage
(die 1. Aufl. erschien 1968 unter dem Titel »Die Murmeltiere«)

Dimitrij Iwanowitsch Bibikow
unter Mitarbeit von Kenneth B. Armitage

Die Neue Brehm-Bücherei Bd. 388
Westarp Wissenschaften · Magdeburg · 1996
Spektrum Akademischer Verlag · Heidelberg · Berlin · Oxford

Mit 64 Abbildungen, 20 Tabellen und 1 Farbtafel

Originalarbeit für die Neue Brehm-Bücherei. Aus dem Englischen übersetzt von GERALD BOSCH.

Die Deutsche Bibliothek — CIP-Einheitsaufnahme

Bibikow, Dimitrij:
Die Murmeltiere der Welt / Dimitrij I. Bibikow. (Wiss. Bearb. für die amerikan. Arten Kenneth B. Armitage). Aus dem Engl. übers. von Gerald Bosch. –
2., völlig neu bearb. und erw. Aufl. –
Magdeburg: Westarp-Wiss.; Heidelberg: Spektrum Akad. Verl., 1996
(Die Neue Brehm-Bücherei; Bd. 388)
ISBN 3-89432-426-0
NE: Armitage, Kenneth B. [Bearb.]; GT

Titelbild: Zwei Eisgraue Murmeltiere (*Marmota caligata*) bei der Begrüßung (»Nasenreiben«). Yoho-Nationalpark, British Columbia, Kanada. Foto: H. LANGE.

Publiziert in Zusammenarbeit mit
Spektrum Akademischer Verlag, Heidelberg

Satz und Layout: Heinz-Jürgen Kullmann
Druck und Bindung: Hartmann, Ahaus

Vorwort

Murmeltiere sind große Nagetiere (Rodentia), die aufgrund ihrer Tagaktivität vielen Menschen auf der Nordhalbkugel bekannt sind. Die Wissenschaftler sind sich noch uneins darüber, wieviel Arten die Gattung *Marmota* tatsächlich umfaßt; die Mehrheit spricht sich für 12 bis 14 Arten aus, die etwa je zur Hälfte in der Alten und Neuen Welt vorkommen.

Sehr selten findet man zwei Murmeltierarten zusammen in einem Lebensraum, doch bewohnen die einzelnen Arten viele unterschiedliche offene Landschaften, die von arktischen Tundren, alpinen Matten bis hin zu den Grasebenen der gemäßigten Breiten reichen; gelegentlich findet man auch Murmeltiere, die in Waldgebieten leben, insbesondere das Waldmurmeltier Nordamerikas.

In ihrem gesamten Verbreitungsgebiet besitzen Murmeltiere eine verwirrende Vielzahl von Trivialnamen — der deutsche Name leitet sich aus dem Lateinischen *Mus montis* (»Bergmaus«) her, woraus dann althochdeutsch Murmonto oder Murmentin, später im Mittelhochdeutschen Mürmendin und schließlich das heutige Murmeltier wurde; daneben gibt es noch viele lokale Bezeichnungen, wie zum Beispiel Mankei (Oberbayern), Murbele (Allgäu), Murmeli (Nordschweiz), Mungg (Graubünden) und Bergstutzln (Steiermark). Die einzelnen Arten weisen von der kleinsten (Menzbiers Murmeltier) bis zur größten Art (Himalajamurmeltier) bezüglich Form und Größe nur geringe Unterschiede auf.

Menschen und Murmeltiere haben Zehntausende von Jahren nebeneinander existiert, und die Nager waren für den Menschen als Fleisch- und Pelzlieferanten von großer Bedeutung. Heute erfreuen sie vor allem den Bergwanderer und Naturfreund und zählen aufgrund ihrer relativen Größe und tagaktiven Lebensweise mit den zu am meist beobachteten Säugetieren. Beide Eigenschaften sind Kriterien, die es auch dem Biologen erleichtern, Lebensweise und ökologische Rolle der Murmeltiere in ihrem natürlichen Lebensraum zu studieren; das vorliegende Buch stellt daher auch den wohl umfassendsten Versuch dar, den aktuellen Wissensstand über diese spezialisierten »Erdhörnchen« zusammenzutragen.

Der Autor des Buches, Dr. DIMITRI IVANOVICH BIBIKOV, zählt zu den weltweit besten Experten über Murmeltiere; er hat bereits zahlreiche wissenschaftliche Veröffentlichungen und mehrere Bücher über die Murmeltiere der Alten Welt verfaßt, wobei er auf eine über vierzigjährige Forschungstätigkeit zurückblicken kann. Mein erstes Treffen mit Dr. BIBIKOV fand Anfang 1964 in Alma-Ata (Kasachstan) statt, wo er eine Abteilung des Zentralasiatischen Instituts zur Pestbekämpfung leitete; diese befaßte sich mit biologischer Grundlagenforschung über Sibirische Steppenmurmeltiere im Zusammenhang mit der Rolle der Tiere als Pestüberträger. Dr. KENNETH B. ARMITAGE, mein jahrelanger Kollege an der University of Kansas und wissenschaftlicher Betreuer des englischsprachigen Manuskriptes, das die Grundlage der hier vorliegenden deutschen Übersetzung bildete, hat beinahe genauso lange an Murmeltieren geforscht; das Fachwissen beider Wissenschaftler ergänzte hervorragend ihre jeweiligen Forschungsergebnisse, so daß aus dieser Synthese heraus ein Buch entstand, das für jeden Studenten der Säugetierbiologie, wie aber auch interessierten Natur- und Murmeltierliebhabern von größtem Interesse sein dürfte.

In der Vergangenheit behaupteten einige Säugetierforscher, nur eine einzige Art (*Marmota marmota*) habe sich von Westeuropa aus bis nach Sibirien ausgebreitet und sei von dort über die Beringstraße in den Westen Nordamerikas eingedrungen. Heute wissen wir, daß diese Artentheorie zu großzügig gefaßt war und daß keine Art einen Verbreitungsraum besitzt, der sowohl die Alte wie die Neue Welt umfaßt. Aus diesem Grunde haben die Biologen auf beiden Kontinenten verschiedene, komplementäre Murmeltierarten untersucht. Bei ihren Forschungsarbeiten konzentrierten sich die euro-asiatischen, vor allem die russischen Wissenschaftler, stärker auf ökosoziologische Fragestellungen; sie untersuchten beispielsweise Ökosystem und Gruppensozialverhalten der Murmeltiere, ihre ökophysiologischen und morphologischen Anpassungen, Populationsstrukturen, Bestandsschwankungen, Einfluß von Krankheiten und anderen Letalfaktoren, sowie den Einfluß des Menschen. Andererseits beschäftigte sich die nordamerikanische Murmeltierforschung, insbesondere in den Vereinigten Staaten, primär mit Fragen wie Energiestoffwechsel, Aktivitätszyklen, Stoffwechsel während des Winterschlafs sowie Fortpflanzungsstrategien, u. a. im Zusammenhang mit der räumlichen Verteilung der Tiere. BIBIKOVs Buch gibt als erstes Werk seiner Art einen globalen Überblick über die Biologie der Murmeltiere und versucht, alle Ergebnisse der Murmeltierforscher auf der ganzen Welt miteinander zu vergleichen und zusammenzufassen.

Wie man nach der Lektüre des Buches weiß, bleibt noch vieles zu tun. Auf zahlreiche bedeutende Fragen gibt es immer noch widersprüchliche Anworten, bezüglich der phylogenetischen Verwandtschaftsverhältnisse zwischen der Gattung *Marmota* und anderer Gattungen der Sciuridae (Erdhörnchen), einschließlich der Frage, ob die Murmeltiere ursprünglich in der Alten oder in der Neuen Welt entstanden sind. Zur Zeit werden sowohl in Rußland als auch in den USA Laboruntersuchungen durchgeführt, von denen man sich neue Erkenntnisse zu diesem Problem erhofft.

In Zwischenzeit besitzen wir mit dem vorliegenden Buch die beste Zusammenfassung und Analyse dessen, was wir momentan über Murmeltiere wissen.

2. Februar 1995, am »Tag des Murmeltiers«*

ROBERT S. HOFFMANN
Smithsonian Institution
Washington, USA

* amerik. »Groundhog Day«

Inhalt

1 Einführung

Murmeltiere haben den Menschen schon immer interessiert. Seit der letzten Eiszeit sind diese großen fetten Nagetiere jahrtausendelang wichtige Fleischlieferanten gewesen, denn ihre Knochen kamen bereits in den Küchenabfällen vor, die von den Jägern der Jungsteinzeit hinterlassen wurden. Die weite Verbreitung der Murmeltiere auf der Nordhalbkugel, ihre relative Häufigkeit auf offenem Gelände und ihre Grabtätigkeit, die sich anhand großer Erdauswürfe an den Eingängen ihrer Baue widerspiegelt, sind ein deutlicher Hinweis darauf, daß diese Tiergruppe eine wichtige Rolle in Berg- und Grassteppenökosystemen spielt.

Als lebhafte und sehr bewegliche Lebewesen tragen Murmeltiere nicht nur zur Formung der Landschaft bei, sie erfreuen uns auch tagsüber mit ihrem munteren Treiben und lassen bei nahender Gefahr ihre weithin reichenden, schrillen Alarmsignale ertönen. Mit ihrer Anwesenheit bereichern die Nager die relativ artenarmen Lebensräume der Trockensteppe, aber auch des Hochgebirges, in dem besonders wenige Säugerarten vorkommen. Ohne übertreiben zu wollen, stellt es allein schon vom ästhetischen Standpunkt aus ein reines Vergnügen dar, das Verhalten der Tiere in freier Natur zu beobachten. Ein einsames, rauhes Bergtal wird gleich viel reizvoller, wenn hier Murmeltiere leben — und wahrscheinlich ist auch die Freude, die sie den Menschen bereiten, einer der Hauptgründe, warum man sich im gesamten Verbreitungsgebiet der Murmeltiere, insbesondere aber in den Alpenländern und in Nordamerika, um deren Schutz und Erhaltung bemüht.

In Asien sind Murmeltiere nach wie vor eine bedeutende Handelsware, und trotz des drastischen Rückgangs der Bestände und ihres Lebensraums nimmt die Nachfrage nach Fellen und Fett weiterhin zu. Auch epidemiologisch spielen Murmeltiere eine wichtige Rolle: Innerhalb der letzten Jahrzehnte erkannte man, daß die Tiere ein natürliches Reservoir für viele Infektionskrankheiten bieten, unter anderem auch für die Beulenpest, die in vergangenen Jahrhunderten Tausende von Menschenleben kostete.

Die Untersuchungen an Murmeltieren besitzen nicht nur eine gewisse praktische Bedeutung, sondern sind auch von allgemeinem biologischen Interesse. Die Gattung *Marmota* ist ein ideales Objekt, um die geographische Variabilität von morphologischen und ökologischen Merkmalen zu untersuchen. Murmeltiere eignen sich hervorragend, um z. B. biologisch bedeutsame Phänomene wie Hypothermie, Winterschlaf, Aufbau und Dynamik von Populationen, Kommunikation und Soziobiologie, Fortpflanzungsstrategien usw. zu studieren. Gleichfalls sind sie ideale Studienobjekte, um die Evolution des Verhaltens zu erforschen.

Murmeltiere sind recht gut untersuchte Tiere; Hunderte von Veröffentlichungen beschreiben das Leben der einzelnen Arten und ihre Bedeutung für den Menschen. In der Literatur finden sich unzählige Einzelinformationen über taxonomische Stellung, geographische Verteilung, Lebensweise und Verhalten der Tiere. Die meisten Untersuchungen befassen sich mit besonderen Fragestellungen zur Biologie, räumlichen Verteilung und Populationsgröße einzelner Arten bzw. geographischer Varianten. Umfassende Studien über Murmeltiere sind hingegen selten; so gibt es nur eine detaillierte taxonomische Übersicht durch HOWELL (1915) für nordamerikanische Murmeltiere sowie durch BOBRINSKII (1937) für eurasische Murmeltiere. Einen allgemeinen Überblick über die Biologie dieser Tiere geben SETON (1953) und OGNEV (1947). In den 50er und 60er Jahren erschienen zahlreiche Veröffentlichungen über Murmeltiere, die auf dem Gebiet Rußlands und der ehemaligen UdSSR vorkommen, was das intensive Interesse an der epidemiologischen Bedeutung dieser Nagetiere widerspiegelt. Zur gleichen Zeit betrieb man auch Grundlagenforschung am Steppenmurmeltier und der zugehörigen *bobak*-Gruppe, an Menzbiers Murmeltieren, Roten Murmeltieren und Kappenmurmeltieren. In Österreich und Deutschland befaßten sich vergleichbare Studien mit dem Alpenmurmeltier. In den 40er Jahren interessierten sich die Zoologen in den USA primär für das Waldmurmeltier (*Marmota monax*), während andere nordamerikanische Murmeltierarten erst in den 60er und 70er Jahren intensiver untersucht wurden. (ARMITAGE 1962, 1975, BARASH 1973a, b, 1974a, b, DOWNHOWER & ARMITAGE 1971, HOFFMANN 1968). Die kanadischen Zoologen schenkten der Gattung *Marmota* kaum Beachtung; eine umfassende Monographie über die Murmeltiere Nordamerikas muß daher immer noch geschrieben werden. Obwohl das Buch »Marmots Social Behavior and Ecology« (BARASH 1989) einen interessanten Überblick über die Biologie der Murmeltiere gibt, insbesondere ihres Sozialverhaltens, sind die Ergebnisse, die amerikanische und russische Zoologen liefern, nicht immer vollständig berücksichtigt oder übertragbar. Die neuesten Veröffentlichungen über Murmeltiere, wie das Murmeltierkapitel, das LEE & FUNDERBURG (1982) für das hervorragende Werk »Wild Mammals of North America« (herausgegeben von CHAPMAN und FELDHAMMER) geschrieben haben, sind zu umfangreich, die Vergleiche unter den einzelnen *Marmota*-Arten zu detailliert, und Angaben über europäische Murmeltiere fehlen gänzlich.

In den Jahren 1965, 1967 und 1969 erschienen jeweils Bücher über die Murmeltiere in der ehemaligen Sowjetunion. Auf diesem Datenmaterial basiert eine Sonderausgabe, die das Geographische Institut der Akademie der Wissenschaft der UdSSR veröffentlichte: »Murmeltiere: Verbreitung und Ökologie« (Band 1, 1978) und »Murmeltiere: Biozönologische und praktische Bedeutung« (Band 2, 1980). Beide Bände sind in russischer Sprache erschienen und außerhalb der ehemaligen UdSSR praktisch unbekannt. BIBIKOV veröffentlichte 1968 eine kurze Übersicht über Murmeltiere, die sich in erster Linie mit europäischen und asiatischen Arten beschäftigte; das Buch erschien in der Reihe der Neuen Brehm-Bücherei in deutscher Sprache. Zahlreiche Untersuchungen, die seitdem in den 70er und 80er Jahren durchgeführt wurden, müssen noch zusammengefaßt und der Leserschaft anderer Länder zugänglich gemacht werden. Dies gilt auch für die vergleichenden Untersuchungen der Murmeltiere, die in der Alten und Neuen Welt leben. Das vorliegende Buch ist tatsächlich das erste Werk über die Murmeltiere der Welt, das sich mit dem Ursprung, der geographischen Verteilung, ihrer ökologischen, biozönologischen und praktischen Bedeutung auseinandersetzt.

Mein besonderer Dank gilt Prof. KENNETH B. ARMITAGE, einer der führenden Wissenschaftler der amerikanischen Murmeltierforschung, für die kritische Durchsicht meines Buches, wichtige Kritiken und Ratschläge bezüglich ausländischer Zitate. Dr. ROBERT S. HOFFMANN las das gesamte Manuskript und gab mir viele praktische Verbesserungsvorschläge. Außerdem möchte ich JAN ELDER, SHARON HOPKINS und JUDY WIGLESWORTH danken, welche die gesamte überarbeitete englische Fassung tippten, sowie SHARON HAGEN, die sie korrigierte und viele Abbildungen publikationsreif gestaltete. Viele strittige Aspekte im Leben und Verhalten der Murmeltiere diskutierte ich mit meinen Kollegen S. B. POLE, V. YU. RUMIANTSEV und R. V. DORMIDONTOV, wobei mir letzterer auch bei der Auswahl und Aktualisierung der Abbildungen in diesem Buch behilflich war. V. I. KARAVAEVA und N. A. GORGOLYUK unterstützten mich bei der Überarbeitung und Vorbereitung des Manuskripts. Meine Enkelin EKATERINA BIBIKOVA übersetzte das Buch ins Englische[1]; besonders danke ich auch meiner Frau LARISA A. BIBIKOVA, die mich nicht nur stützte und ermutigte, sondern mir auch eine wichtige technische Assistentin war. Ohne diese Hilfe wäre es nie möglich gewesen, das vorliegende Buch zu schreiben.

[1] Anmerkung des Verlags und Übersetzers: Das Originalmanuskript wurde vom Autor in einer ersten Fassung in Englisch vorgelegt, die von Prof. ARMITAGE grundlegend sprachlich überarbeitet und inhaltlich ergänzt wurde. Diese Fassung diente als Vorlage zur deutschen Übersetzung. Wir haben bewußt darauf verzichtet, die Autorennamen von der englischen in die deutsche Transkribierung umzuändern und sie im Original belassen. Da bereits 1968 in der Neuen Brehm-Bücherei unter derselben Bandnummer ein Titel von D. BIBIKOV erschien und der Autor in diesem Band in der Schreibweise »DIMITRIJ I. BIBIKOW« vorgestellt wurde (siehe auch NBB 587 »Der Wolf«), haben wir diese Schreibweise auf dem Titel belassen, im Gegensatz zur englischen Schreibweise »BIBIKOV« im Text des Buches. Die geographischen Bezeichnungen wurden soweit wie möglich geändert und der deutschen Schreibweise angepaßt.

2 Fachbegriffe

Der unzureichende Informationsaustausch unter Murmeltierforschern läßt sich nicht nur mit Sprachhindernissen erklären; vielfach beruht er auch auf unterschiedlichen Techniken und Forschungsschwerpunkten. Charakteristisch für die russische Forschung sind zum einen ökologisch-geographische Trends mit detaillierter Klassifizierung der Murmeltiersiedlungstypen und den damit verbundenen territorialen-demographischen Strukturen (1), zum anderen aber auch jahreszeitliche Schwankungen beim Energiehaushalt und bei der Fortpflanzung (2). Die Wechselwirkungen Mensch-Murmeltier sind in Rußland aufgrund der Rolle der Tiere im Ökosystem von besonderer Bedeutung — aber auch weil sie Jagdobjekte und natürlicher Krankheitsherd der Beulenpest sind (3).

Die westlichen Zoologen interessieren sich primär für soziale Wechselwirkungen, die je nach Umständen variieren (4). Große Aufmerksamkeit schenkt man hier auch dem Abwandern der Jungtiere und der Bedeutung der Verhaltensweisen für die Fortpflanzungsstrategie (5). Nachfolgend sollen die in diesem Buch verwendeten Fachbegriffe definiert und kurz erläutert werden.

(1) Familie — Gruppe miteinander verwandter Tiere, die gemeinsam überwintern. Davon abgeleitet: Familienrevier, Familienterritorium.

Kolonie (auch elementare Population) — Territorien von einem Dutzend bis hundert (wahrscheinlich näher verwandter) Familien, die sich untereinander visuell und akustisch verständigen.

Siedlung — Territoriale Murmeltiergruppe ohne sichtbares Gefüge. Meist spricht man vom »Siedlungstyp«, z. B. Schluchttyp, Herdtyp usw. Nach Auffassung vieler russischer Zoologen stellt diese Gruppenform eine eher allgemeine Kategorie der räumlichen Verteilung dar. In die hierarchisch gegliederte Reihe »Familie — Kolonie — lokale oder geographische Population« läßt sich dieser Terminus aufgrund seiner vagen Begrifflichkeit allerdings nicht integrieren.

Siedlungstyp — Das territoriale Verteilungsmuster der Tiere hängt von den Lebensbedingungen in einem bestimmten Gebiet ab. Man unterscheidet drei Formen des Siedlungstyps: (a) Steppentyp, mit diffuser, homogener Verteilung der Familienreviere, (b) Schluchttyp, Ausbreitung der Tiere über beträchtliche Entfernung entlang von Bachläufen und Schluchten, und (c) Herdtyp. Letzterer wird an den Grenzen eines (geographischen) Verbreitungsgebietes oder kurz unterhalb der Obergrenze der Vertikalverteilung beobachtet; in diesem Fall sind Familien und einzelne Murmeltiergruppen räumlich weit verteilt.

Population — Dieser Begriff wird meist noch in die Unterbegriffe verdünnte Population, lokale Population oder geographische Population unterteilt. Der Kern einer Population wird im Gegensatz zu seiner Peripherie dadurch gekennzeichnet, daß es hier ausreichend stabile Nahrungsquellen sowie passende Erdbauten gibt, in denen die Tiere überwintern können. In diesem Herzstück der Kolonie liegen überwiegend stabile Familienreviere, und auch die Murmeltierdichte fällt immer höher als am Rande aus. Ausfälle in der Population werden durch Tiere ergänzt, die aus trockenen bzw. außerordentlich feuchten Randgebieten der Population zuwandern, wo die ökologischen Schwankungen stärker sind.

Geographische Population — Murmeltiere, die weite, einheitliche Landstriche oder geographische Regionen bewohnen. Für gewöhnlich liegen diese im Talkessel großer Bergfließgewässer und meist viele Kilometer von ähnlichen Populationen entfernt. Zwischen den Murmeltieren benachbarter Populationen bestehen statistisch signifikante morphologische Unterschiede.

Auswurfhügel — Im Russischen als »surchina« bezeichnet; mitunter auch grasbedeckter Hügel aus ausgeworfenem Erdreich, das die Murmeltiere beim Anlegen ihrer unterirdischen Bauten aus dem Boden schaffen.

Erdbau — Unterirdischer Zufluchtsort, meist für mehrere Murmeltiergenerationen. Im Gebirge unterscheidet man zwischen Winterbauen (Winterschlafquartiere) und Sommerbauen, deren Kammern mitunter mit Gras gepolstert sein können. Auch gibt es großangelegte Dauerbaue, die zu allen Jahreszeiten genutzt werden. Sommerbaue werden nur auf ebenem Terrain beobachtet. Darüber hinaus gibt es auch noch Fluchtröhren, die keine Kammern oder Schlafkessel enthalten.

(2) Energiehaushalt — Gleichgewicht zwischen Auf- und Abbau des Unterhaut- und Bauchfettgewebes, das die Tiere benötigen, um die Vitalfunktionen während des Winterschlafs und unterirdischer Tätigkeiten aufrecht zu erhalten. Bei den meisten Arten wird auch während der oberirdischen Aktivität Fett aufgebraucht; dieser Prozeß erstreckt sich über neun bis zehn Monate, also fast über den gesamten Jahreszyklus.

Winterschlaf — Bei vielen Arten überwintert die gesamte Familie gemeinsam in einer speziellen Schlafkammer des Winterbaus. Während des eigentlichen Winterschlafs verfallen die Tiere in eine lang andauernde, tiefe Starre mit periodischen Wachphasen (selbst im tiefsten Winter), in denen die Körpertemperatur ansteigt sowie Stoffwechsel und Herzschlag zunehmen.

Fortpflanzungsrate — Diese bestimmt gemeinsam mit Mortalität und Abwanderungsrate die Schwankungen innerhalb der Mitglieder einer Murmeltierpopulation. Je nach Art und Umweltbedingungen kann die Fortpflanzungsrate schwanken, wobei auch die Populationsdichte eine Rolle spielt. Auf die Fortpflanzungsrate wirken Parameter wie das Alter, in dem die Tiere geschlechtsreif werden, das Abwandern der Jungtiere, die Anzahl vorhandener subadulter (nicht fortpflanzungsfähiger) Tiere, die Alterszusammensetzung der Population sowie die Wurfgröße.

(3) Murmeltiere spielen für die Ökologie offener Steppen- und Bergflächen eine bedeutende Rolle. Wichtige Faktoren sind dabei die relativ große Körpergröße der Tiere sowie ihre großen, umfassenden Erdbaue, die vielen anderen Arten (Mitbewohnern) Schutz bieten. Vorhandene Auswurfhügel und eine ausge-

dehnte Düngung (durch Urin, Fäzes, Kadaver) reichern den Boden mit Nährstoffen an und liefern so die Grundlage für eine vielfältige Vegetation.

Heute werden Murmeltiere nur noch in Asien wegen ihrer Felle, ihres Fetts und ihres Fleisches gejagt. Die Bestände gehen allerdings zurück, weil die Tiere und ihre Lebensräume durch Wilderer und unzureichende Naturschutzmaßnahmen bedroht werden. Zur Zeit sind die Bestandszahlen einiger Arten und Unterarten so stark zurückgegangen, daß man sie unbedingt unter Schutz stellen und ihre Bejagung verbieten muß.

In einigen wenigen Teilen ihres Verbreitungsgebietes sind ein paar Murmeltierarten deshalb epidemiologisch von Bedeutung, weil sie die natürlichen Hauptwirte und -überträger der Beulenpesterreger und anderer Tierpathogene sind. Durch Ausrottung der Murmeltiere schien man zunächst der Situation Herr zu werden, obgleich der Herd der Krankheit dadurch nicht ausgelöscht wurde. Gewisse ökologisch bedingte Mechanismen sorgen dafür, daß der Pesterreger weiterhin in der Natur vorkommt. Hierunter fällt beispielsweise, daß überlebende Tiere, die den Erreger in sich tragen, in andere Kolonien abwandern, wo dieser sich dann wieder ausbreiten und manifestieren kann.

(4) Das Sozialverhalten wird durch die unterschiedliche Zusammensetzung der Murmeltierfamilien und das Leben innerhalb einer Kolonie bestimmt. Bei einzeln lebenden Waldmurmeltieren überwiegen aggressive Handlungen gegenüber Artgenossen. Ganz anders sieht es da bei den in Gruppen lebenden Murmeltieren Amerikas, Europas und Asiens aus, wo meist ein »Klima des freundlichen Miteinanders« herrscht. Außerdem beobachtet man eine verzögerte Verteilung der Jungtiere über das Territorium sowie gemeinsamen Winterschlaf ganzer Großfamilien. In der Regel trifft man auf monogam und polygam (polygyn) lebende Murmeltiere.

Polygamie kommt bei Olympmurmeltieren, Eisgrauen und Gelbbäuchigen Murmeltieren vor, die in den Hochgebirgen Nordamerikas leben. Weibchen des Gelbbäuchigen Murmeltiers von unterschiedlichem sozialen Rang bilden Muttergruppen und kontrollieren das Abwandern der Jungen aus dem Territorium. Ein Männchen kann sich einem oder mehrerer dieser Muttergruppen anschließen und dann einen Harem bilden. Gruppenmitglieder mit niedrigem sozialen Status leben meist am Rand der Kolonie (außerhalb ihres Kerngebietes).

(5) Fortpflanzungsstrategie läßt sich als eine gesteigerte Vermehrungsrate unter günstigen abiotischen Faktoren bzw. einer verkürzten Winterschlafperiode definieren. Viele Arten und Varianten weisen bei einer niedrigen Populationsdichte höhere Fortpflanzungsraten und einen Rückgang der Sterblichkeit auf. Andererseits bedingt eine höhere Populationsdichte, daß weniger Jungtiere geboren und aufgezogen werden. In diesen Bereich fallen auch unterschiedliche Wachstums- und Entwicklungsraten, sowie das Phänomen, daß sich bei extremer Witterung (z. B. Dauerfrost, kurze Sommer) überdurchschnittlich große Gruppen bilden, um gemeinsam zu überwintern.

Kontrollmechanismen zur Regulation der Populationsdichte schlagen sich auch in den ökologischen und sozialen Wechselwirkungen nieder. Zu den ökologischen Faktoren zählen der Druck durch Raubtiere sowie Witterungsbedingungen (z. B. sehr kalte Winter oder trockene Sommer), die das Überleben der Population und das Ausmaß ihrer Vermehrung beeinflussen. Die sozialen Wechselwirkungen, die an der Häufigkeit von friedlichen Kontakten und Kampfhandlungen bemessen werden, beeinflussen Zeitpunkt und Verlauf der Verteilung der Jungen über das Territorium, wirken sich aber auch auf den Fortpflanzungserfolg der Weibchen unterschiedlicher sozialer Ränge aus. Weibchen, die in der Rangordnung sehr hoch stehen, können die Vermehrung rangniederer Weibchen unterdrücken, wodurch die Zuwachsrate der Gesamtpopulation zurückgeht.

3 Allgemeine Informationen

3.1 Taxonomische Stellung innerhalb der Familie Sciuridae und Ursprung der Gattung *Marmota*

Unter den Nagetierfossilien, die man in den Siedlungsresten der Frühmenschen aus dem Tertiär gefunden hat, befinden sich besonders viele Knochen von Vertretern der Familie Sciuridae (Hörnchen), woraus man auf eine weiträumige geographische Verbreitung und eine besondere Bedeutung dieser Tiergruppe für die damaligen Menschen schließen kann. Innerhalb der Sciuriden führten die spezialisierten Lebensweisen, in Bäumen bzw. in Erdbauten zu leben, zur Entwicklung zweier rezenter Gruppen dieser Nager, nämlich zu Eichhörnchen und Zieseln (oder Erdhörnchen), wobei man annimmt, daß Eichhörnchen die entwicklungsgeschichtlich ältere Form darstellen (GROMOV et al. 1965).

Die Nagetiere, die zu den Erdhörnchen (Marmotini) gezählt werden, einer Gattungsgruppe innerhalb der Erd- und Baumhörnchen (HAFNER 1984), sind stark an eine grabende Lebensweise (in Erdbauen) angepaßt. Allerdings findet man unter ihnen auch einige Vertreter, die sehr stark an eigentliche Eichhörnchen erinnern, beispielsweise die semiarboreal lebenden Chipmunks Nordamerikas, die baumbewohnenden Baumhörnchen oder Burunduks, die in den immergrünen Wäldern Südostasiens leben, aber auch die amerikanischen Erdhörnchen, die mehrheitlich eine Zwischenstellung zwischen Chipmunks und echten Zieseln einnehmen. Alle übrigen terrestrisch lebenden Sciuriden (Ziesel, Murmeltiere und Präriehunde) sind grabende Bodenbewohner.

Rezente wie auch fossile Vertreter der Marmotini findet man ausschließlich in der Holarktis, wobei in der Nearktis das Artenspektrum dieser Gruppe weiter gestreut ist. Amerikanische Ziesel (Erdhörnchen, *Spermophilina*) und Präriehunde (*Cynomys*) sind endemische Arten Nordamerikas. Die Paläarktis gilt als ursprüngliches Entstehungszentrum des Ziesels (*Spermophilus* [= *Citellus*]), während andere Arten offenbar in Nordamerika entstanden sind (GROMOV et al. 1965).

Zunächst soll der Ursprung der Gattung *Marmota* betrachtet werden. Vor kurzem wurde die Morphologie fossiler Vertreter der Gattung *Marmota* beschrieben, wobei versucht wurde, den Evolutionsverlauf rezenter Murmeltierarten zu bewerten. Prähistorisch läßt sich der Ursprung der Gattung bis ins Obere Oligozän (vor 25 Millionen Jahren) zurückverfolgen — die ersten Sciuromorpha gingen bereits im Paläozän (vor 60 Millionen Jahren) aus Insectivorenformen hervor; hingegen entstanden die Gattungen *Palaearctomys* und *Arctomyoides*, die beide mit *Marmota* verwandt sind, im Pliozän. Beide fossilen Gattungen sind aus nordamerikanischen Sedimenten aus dem Unteren Pliozän bekannt, während laut paläontologischer Funde aus Europa und Asien die moderne Gattung *Marmota* hier bereits im Mittleren Pliozän vorkam.

Murmeltiere — systematisch der Gattung *Marmota* BLUMENBACH, 1779 zugehörig — bilden eine recht homogene Gruppe aus Arten und Unterarten mit ähnlicher Ökologie. Sie sind die größten Vertreter der Sciuridae. Gemeinsam mit Präriehunden *(Cynomys)*, Zieseln *(Spermophilus)* und einigen anderen amerikanischen Erdhörnchenuntergattungen bilden sie, wie schon erwähnt, eine Gruppe, die sich auf eine grabende Lebensweise in vorwiegend offenem Gelände spezialisiert hat. Lediglich das amerikanische Waldmurmeltier (*M. monax*) bevorzugt als Lebensraum Wälder, lebt dort aber auch auf Lichtungen und Wiesen.

Viele Widersprüche in der Murmeltiertaxonomie rühren offenbar daher, daß deutliche morphologische Unterschiede zwischen den einzelnen rezenten Murmeltierarten fehlen. Bei pleistozänen Murmeltieren findet man Merkmale, die einer sogenannten generalisierten Form entsprechen. Diese Merkmale sind ein Hinweis darauf, daß die modernen Arten erst vor relativ kurzer Zeit entstanden sind und die Artbildung derzeit noch nicht abgeschlossen ist (GROMOV et al. 1965).

Innerhalb der letzten Jahre wurden vermehrt Fossilien eurasischer Murmeltiere gefunden, die aus dem Pliozän und Unteren Pleistozän stammen, wodurch sich die Hypothese verhärtet, daß die Gattung *Marmota* ursprünglich aus Zentralasien stammt. Eine Untersuchung der Lebensbedingungen von Murmeltieren in ihrem westlichen (Ukraine) bzw. östlichen (Transbaikalien) Verbreitungsgebiet liefert den Hinweis, daß im Oberen Pliozän in beiden Regionen Grassavannen dominierten; im Verlauf des Unteren Pleistozäns hatte sich diese Landschaft allmählich in eine Steppe umgewandelt (ZIMINA & GERASIMOV 1971, 1973, 1980).

Hier sollte angemerkt werden, daß sich die geographische Verbreitung der Murmeltiere vor der Alpenauffaltung im wesentlichen mit ihrer heutigen deckte; die Tiere lebten u. a. in Berg- und Mittelgebirgssteppen, Gras- und Waldsteppen. In Europa und Asien waren Murmeltiere während des Pleistozäns stärker verbreitet als heute. Dieser Unterschied war insofern zu erwarten, weil man das frühere Verbreitungsgebiet allgemein nur aufgrund von Fossilien aus Warm- und Kaltperioden des Pleistozäns und Holozäns rekonstruieren kann; während dieser Zeit wuchs und schrumpfte das Verbreitungsgebiet je nach Ausbreitung der Gletscherdecke.

Die historische Verbreitung der Murmeltiere in Europa ist weitaus detaillierter bekannt. Murmeltiere bewohnten ein Gebiet, das sich von den Pyrenäen, über Mittel- und ganz Osteuropa bis zum Kaukasus (im Süden) und zum Südural (im Osten) erstreckte. Ihr Verbreitungsgebiet bedeckte auch Polesje (die weißrussischen Waldgebiete), Teile der Bezirke Moskau und Iwanowo sowie die niedrigeren Gebirgszüge des südlichen Urals (OGNEV 1947, GROSSET et al. 1965).

Über das Verbreitungsgebiet der Murmeltiere in Asien während des Pleistozäns liegen heute zahlreiche Daten vor. In den Bergregionen Zentralasiens kennt man fossile Murmeltiere aus mittelpleistozänen Sedimenten, die im Sarawschan- und Hissargebirge gefunden wurden. Murmeltierfossilen, die in Ostsibirien (Anadyrgebirge), im Altai, in der Baikalregion, Transbaikalien und Ostchina gefunden wurden, kommen primär in Sedimenten aus dem Oberen Pleistozän vor.

Viele Hinweise deuten darauf hin, daß sich die Murmeltierarten parallel zur Entwicklung der Wiesen und Steppen während des Pliozäns etablieren und ausbreiten konnten. Deutliche Unterschiede zwischen den Jahreszeiten, wie eine verkürzte Vegetationsperiode, bildeten letztlich den entscheidenden Selektionsdruck, der bei den Vorfahren der heutigen Murmeltiere die Herausbildung komplexer ökologischer und physiologischer Anpassungsmechanismen förderte, die letzten Endes zur Ausbildung des Winterschlafs führte. Offenbar veränderten sich aber allgemeine Verhaltensmuster und bedeutende biologische Merkmale (wie etwa das Freßverhalten) unter den neuen Umweltbedingungen nicht. Sehr wahrscheinlich lebten die ersten Murmeltiere in unterirdischen Bauen auf offenem Gelände, waren unspezialisierte Pflanzenfresser, bildeten Kolonien und hielten vermutlich zur kalten Jahreszeit Winterschlaf.

Man muß allerdings auch anmerken, daß sich die Wissenschaft darüber uneins ist, wie die typische ursprüngliche Landschaft ausgesehen hat, in der die ersten Murmeltierarten vorkamen. Einige amerikanische Zoologen gehen davon aus, daß Murmeltiere Waldbewohner waren und erst später offene Landstriche, Wiesen und Steppen besiedelten. Dieser These zufolge hätte das Waldmurmeltier (*M. monax*) in stärkerem Ausmaß als andere *Marmota*-Arten die ursprüngliche Lebensweise beibehalten. Einige Besonderheiten dieser Art (wie z. B. einzelgängerische Lebensweise, frühe Geschlechtsreife, usw.) können demnach als ursprünglicher erachtet werden, wodurch dieses Murmeltier stärker den Zieseln ähnelt. Andererseits ähneln sich alle modernen Murmeltierarten (einschließlich *M. monax*) sehr stark in ihrem Verhalten, das charakteristischerweise dasjenige eines Bewohners offener Landschaften ist.

Obwohl Murmeltiere in sehr unterschiedlichen Habitaten (offene Steppen, hohe Bergwüsten und -tundren, Fels- und Geröllhängen, usw.) leben, sind sie von ihrem Verhalten her nicht nur deutlich an ein Leben auf der Ebene, sondern auch im Gebirge angepaßt; so können sie hervorragend springen und auch leicht an Felswänden emporklettern. Diese Verhaltensweisen brachten uns dazu, jene These, wonach Murmeltiere in einem bewaldeten Lebensraum entstanden, sehr kritisch zu betrachten. Wir erachten es als viel wahrscheinlicher, daß das Waldmurmeltier, das in der Gattung *Marmota* die Art mit den am stärksten abgeleiteten Merkmalen darstellt, sich sekundär an eine Lebensweise am Waldrand oder auf Waldlichtungen adaptierte.

Von allen paläarktischen Murmeltieren hat sich nur *M. bobak* den Lebensraum Steppe erobert. Andere Arten bewohnen Bergsteppen oder Almen, hochgelegene Bergwüsten oder -tundren. Dies trifft auch für Nordamerika zu, wo man keine Murmeltierart in einem steppenähnlichen Habitat antrifft. Diese Tatsache ist offenbar von besonderer Bedeutung für die ursprüngliche Landschaft, in der Murmeltiere entstanden. Von noch größerer Bedeutung sind paläogeographische Befunde, wonach Steppenbildung im Gebirge wesentlich rascher erfolgt als auf Ebenen oder in Vorgebirgen; demnach bot der Lebensraum Gebirge viel wahrscheinlicher als die Steppe die günstigeren Voraussetzungen zur Entstehung der Gattung *Marmota* und deren anschließenden Aufsplittung in Unterarten. Darüber hinaus bildeten sich Steppen wesentlich später als Bergsteppen zu spezialisierten Lebensräumen heraus. Demnach ist die zuvor geäußerte These, wonach bobakähnliche Formen die »primären Murmeltiere« darstellen und Murmeltiere im Lebensraum Steppe entstanden und von dort aus die Gebirgszonen besiedelten, wenig überzeugend.

Eine sehr plausible Ansicht bezüglich des entwicklungsgeschichtlich älteren Ursprungs montaner Murmeltiere vertritt BANNIKOV (1958). Er verweist auf folgende Merkmale, die Murmeltiere als ursprüngliche Bergbewohner charakterisieren:

(1) Als Futterpflanzen werden primär sukkulente, unverholzte Pflanzenteile gesucht, die in hochmontanen Habitaten eine ergiebige Nahrungsquelle darstellen.

(2) Die relative große Körpergröße (im Vergleich zu anderen Vertretern dieser Familie) als Adaptation, um geringere Wärmeverluste zu gewährleisten.

(3) Der Winterschlaf, der die Tiere eine längere Periode überleben läßt, in der es kaum Nahrung gibt, und der durch das Anlegen großer Fettpolster ermöglicht wird.

(4) Die Tagaktivität der Tiere und die damit verbundenen ausgeprägte innerartliche Kommunikation.

(5) Deutliche morphologische und ökologische Adaptationen, wie sie für petrophile Tiere typisch sind, welche die zum Überleben im montanen Klima erforderlichen Erdbaue ausheben können.

(6) Eine geringe Produktivität infolge der relativ großen Körpergröße der Murmeltiere und ihres Winterschlafs.

Heute findet man bei montanen Arten häufig, daß sie gezielt sukkulente Pflanzen fressen und über energiesparende Mechanismen während des langen Winterschlafes verfügen. Diesen Entwicklungsverlauf findet man bei allen Vertretern der Gattung *Marmota*. Insbesondere verzehren bergbewohnende Murmeltiere (*M. menzbieri, M. baibacina*) deutlich häufiger fleischiges Pflanzengrün als z. B. *M. bobak* und offenbar auch *M. b. sibirica*. Aufgrund der relativen Größe montaner Formen, wie bei *M. b. baibacina, M. himalayana* oder *M. caligata*, verlieren diese Tiere bei den für ihren Lebensraum charakteristischen niedrigen Luft- und Bodentemperaturen weniger Körperwärme und verbrauchen demnach auch weniger Fettreserven. Als weiteres typisches Merkmal entstand während der Evolution der Murmeltiere auch das Territorialverhalten; d. h. jede Familie verteidigt das von ihr bewohnte Gebiet mit seinen komplexen Bauen gegenüber anderen Artgenossen.

Angesichts der biologischen Eigenarten moderner Murmeltiere und den vorliegenden paläogeographischen Informationen kann man nicht automatisch davon ausgehen, daß die Evolution dieser Gattung in alpinen Lebensräumen stattgefunden hat, zumal diese Gebirgszüge erdgeschichtlich relativ jung sind und im Prinzip immer noch in Veränderung begriffen sind. Korrekter wäre es, generell den montanen Lebensraum als Basis für die Entstehung dieser Gattung anzusehen, ungeachtet dessen, daß einige moderne Vertreter von *Marmota* alpine Landschaften eroberten. Die stärkste Abweichung vom generellen Evolutionsverlauf der Gattung findet man beim Waldmurmeltier, das sich vermutlich sekundär an eine Lebensweise am Waldrand adaptierte. Eine ganzjährige Aktivität, die länger als bei anderen Murmeltierarten dauert, sowie eine geringere energetische Belastung sind wiederum die Voraussetzungen für die frühe Geschlechtsreife dieser Art.

Demnach wird der montane Ursprung der Murmeltiere nicht nur durch die geographische Verteilung ihrer rezenten Formen bestätigt, vielmehr läßt er sich auch ökologisch und paläogeographisch belegen. Daß es in der Holarktis lange vor dem

Miozän und Pliozän, in deren Verlauf die Gattung *Marmota* entstand, Gebirgsregionen gegeben hat, steht außer Frage, denn in vielen Bereichen der Holarktis gab es seit altersher abgeebnete, hügelige Hochlandbereiche und flachgezogene Berghänge. Diese Landschaftsform stellte den natürlichen Ort dar, an dem die Differenzierung der Gattung stattfand, und die weitere Entwicklung ähnlicher Landschaftsformen bestimmte wahrscheinlich den Verlauf der Wanderrouten während der Ausbreitung der Murmeltiere. Die meisten montanen Murmeltiere hielten am vorgegebenen Kurs der Evolution fest und paßten sich an den Lebensraum der Grassteppen und sogar an gletschernahe Habitate an, was nahelegt, daß die Tiere für eine kurze Zeit des Jahres homoiotherm aktiv sind. Kamtschatkamurmeltier (*M. camtschatica camtschatica*), Jakutisches Kamtschatkamurmeltier (*M. c. bungei*) und Alaskamurmeltier (*M. broweri*), das mit den beiden Kappenmurmeltieren nahe verwandt ist, weichen geringfügig von dieser Hauptentwicklung der Murmeltiere ab. Die Verbreitungsgebiete dieser Murmeltiere liegen im Bereich der Dauerfrostböden. Einen weiteren Entwicklungstrend stellen die Murmeltiere des Steppengürtels (*M. bobak* und das zur *bobak*-Gruppe zählende *M. b. sibirica*) dar: Laut paläogeographischen und (spärlichen) ökologisch-morphologischen Informationen sind diese Tiere etwas »jünger« als die montanen Arten. Als dritte Entwicklungsrichtung betrachten wir jenen Weg, der zum amerikanischen Waldmurmeltier führt, das als neuartige Lebensweise bewaldete Landschaften erschloß.

3.2 Naturgeschichte und Verwandtschaftsverhältnisse moderner Murmeltiere

Zu den ältesten Vertretern der Gattung gehören u. a. die amerikanischen Murmeltiere, wie Waldmurmeltier (*M. monax*), Gelbbäuchiges Murmeltier (*M. flaviventris*), Eisgraues Murmeltier (*M. caligata*), aber auch das europäische Alpenmurmeltier (*M. marmota*) sowie mit diesen verwandte Arten (RAUSCH 1953, GROMOV et al. 1965, BIBIKOV 1967). Bei dieser Gruppe, die wir als »Nearktische Murmeltiere — *M. marmota*« bezeichnen wollen, finden wir eine Schädelform, die derjenigen fossiler Murmeltiere des Miozäns sehr ähnelt. Die genannten Arten besitzen — im Gegensatz zu anderen modernen Formen — bestimmte gemeinsame Merkmale, u. a. ein drahtiges Fell, das oftmals »gesprenkelt« ist (durch weiße Streifen unterhalb der Deckhaarspitzen), einen hellen Fleck auf der Schnauze, einen dunklen Streifen, der vom Kopf bis zu den Schultern reicht, sowie einen für gewöhnlich langen Schwanz. Waldmurmeltier und Gelbbäuchiges Murmeltier sind enger miteinander verwandt als das andere Artenpaar, *M. caligata* und *M. marmota* (Abb. 1) (GROMOV et al. 1965, HOFFMANN 1968). Die frühe Abtrennung dieser Arten von den eurasischen Murmeltieren wird durch die Tatsache erhärtet, daß der Murmeltierfloh *Oropsylla silantiewi* auf ihnen nicht parasitiert.

Diese Gruppe, die in erster Linie aus nearktischen Murmeltieren sowie *M. marmota* besteht, kam anfangs in verschiedenen Höhen montaner Gebiete vor; gegenwärtig bewohnen sie meist höhere Gebirgslagen. Sehr wahrscheinlich verbreiteten sich die Vorfahren des Alpenmurmeltiers über die Beringstraße und Zentralasien und dann

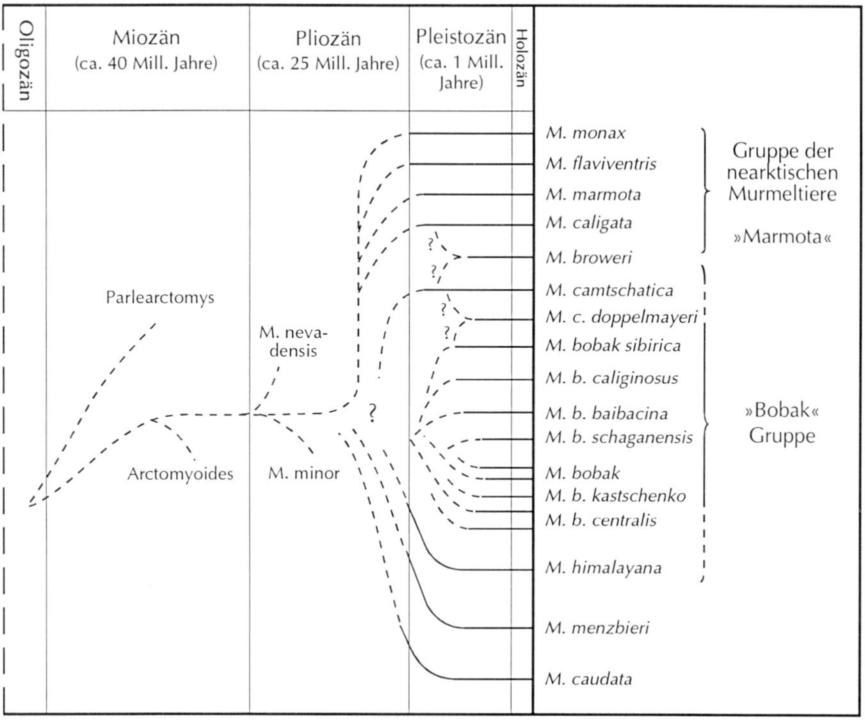

Abb. 1: Schema der Artbildung und geographischen Formen innerhalb der Gattung *Marmota*.

entlang alter Gebirgserhebungen bis sie zu den Karpaten, Alpen und Pyrenäen vordrangen; dies ist allerdings nicht eindeutig bewiesen. Den Ausbreitungsverlauf der Murmeltiervorfahren, wie ihn HOFFMANN (HOFFMANN 1968, HOFFMANN et al. 1979; Abb. 2) als erster präsentierte, bleibt weiterhin hypothetisch; zum einen, weil paläontologische Daten fehlen, die ihn stützen könnten, zum anderen, weil die Theorie der Plattentektonik (d. h. die Theorie der Kontinentalverschiebung nach WEGENER) mittlerweile allgemein anerkannt ist, und insbesondere, weil sich immer mehr Beweise für eine intensive Artbildung bei asiatischen Murmeltieren anhäufen.

Unter den übrigen eurasischen Murmeltieren haben das Langschwänzige oder Rote Murmeltier (*M. caudata*), Menzbiers Murmeltier (*M. menzbieri*) und Himalajamurmeltier (*M. himalayana*) einige Merkmale beibehalten, die auf ihren entwicklungsgeschichtlich älteren Ursprung verweisen. In folgenden Merkmalen ähneln sie den Murmeltieren der Neuen Welt: Drahtiges Fell und langer Schwanz (außer bei *M. menzbieri*) sowie eine helle oder kontrastreiche Färbung (rote Ohren bei *M. himalayana*, helle seitliche Flecken an Kopf und Körper sowie ein dunkler, vom Kopf bis zu den Schultern reichender Streifen bei *M. menzbieri*). Gleichzeitig fallen einige Merkmale bezüglich Bau und Form des Schädels dieser Arten, insbesondere bei Menzbiers Murmeltieren und Himalajamurmeltieren, ähnlich aus wie bei Murmeltieren der *bobak*-Gruppe (siehe Abb. 1). Ganz typisch ist für diese Murmeltierart, das nur auf ihnen bestimmte Flöhe der Gattung *Citellophillus* parasitieren, die eine

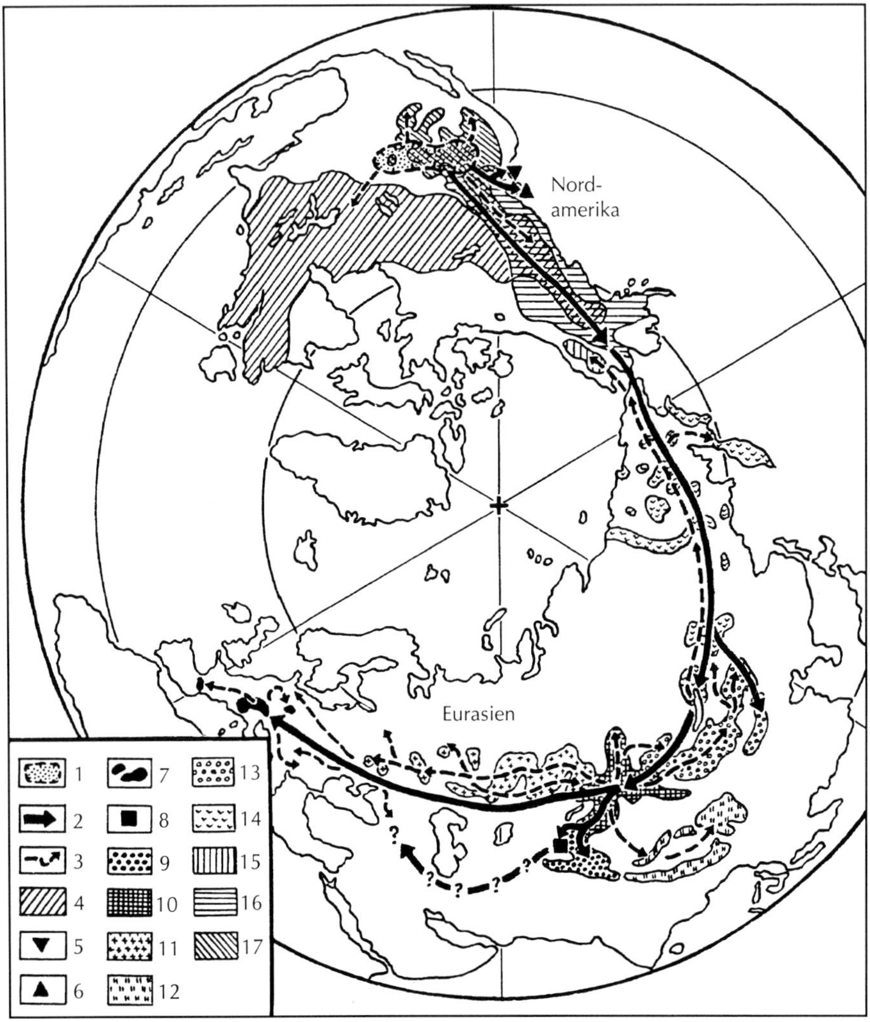

Abb. 2: Murmeltierwanderungen im Pleistozän (HOFFMANN 1968, verändert). 1 – Vorkommen pliozäner Murmeltiere; 2 – Murmeltierwanderungen im Pliozän und Unteren Pleistozän; 3 – Murmeltierwanderungen im Oberen Pleistozän. Verbreitungsgebiete moderner Murmeltiere: 4 – *M. monax;* 5 – *M. olympus;* 6 – *M. vancouverensis;* 7 – *M. marmota;* 8 – *M. menzbieri;* 9 – *M. caudata;* 10 – *M. bobak baibacina* und *M. b. centralis;* 11 – *M. b. bobak* und *M. b. schaganensis;* 1 – *M. himalayana;* 13 – *M. b. sibirica;* 14 – *M. camtschatica;* 15 – *M. broweri,* 16 – *M. caligata;* 17 – *M. flaviventris.*

hohe Wirtspezifität entwickelten — ein Merkmal, das die längere Trennung untereinander bzw. die Abspaltung von anderen paläarktischen Formen bestätigt.

Wahrscheinlich besiedelte diese Gruppe urtümlicher eurasischer Murmeltiere die zentralasiatischen Gebirge etwa zur gleichen Zeit, als das Alpenmurmeltier im Westen einwanderte und sich dort seitdem als einzige Murmeltierart entwickelt hat. Von den Murmeltieren dieser Gruppe hat offenbar das Langschwänzige Murmeltier (*M. caudata*) im gleichen Umfang wie das Himalajamurmeltier einige ursprüngliche Merkmale bewahrt. Letzteres könnte die Ausgangsform der »jüngsten« Murmeltiere der *bobak*-Gruppe sein, deren Entwicklung noch nicht abgeschlossen ist. Nach unserer Auffassung ging die *bobak*–Gruppe allerdings mit größerer Wahrscheinlichkeit aus einer Art »Prä–Bobak« (das starke Ähnlichkeit mit dem heutigen Grauen Steppenmurmeltier aufwies) als aus dem Himalajamurmeltier hervor.

Das Alpenmurmeltier (*M. marmota*), das zur Gruppe der nearktischen Murmeltiere gehört, kommt seit Beginn des Pleistozäns in Mitteleuropa vor. Morphologisch steht es dem amerikanischen Eisgrauen Murmeltier (*M. caligata*) sehr nahe, das in Alaska, im Westen Kanadas und südlich bis W und NE Washington, Zentral Idaho und W Montana vorkommt. Am südwestlichen Rand des Verbreitungsgebietes des Eisgrauen Murmeltiers entstanden unabhängig voneinander zwei weitere Arten, nämlich *M. olympus* und *M. vancouverensis*. Diese Murmeltiere sind die größten Vertreter der Gattung und besitzen die dunkelste Färbung. Nicht weit davon entfernt — in Südwestkanada und den Rocky Mountains (im Westen der USA), von Colorado über Kalifornien südwärts bis nach New Mexico (33° nördlicher Breite) — lebt das Gelbbäuchige Murmeltier (*M. flaviventris*). Sein Fell ist lang, etwas drahtig und sowohl im oberen und unteren Körperbereich rötlich-braun gefärbt. Seine deutliche Sprenkelung beruht auf weißen Streifen an den braunen Deckhaarspitzen. Ganz ohne Zweifel stellt das Gelbbäuchige Murmeltier eine eigenständige Art dar, die offenbar sehr eng mit dem Eisgrauen Murmeltier verwandt ist (FRASE & HOFFMANN 1980).

Das Waldmurmeltier wiederum bewohnt offene Landschaften innerhalb der Waldzonen Nordamerikas und Südwestalaskas bis hin zur Atlantikküste. Im Vergleich zu anderen Murmeltierarten besitzt das Waldmurmeltier relativ lange Ohren. Sein Fell ist lang und drahtig. Ähnlich wie das nahverwandte Gelbbäuchige Murmeltier ist sein Rücken dunkel gefärbt, mit auffälligen weißen oder gelblichen Punkten, während der Bauch hell gefärbt ist (siehe Titelbild).

Die Taxonomie der Gattung *Marmota* soll nachfolgend ausführlicher besprochen werden. Im Anschluß wollen wir uns den Veränderungen in den Verbreitungsgebieten der Tiere zuwenden, wie sie sich vermutlich während des Oberen Pleistozäns und Holozäns abgespielt haben. Offenbar verlief die taxonomische Differenzierung der Murmeltiere zur Zeit der Glaziale besonders rasch. Tatsächlich sind sich alle in Eurasien häufig vertretenen Arten sehr ähnlich; diese Ähnlichkeit beweist ihren mehrheitlich relativ jungen Ursprung. Aufgrund von einzelnen Hybridtieren, vielleicht sogar von Hybridpopulationen, am Rande der Verbreitungsgebiete dieser Arten, liegt der Schluß nahe, daß sie sehr eng miteinander verwandt sind und die Artbildung innerhalb der Gattung noch andauert, so daß bis heute auch die exakte Anzahl der Murmeltierarten umstritten ist.

3.3 Die Murmeltiere während der Eiszeiten

Obgleich aus dem Oberen Pleistozän zahlreiche Murmeltierfossilien vorhanden sind, lassen sich die Arten dennoch nur sehr schwer anhand von Schädelfragmenten und Zähnen bestimmen. Aus diesem Grund sind meines Erachtens die Versuche, die Verbreitung von Alpenmurmeltieren oder Bobaks während des Pleistozäns zu kartieren, relativ unbefriedigend. Abhängig von den abwechselnden Warm- oder Kaltperioden unterlagen die Verbreitungsgebiete von Tieren während der Eiszeiten drastischen Veränderungen. Demnach basiert die These, Murmeltiere seien damals eine weit verbreitete Art gewesen, auf der Einbeziehung aller Fundorte von Murmeltierfossilien während der Ausbreitung und des Rückzuges der Gletscherdecke.

Auf dem Höhepunkt der Wisconsin-Eiszeit, die der europäischen Würm-Eiszeit entspricht, überlebten die amerikanischen Murmeltiere entlang des Südrandes einer Gletscherschicht, die fast bis nach Kalifornien reichte (Abb. 2), kamen gebietsweise aber auch in Nordwestalaska und auf der Beringstraße vor, die ebenfalls unter den Gletschern lagen. In Eurasien reichte die Verbreitung der Murmeltiere von den Rändern einer gewaltigen Eisschicht nach Süden. Dementsprechend herrschte nicht nur in Mitteleuropa, sondern auch in Süd- und Ostsibirien der periglaziale Landschaftsstyp vor (MARKOV & VELICHKO 1967, ZIMINA & GERASIMOV 1980). Einige paläontologische Befunde zeigen, daß sich das Alpenmurmeltier während des Oberen Pleistozäns in den Gebirgszonen zwischen den Pyrenäen, dem Apennin und den Karpaten aufhielt. Sein damaliges Verbreitungsgebiet reihte sich wahrscheinlich an dasjenige der Bobakvorfahren an, wobei sich der genaue Grenzverlauf zwischen den Verbreitungsgebieten nur willkürlich festlegen läßt (siehe Abb. 3).

Was versteht man unter einer periglazialen Landschaft, und konnten Murmeltiere darin überhaupt überleben? In Osteuropa entstand südlich der Gletscherdecke eine schmale Zone kühler Waldtundren, die in den Senken äußerst feucht waren. Charakteristisch für diese Zone waren Dauerfrostboden, Gletscherdecke und einzelne langsam schmelzende Eisblöcke. Die periglaziale Waldtundra Osteuropas wandelte sich direkt in einen breiten Gürtel aus kühler Waldsteppe um, der sich offenbar bis zum Nordufer des Schwarzen Meers ausdehnte.

Unter den oben erwähnten Bedingungen konnten sich dicke Lößablagerungen bilden. In diesen Lößschichten sind die Fossilien einer gemischten Tundren- und Waldsteppenfauna sowie Spuren und Relikte begraben, die auf die Aktivitäten von Urmenschen hinweisen. In den oberen Lößschichten wurden zahlreiche Murmeltierfossilien gefunden. Die Periglazialzone weist viele Ähnlichkeiten mit den Bedingungen auf, wie wir sie heute in den sogenannten Golzi, jenen tundrabedeckten Bergkuppen im Innern Ostsibiriens, oder in den kalten Hochlagen des Tien-Schan vorfinden. Sie sind dem gleichen strengen Klima unterworfen: Kalte, relativ schneearme Winter wechseln sich mit kurzen, warmen und sonnigen Sommern ab; ferner findet man tiefen Dauerfrostboden, dessen Eis nur periodisch im Sommer schmilzt, offenes, grasbedecktes Gelände oder charakteristische Hochgebirgswüsten.

Aufgrund dieser allgemeinen geographischen Parallelen läßt sich vermuten, daß in den heutigen Lebensräumen von montanen Bobaks sowie von *M. camtschatica* ähnliche Bedingungen wie bei jenen frühen Murmeltierarten vorlagen, die während des Oberen Pleistozäns in der Periglazialzone Mitteleuropas lebten. Möglicherweise boten sich den Murmeltieren, die besser als andere Tiere an die Bedingungen dieser Zone adaptiert waren, ungewöhnlich gute Voraussetzungen zu deren Besiedlung.

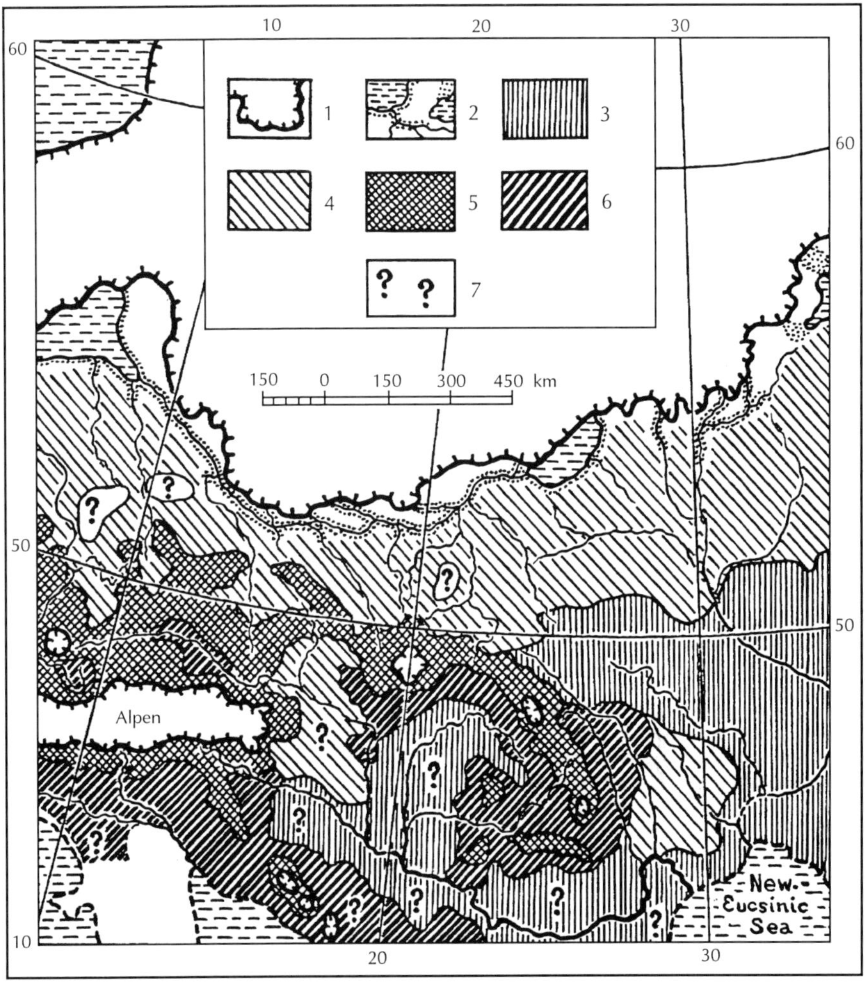

Abb. 3: Wahrscheinliche Verbreitung der Murmeltiere in Mitteleuropa zum Höhepunkt der Waldai-Eiszeit (Würm-Eiszeit). (1) Grenze der Gletscherdecke; (2) Seen und Flüsse in der Nähe der Gletscherfront; (3) *M. bobak*, hohe Dichte; (4) *M. bobak*, niedrige Dichte; (5) *M. marmota*, hohe Dichte; (6) *M. marmota*, niedrige Dichte; (7) unklare Situation. Nach GRICHUK (1969), zit. nach ZIMINA & GERASIMOV (1980). Zeichnung: RUMIANTSEV.

Am wahrscheinlichsten erfolgte diese Besiedlung aus dem südlichen Eurasien (Zentralasien) heraus nach Norden und dehnte sich über die breiten Ebenen und Hochebenen vor der Gletscherzone bis ins Russische Tiefland, ins Norddeutsche und Polnische Tiefland sowie bis in die Pannonische Senke aus. Das kalte Klima der letzten Eiszeit dauerte 40 000 bis 50 000 Jahre an. Während dieser langen Zeitspanne konnten die Murmeltiere weite Entfernungen zurücklegen und weit in den Westen wandern.

Mit dem allmählichen Rückgang der letzten Waldai-Vergletscherung (Würm-Vergletscherung) veränderten sich nach und nach auch die Witterungsbedingungen in Mittel- und Osteuropa. Im Verlauf des Holozäns, das etwa 20 000 Jahre andauerte, wurde das Klima allmählich so, wie wir es heute kennen. Zweifellos wurde diese Wandlung durch periodisch auftretende, schwache Klimaverschlechterungen beeinflußt. Insgesamt führte dieser Prozeß zum drastischen Rückgang des periglazialen Lebensraums der Murmeltiere in Mitteleuropa. Das Alpenmurmeltier zog sich in die Alpen und Karpaten zurück, die allmählich von ihrer dauerhaften Schnee- und Eisschicht befreit wurden, während die Bobaks mit der zunehmenden Bewaldung in die kontinentalen Grassteppen Osteuropas einwanderten (Abb. 3).

Offenbar spielten sich ähnliche Vorgänge in Ost- und Südsibirien sowie in Zentralasien ab. In mehreren periglazialen Besiedlungswellen eroberten die Murmeltiere die Gebiete, die an die heutige Mongolei anstoßen. Die gut untersuchten Regionen im Altai- und Tuwagebirge, sowie in Baikalien oder Transbaikalien, veranschaulichen die Witterungsbedingungen jener Eiszeit recht gut: Charakteristisch für die damalige Pleistozänlandschaft in den südsibirischen Gebirgen waren Trockensteppen, die zum Teil in Wüste übergingen und in unmittelbarer Nachbarschaft der Gletscherschicht lagen (JUNATOV 1950). Im Holozän kühlte sich das Klima wahrscheinlich ab, die Baikalischen Hochländer wurden von Wäldern bedeckt, so daß sich die Voraussetzungen für die Ausbreitung der Murmeltiere aufgrund des Rückgangs der offenen Steppenlandschaft verschlechterten (YERBAEBA 1970, SHVETSOV 1972). In Gebirgen wie dem Dsungarischen Tien-Schan, aber auch im Altai und Changai, veränderte sich das geographische Verbreitungsgebiet der Murmeltiere so gut wie kaum, da die Tiere wahrscheinlich in höhere Lagen auswichen. Die Nordwanderungen montaner Murmeltiere in die Steppenvorgebirge von Altai, Kusnetsker Ala-Tau sowie der Senke von Minusinsk werden zum einen durch Fossilfunde aus Pleistozänsedimenten belegt, zum anderen aber auch durch die Tatsache, daß in diesen Regionen heute die Murmeltierart *M. bobak kastschenko* als rezenter Bewohner der Waldsteppe lebt. Möglicherweise eigneten sich die damaligen natürlichen Bedingungen nicht zur dauerhaften Besiedlung dieser Gegend.

Ganz anders sahen die Dinge in der Hantai-Zone der Kontinentalvergletscherung aus: Hier ähnelten die Bedingungen eher denjenigen, die während der Eiszeiten das Eindringen von Bobakvorläufern nach Westen ermöglicht hatten. Damals gab es nicht nur in den Hügelgebieten Kasachstans, sondern wahrscheinlich auch im Südural periglaziale Landschaften, die sich zur Besiedlung durch Murmeltiere eigneten. KAPITONOV (1966) gelang es, sowohl die Routen dieser Ausbreitung als auch die Rückwanderung des Bobaks nach Osten während späterer Erwärmungsphasen zu rekonstruieren. In diesem Zusammenhang soll auf »die vor relativ kurzer Zeit und mehr oder weniger gleichzeitig erfolgte Artenbildung von Bobak und Tarbagan ... die sich daran adaptierten, auf den Steppen und Grassteppen der Mongolei, Kasachstans und Europas zu leben,« verwiesen werden (BIBIKOV 1967). Dies betrifft nicht die Verdrängung der Murmeltiere aus dem Süden und Westen der heutigen Mongolei, wobei im Norden das Baikalgebirge verhinderte, daß sich die Gletscher ausbreiteten. Also konnten die Murmeltiere nur nach Osten und Nordosten abwandern (Abb. 4). Sie drangen weit in den Osten vor, und als Ergeb-

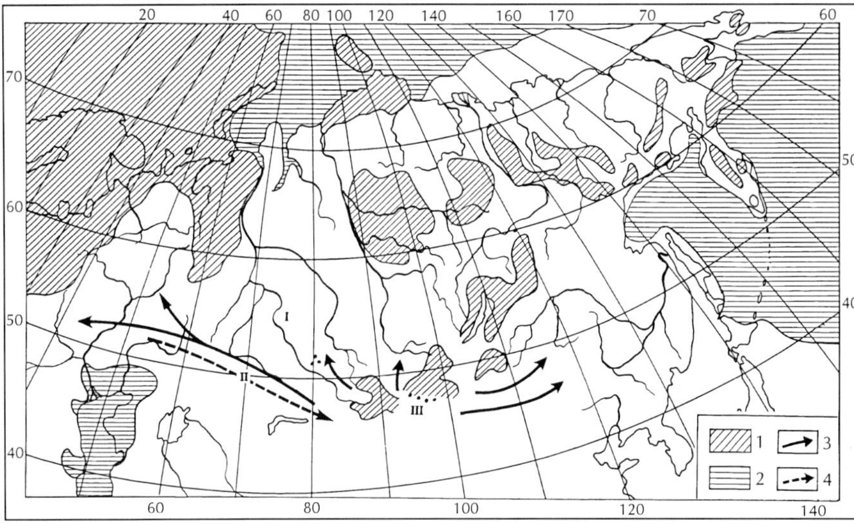

Abb. 4: Wahrscheinliche eiszeitliche Ausbreitung der Murmeltiere in den Norden Europas und Asiens. Dominierende Landschaftsformen: I – Tundrasteppe; II – Periglazialsteppe; III – Periglazialwüste; 1 – Gletscher; 2 – Meer oder Seen; 3 – eiszeitliche Murmeltierwanderungen; 4 – zwischeneiszeitliche Murmeltierwanderungen.

nis entstanden am Rande des Verbreitungsgebietes (in der Ostmongolei, in Südwesttransbaikalien und in Barga) relativ junge Kolonien von Flachlandtarbagans.

Etwa zu Beginn des Oberen Pleistozäns setzte vermutlich die Wanderung der Kappenmurmeltiervorfahren nach Südostsibirien ein, die während des Holozäns anhielt. Die Tiere wanderten in mehreren Wellen, die sich wahrscheinlich mit den zwischeneiszeitlichen Temperaturanstiegen deckten; in diesen Perioden entstanden heute kaum noch existierende Bergsteppenlandschaften in Jakutien und auf der Tschuktschen-Halbinsel (YERBAEBA 1970).

Nicht nur im Pleistozän, sondern auch im Holozän wechselten sich warm-trockene Perioden mit naß-kaltem Klima ab. Während der letzten beiden Jahrtausende ging die Feuchtigkeit — zumindest bis zum Ende des 19. Jahrhunderts — zurück (GUMILEV 1966). Diese Abnahme veränderte die Lebensbedingungen für das Mongolische Steppenmurmeltier (Tarbagan). Aus Pollenuntersuchungen und Radiokarbon-Messungen an Knochen, die in alten Tarbaganbauen gefunden wurden, geht hervor, daß dieses Steppenmurmeltier sein heutiges Verbreitungsgebiet im Nordosten der Mongolei vor etwa 5 000 bis 6 000 Jahren in Besitz nahm (DINESMAN et al. 1989). Damals dominierten in dieser Steppenlandschaft Süßgräser und zarte Krautpflanzen, die von den Tarbagans gerne gefressen werden. Ähnliche Bedingungen herrschten in den südlichen Bereichen der Dariganga-Rumpfebene. Wie aus Pollenanalysen hervorgeht, nahm der Anteil an Kräutern seitdem ab, der von Süßgräsern und Beifußpflanzen hingegen zu. Folglich gingen auch die Zahlen der Tarbagans im Nordosten und in Südosten der Mongolei zurück. Ihre größte Häufigkeit lag vor 1 400 bis 1 700 Jahren, der sich noch ein weiteres, wenn auch kleineres Maximum anschloß; danach ging die Zahl der Tarbagans stetig zurück.

Bemerkenswert ist auch, daß die Tarbagans die Steppen in diesem Teil der Mongolei immer zufallsverteilt besiedelten. Während der letzten 2 000 Jahre wurden ihre Kolonien tatsächlich immer seltener, weil das einheitliche Relief und die spärlichen Steppenbiotope den Murmeltieren keine Gelegenheiten boten, bei zunehmender Aridisierung des Klimas neue Kolonien anzulegen. Hingegen gelang es den Murmeltieren, die auf Berghängen lebten (im Norden sowie auf der Dariganga-Ebene), sich in ihrem ehemaligen Verbreitungsgebiet mehr oder weniger zu behaupten.

Nach langjährigen Untersuchungen, die mit modernen Techniken in der Zentral- und Ostmongolei durchgeführt wurden, kamen DINESMAN (1977) sowie DINESMAN et al. (1989) zu dem Schluß, das älteste Verbreitungsgebiet dieser Art habe sich auf den Osthängen des Hantaigebirges befunden. Von hier aus wanderten die Murmeltiere in die Mittelgebirgssteppen der Zentral- und Ostmongolei ein. Das zweite Zentrum der Tarbaganausbreitung entstand später auf der Dariganga- bzw. Ygodzyr-Rumpfebene, von wo aus die Tiere in die Östliche Senke eindrangen. Aufgrund von Murmeltierknochen, die auf den Osthängen des Hantaigebirges sowie auf der Ebene von Severokerulen gefunden und per Radiokarbon-Methode analysisiert wurden, weiß man, daß hier vor knapp 8 000 Jahren offenbar noch lokale Tarbaganpopulationen existierten.

Die jüngste Geschichte der Tarbaganpopulationen wurde von DINESMAN (1961) in Burjatien, am nördlichsten Rande ihres Verbreitungsgebietes, untersucht. Dort findet man überall auf der Steppe Tarbaganbaue, u. a. auch in Steppengebieten, die sich inmitten von Wäldern auf den Südhängen befinden. Bei diesen Kolonien handelt es sich um Relikte einer Steppenfauna, die durch die Waldausbreitung verdrängt wurde. Die verlassenen Murmeltierbaue liegen meist auf stärker bewaldeten Berghängen. Demnach müssen sich die Wälder während der vergangenen Jahrhunderte auf die Steppenregion ausgebreitet haben. Dies wird durch Pollenanalyse und Untersuchungen von Knochen bestätigt, die man in alten, im Wald gelegenen Tarbaganbauen gefunden hat. Seit Beginn der Bronzezeit werden diese Baue von Transbaikalischen Zieseln (*Spermophilus dauricus*) genutzt, die stärker als Murmeltiere auf offenes Terrain beschränkt sind.

Inwieweit die Eiszeiten dazu beigetragen haben, daß sich einzelne Murmeltierarten abgespalten und neu etabliert haben, veranschaulicht auch die Isolierung der Populationen des Roten Murmeltiers im östlichen Pamir im Vergleich zu den Populationen dieser Art im Alai und Tallass. Charakteristische Unterschiede bestehen u. a. bei den Rufen (VORONTSOV et al. 1969, NIKOLSKII & ORLENEV 1980), in Färbung und Größe. Der Warnpfiff hat die für diese Art spezifische Amplitude, Tonmodulation und das artspezifische Klangspektrum beibehalten, enthält jedoch einige Neuheiten (z. B. verdichtete Klangimpulse), so daß er sich deutlich von den Warnpfiffen der Roten Murmeltiere des Tien-Schans und Alais unterscheidet. Auf der Karte erkennt man, daß der östliche Pamir von Gletschern umgeben und auf diese Weise vom nördlichen Teil des Verbreitungsgebietes des Roten Murmeltiers (im Tallass und Alai) isoliert ist.

Interessant ist auch die heutige Ausbreitungsrichtung des Grauen Steppenmurmeltiers, das entlang hochgelegener Bergtäler und Felsschluchten aufwärts wandert; dabei folgt es der Grenzlinie, die von den Gletschern des östlichen Tien-Schans gebildet wurde, welche sich innerhalb der vergangenen Jahrhunderte zurückzogen. Die Ausbreitung der Siedlungsgebiete manifestiert sich auch darin, daß sich das Spektrum der Murmeltierfloharten veränderte (KRYLOV 1964).

Im Oberen Pleistozän und Holozän mußten sich die Murmeltiere auch an verschiedene Umweltbedingungen sowie an die starken Schwankungen zwischen heißem und kaltem, bzw. trockenem und feuchtem Klima anpassen. Zweifellos gelang dies solchen Murmeltierpopulationen besser, die über zahlreiche Generationen einem steten, extremen Evolutionsdruck in dieser Richtung ausgesetzt waren. Zu den Merkmalen, die sich bereits innerhalb weniger Generationen spürbar verändern können, zählen u. a. Kolonieformen, Fortpflanzungserfolg, jahreszeitliches Verhalten und diurnale Aktivität, zeitlicher Ablauf der Bildung und des Verbrauchs von Energiereserven, der Anteil unterirdischer Pflanzenteile am Nahrungsspektrum, evtl. vorzeitiger Abbruch des Haarwechsels, usw. (BIBIKOV 1980).

3.4 Das Murmeltier, Beispiel eines grabenden Bodenbewohners offener Flächen

Murmeltiere sind nach den Bibern die zweitgrößten Nagetiere innerhalb der Paläarktis. Erscheinungsbild und Körperbau dieser Tiere spiegeln ihre Lebensweise als grabende Bodenbewohner wider. So verbringen Murmeltiere etwa 80 % ihres Lebens — also nicht nur den gesamten Winterschlaf, sondern auch einen großen Teil ihrer aktiven Zeit — unterirdisch.

Das Murmeltier hat einen gedrungenen Körperbau, seine Beine sind weit auseinandergestellt. Dennoch ist der Körper stromlinienförmig und leicht, das Tier kann rasch durch enge Löcher schlüpfen und blitzschnell Haken schlagen. Dies wird ihm sowohl durch die hohe Beweglichkeit seiner Gelenke zwischen Schädel und Wirbelsäule (Craniovertebralgelenk) als auch durch seinen elastischen Thorax ermöglicht; sein Schwanz balanciert den Körper, wenn dieser in Bewegung ist, vor allem auf steinigem Terrain (Abb. 5).

Die Hinterbeine sind nur geringfügig länger als die Vorderbeine; der relative Längenunterschied fällt kleiner aus als bei anderen Sciuriden (9,2 zu 11 %, verglichen mit 12,4 zu 15,8 % bei Zieseln oder 23 % bei Chipmunks). Das deutet darauf hin, daß Murmeltiere wesentlich stärker auf eine grabende Lebensweise spezialisiert sind als andere Vertreter dieser Familie. Gliedmaßenskelett, sowie Schulter- und Beckengürtel sind auffallend kräftig und massiv. Im Vergleich zu anderen Sciuriden findet man bei den Murmeltieren erhabene Rillen und Leisten, an denen die Muskulatur ansetzen kann. Vorder- und Hinterbeine besitzen je fünf Finger bzw. Zehen. Der 5. Finger ist oftmals rudimentär. Die Fußsohlen sind unbehaart und mit einem dicken Hornepithel bedeckt. Die Ballen sind gut entwickelt, besonders im proximalen Bereich der Vorderbeine. Beim Graben erleichtern sie den Erdaushub und kompensieren teilweise oder völlig die Rückbildung des 5. Fingers. Die übrigen Finger und Zehen sind lang und beweglich; mit Hilfe ihrer kräftigen, dicken Krallen können sie dünne Pflanzenstengel halten (Abb. 6).

Abb. 5: Einige Haltungsstudien des Grauen Steppenmurmeltiers. Zeichnung: V. M. SMIRIN.

Der Kopf ist abgeflacht, der Hals kurz. Die weit nach oben gerückte Stellung der großen Augen (dicht unter dem Scheitel) ermöglicht es den Tieren, das Gelände zu überschauen, ohne daß sie den Bau verlassen müssen. Die kleinen Ohren ragen

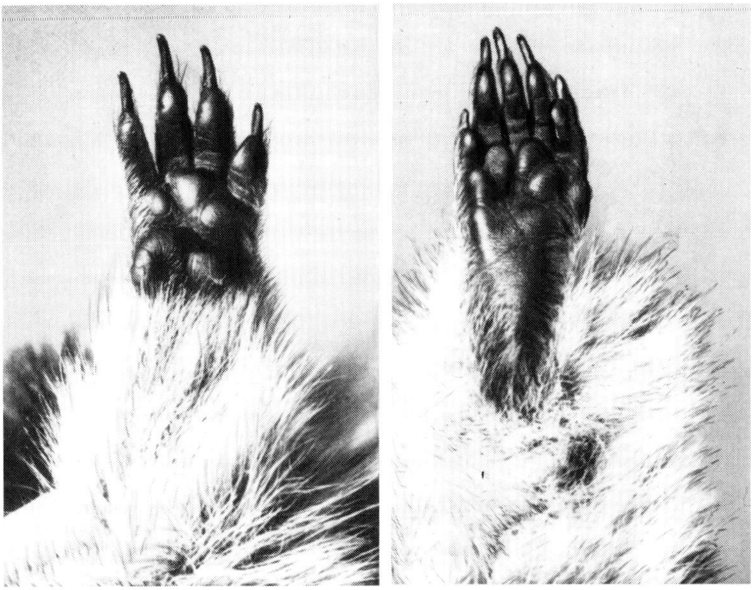

Abb. 6: Fußsohlen der Vorderpfoten (links) und Hinterpfoten (rechts) des Alpenmurmeltiers. Aus MÜLLER (1986).

kaum aus dem Fell heraus; sie sind innen dicht mit kurzem Haar bedeckt, wodurch verhindert wird, daß Erde in den Gehörgang gelangt. Die Schnauze wird von ähnlichem Haar bedeckt. Lange Tasthaare (Vibrissen), die auf Wangen, Unterkiefer, um Schnauze und Augen herum, ja sogar an den Ellbogen sitzen, erleichtern die Orientierung tief im Inneren der dunklen Baue. Hautfalten, die hinter den Schneidezähnen zusammenlaufen, verhindern, daß Erde in die Mundhöhle gelangt. Der Schwanz ist recht lang und muskulös sowie dicht mit langen, drahtigen Haaren bedeckt. Das Schwanzende ist dunkel gefärbt. Im Gegensatz zu Eichhörnchen, Chipmunks oder Zieseln ist das Haar unterseits nicht zweigeteilt. Die meisten Murmeltiere besitzen fünf oder sechs Paar Zitzen, Alpenmurmeltiere und Waldmurmeltiere jedoch nur vier Paar.

Das Haarkleid ist recht dicht, die Haare sind auf Rücken und Flanken länger, auf dem Bauch hingegen kürzer. Es gibt zwei Haartypen: die dichten, geraden Grannen (Deckhaare) sind 25 bis 55 mm lang und dünn, die welligen Wollhaare (Unterwolle) sind hingegen schätzungsweise nur halb so lang. Die Grannen sind an der Basis leicht dunkel, die Wollhaare weißlich. Beide Haartypen sind für gewöhnlich in der Mitte heller gefärbt, distal besitzen sie dunkle Bereiche. Grannen und Wollhaare kommen etwa im Verhältnis 1 : 10 vor, und das Haarkleid ist auf dem Rücken etwa zwei bis drei Mal so dicht wie auf der Bauchseite. Fellqualität sowie Haarlänge und -dichte variieren je nach Art beträchtlich und können auch abhängig von der Landschaftsform und den Habitatbedingungen anders ausfallen. Das dichteste und flauschigste Fell besitzen Kappenmurmeltiere, Graue Steppenmurmeltiere und Altai Steppenmurmeltiere, die Gebiete mit strengem Klima bewohnen. Alpenmurmeltiere, Rote Murmeltiere und Himalajamurmeltiere unterscheiden sich durch ihr drahtiges Fell von den übrigen paläarktischen Arten.

Für gewöhnlich ist die Färbung der Murmeltiere einheitlich, jedoch können montane Formen ventral hell gefärbt sein. Abgesehen vom Waldmurmeltier und Gelbbäuchigen Murmeltier — sowie in geringerem Ausmaß auch beim Alpenmurmeltier, das auf Rücken und Flanken gesprenkelt ist — kommen Streifen und Flecken nicht vor. Das Fell ist auf Kopf und Rücken oft dunkler als auf der Bauchseite; charakteristischerweise sind nicht nur Rücken und Flanken, sondern meist auch Wangen und Hals heller gefärbt, und manchmal auch der Schulterbereich (wie beim Menzbiers Murmeltier). Dichte, Geschmeidigkeit, Länge und Farbe des Haarkleides wechseln mit den Jahreszeiten. Im Spätsommer, kurz vor dem Winterschlaf, entwickelt sich ein intensiv glänzendes Fell, das dichteste und weichste der Tiere. Durch die dunklen Haarspitzen erscheint das Fell noch schwärzer. In den ersten Frühlingsmonaten, unmittelbar nach dem Winterschlaf, ist das Fell etwa so dicht wie im Herbst, da die Tiere im Winter eine beachtliche Menge an Haar verloren haben. Die Haare sind allerdings nicht mehr so elastisch, und die Fellqualität ist daher nicht mehr sehr gut. Gegen Ende des Frühlings bleicht das Fell aus und glänzt matter, seine Haare werden spröde und glanzlos.

Bei den eurasischen Arten findet man nur selten Farbabweichungen. Bei einer Untersuchung von über 12 000 Murmeltieren im östlichen Tien-Schan fanden wir keinen einzigen Fall von Albinismus oder Melanismus. Allerdings sind im Städtischen Museum von Frunze (Kirgistan) zwei ausgestopfte Murmeltieralbinos ausgestellt. 1965 wurde ein weiteres »weißes« Murmeltier gefangen und im Zoo gehalten. Aus den 50er Jahren liegen Berichte über Alpenmurmeltieralbinos im italienischen Aostatal vor, und im September 1991 wurden auch vier dieser Tiere dort gesehen (Vevey et al. 1992). Berichte über schwarze Alpenmurmeltiere sind selten, obwohl seit mehr als 100 Jahren immer wieder davon die Rede ist. Vor kurzem wurde über Fälle von Melanismus in Österreich und der Schweiz berichtet, und im Innsbrucker Alpenzoo ist auch ein schwarzes Murmeltier ausgestellt. Unterschiedlich starke Formen von Melanismus sind bei Altai Steppenmurmeltieren, Kappenmurmeltieren, Gelbbäuchigen Murmeltieren sowie beim Waldmurmeltier bekannt.

Laut jüngster Berichte wurden bei Steppenmurmeltieren (Bobaks) in der Ukraine und im Südural dunkelbraune und praktisch schwarze Tiere entdeckt. In den USA kommt bei Gelbbäuchigen Murmeltieren in Wyoming ebenfalls Melanismus vor (Armitage 1961). Interessanterweise ist die Verbreitung dieser Tiere räumlich auf bestimmte Gegenden begrenzt. In einigen isolierten Kolonien machen dunkel gefärbte Tiere und Melanos bis zu 25 % der lokalen Murmeltierpopulation aus. Auch bei *M. vancouverensis* ist Melanismus häufig, gelegentlich kann er in manchen Populationen dominieren. In der Ukraine wurde 1985 in der Nähe von Weliky Burluk (Bezirk Charkow) eine ganze »Melano-Familie« entdeckt, die aus zwei adulten Murmeltieren und zwei Murmeltierjungen bestand (Tokarskii & Bibikov 1993). In den folgenden Jahren wurden auch in den angrenzenden Bezirken Woltschansky und Dwuretschensky einige Melanos gefunden.

Körpergröße und -gewicht. Bei den meisten Arten sind Murmeltiere zwischen 45 und 70 cm lang und wiegen 1,5 bis 4 kg (im Frühjahr, wenn die Fettreserven fast aufgebraucht sind). Zu den kleineren Murmeltierarten zählen Menzbiers Murmeltier (Länge 40–45 cm, Gewicht etwa 2,5 kg), Waldmurmeltier (41–51 cm, 2,6–3,1 kg), *M. caligata* (47–52 cm), *M. olympus* (durchschnittliche Länge 51–53 cm, Gewicht 1,5–2,0 kg) (BARASH 1973a) sowie Gelbbäuchiges Murmeltier (47–70 cm, 2,8 kg bei Weibchen, 3,9 kg bei Männchen) und Kappenmurmeltier. Die größten und fettesten Arten — Eisgraues Murmeltier und Rotes (bzw. Langschwänziges) Murmeltier — können bis zu 7 oder 8 kg, mitunter sogar bis zu 9 kg schwer werden. Neuere Untersuchungen an Steppenmurmeltieren (Bobaks) haben gezeigt, daß die Männchen in der Regel 8 bis 9 kg wiegen; die größten Tiere konnten sogar ein Gewicht von 10 kg oder mehr erreichen. Die Weibchen sind geringfügig kleiner: In der Jahreszeit, in der die Tiere die geringsten Fettmengen speichern, wiegen sie im Durchschnitt etwa 150 g weniger als die Männchen; ihre Körperlänge fällt auch 1 cm kürzer aus als bei diesen.

Der Murmeltierschädel unterscheidet sich nicht nur durch seine relative Größe vom Schädel anderer Sciuriden, sondern auch durch seine kräftigen Postorbitalfortsätze, welche die Augen schützen und ziemlich weit oben auf dem Scheitel sitzen; er besitzt eine relativ kleine Hirnkapsel und starke Muskelleisten. Die Form der Nasenbeine ist variabel, mitunter sind sie im hinteren Teil stark verschmälert. Die Stirn ist meist in der Mitte gesenkt. Die Jochbögen sind kräftig, die zygomatische Breite der Schädel variiert beachtlich. Anders als bei den übrigen Sciuriden fehlt im Oberkiefer der Plattenknochen über den Wurzeln der oberen Molaren. Die Zahnformel lautet:

$$\mathrm{i}\,\frac{1}{1}\,\mathrm{pm}\,\frac{2}{1}\,\mathrm{m}\,\frac{3}{3} = 22$$

3.5 Ökologisch-morphologische Anpassungen bei Murmeltieren

In Form und Morphologie des Murmeltiers erkennt man die Anpassungen, die für ein Leben als grabender Bodenbewohner, für seine diurnale Aktivität sowie zur visuellen Kommunikation erforderlich sind. Die morphologischen Besonderheiten einer solchen Lebensweise sind auffällig und variieren von Art zu Art. Leider liegt bisher nur eine vergleichende Arbeit (für eurasische Murmeltiere) über diese Adaptationen vor, die sich auf ihre Bewegungsaktivitäten beschränkt (KAPITONOV 1976). Diese lassen sich in drei Bereiche untergliedern: Umherstreifen (verschiedene Gang-, Sprung- und Kletterarten), Ernährung (Pflanzen ausgraben, abbeißen oder ausreißen) und Bauen (Erdreich zusammenschieben oder auswerfen, Steine herausziehen und entfernen).

Alle untersuchten Murmeltiere gehen entweder oder galoppieren: Die Tiere gehen, wenn sie fressen, und auf der Flucht. Nur selten wird beobachtet, daß sie traben. Murmeltiere galoppieren meist, wenn sie einander jagen oder vor einer Gefahr fliehen; sie wählen diese schnelle Form der Fortbewegung aber auch, wenn sie größere Entfernungen vom Freßplatz zum Bau bzw. zwischen zwei Bauen zurücklegen müssen. Ihre Fußspur ähnelt typischerweise dem der Eichhörnchen (Abb. 7).

Abb. 7: Spuren eines Grauen Steppenmurmeltiers: a – Gang; b – Galopp.

Sämtliche Murmeltierarten können steile Hänge erklettern. Selbst der Bobak, ein Steppenbewohner, ist in der Lage, mit etwas »Anlauf« einen Hang mit einer Neigung von 70° bis in 2 m Höhe zu erklimmen. Bei Steppenmurmeltieren, die in Gefangenschaft gehalten wurden, gelang diese Aufgabe Jungtieren und Jährlingen problemlos, während die schwereren Adulttiere dies nicht vermochten. Alle Murmeltiere können leicht nahezu senkrechte, rauhe Flächen hinaufklettern. So können adulte Menzbiers Murmeltiere Felsblöcke mit einer Steigung von 50° bis 60° erklettern. Mit seinen charakteristischen kurzen, kräftigen Krallen kann sich dieses Murmeltier selbst in winzigen Gesteinsritzen festhalten. Seine Krallen heben sich deutlich von denjenigen einer Population Roter Murmeltiere ab, die im Sagyrdascht-Tal (Tadschikistan) wohnt, dessen Boden fast nur aus Sand und Ton besteht (Kapitonov 1976).

Eisgraue Murmeltiere, die steiniges Gelände bewohnen, und insbesondere die Gelbbäuchigen Murmeltiere, die in den Rocky Mountains im Westen der USA vorkommen, können ebenfalls glatte Steinflächen hinaufzuklettern (Seton 1953). Kurze, kräftige Krallen kennzeichnen auch das Gelbbäuchige Murmeltier und dienen als Unterscheidungsmerkmal zum Waldmurmeltier, das in Wäldern mit weichen Böden lebt und längere Krallen besitzt. Der Vorteil kurzer, kräftiger Krallen mit einer breiten Basis, die genug Halt zum Klettern bietet, ist offensichtlich.

Murmeltiere sind weitaus schlechter daran angepaßt, auf Bäume zu klettern. Dieses Verhalten beobachtet man bei Kappenmurmeltieren im Bargusin-Gebirge (Filonov 1961). Das Tier erklettert Sibirische Zwergkiefern, auf denen es sich auf die Hinterbeine stellt, nach einem Zapfen angelt, diesen abbeißt und auf den Boden wirft, um ihn anschließend dort zu verzehren. Das amerikanische Waldmurmeltier sucht ebenfalls Bäume auf. Allerdings hat sich dieses Verhalten in den verschiedenen Bereichen seines großen Verbreitungsgebietes unterschiedlich manifestiert: So findet man es bei Tieren in den am Atlantik gelegenen Bereichen seltener als im großen Einzugsbereich des Mississippi-Stromtals, dessen Wälder im Frühjahr oft vom Hochwasser überflutet werden. In Minnesota und Wisconsin flüchten Waldmurmeltiers oft auf Bäume, wenn sie von Hunden verfolgt werden. Auf ähnliche Weise klettern Gelbbäuchige Murmeltiere mitunter auf ufernahe Bäume, um dort ein Nest zu bauen (Garrott & Jenni 1978), oder nutzen Bäume als Ausguck (Armitage pers. Mitt.)

Trotz ihres untersetzten Körpers und ihrer kurzen Beine können Murmeltiere sehr gut weit (bis zu 1,8 m) und hoch springen. Jakutische Kappenmurmeltiere aus dem Stand 50 bis 70 cm hoch und mit »Anlauf« sogar bis zu 1 m weit. Murmeltiere springen auch bereitwillig aus Höhen von 1 bis 1,5 m herab; auf Felsterrain springen Kappenmurmeltiere sogar aus 2 m Höhe hinab. Bemerkenswert ist auch, daß die Tiere oft auf schmalen Graten (35 bis 50 cm) landen. Wenn die Vorderpfoten den Boden berühren, stellt das Murmeltier seinen Körper fast senkrecht und landet dann sanft, wobei der Stoß von den Extremitäten voll abgefangen wird.

Auffällig ist auch, daß beim Roten Murmeltier und beim Tarbagan (beide aus dem Pamir), die aber meist nur auf Ebenen leben, die relative Dicke der kompakten Schicht in den Röhrenknochen 0,53 bzw. 0,58 Osteonen ausmacht, während beim Grauen Steppenmurmeltier 0,60 und beim Kappenmurmeltier 0,63 vorhanden sind. Typisch für den kompakten Bau der Knochen beim Kappenmurmeltier ist ihre definierte Struktur mit wohlentwickelter Periost- und Endoststratifikation. Zahlreiche Osteonen und Fasern sind in den Seitenwänden der Diaphysen zusammengefügt, an denen die Muskeln inserieren. So beträgt die Zahl der Osteonen pro cm^2 im Querschnitt durch den Schulterknochen von Kappenmurmeltieren 15,0, während es beim Grauen Steppenmurmeltier 9,9 Osteonen pro cm^2 gibt, beim Tarbagan 6,0 und beim Roten Murmeltier lediglich 2,9. Die erhöhte Stärke der Röhrenknochen hängt zweifellos mit der Lebensweise auf Felsgelände und dem damit verbundenen häufigen Springen zusammen. Bei Alaskamurmeltieren, Bargusin-Kappenmurmeltieren und Gelbbäuchigen Murmeltieren, die auf felsigem Gelände leben, können die Knochenstrukturen sogar noch kräftiger sein (KAPITONOV 1976).

Die Schwanzlänge korreliert bei Murmeltieren mit ihrer Lebensweise. Demnach findet man bei Murmeltieren, die in zerklüfteten Habitaten leben, längere Schwänze als bei Steppen bewohnenden Bobaks oder Tarbagans; möglicherweise spielt der Schwanz als Balanceorgan beim Laufen auf ebenen Flächen eine untergeordnete Rolle. Hingegen kann ein flauschiger, langer Schwanz von Nutzen sein, wenn die Murmeltiere steile Hänge erklettern, auf schmalgratigen Wegen von Stein zu Stein springen oder einen verschlungenen Pfad durch hohes Gras, Gestrüpp oder Felsen entlanglaufen müssen. Besonders schwer fällt es den Murmeltieren, schräg über einen steilen Hang zu laufen; dabei straucheln sie oft und fallen auf die Nase. Demnach kann sich ein flauschiger, langer Schwanz beim Laufen auf unwegsamem Terrain zum Balancieren als recht nützlich erweisen (KAPITONOV 1969).

Dieser Anpassungsvorteil wird noch deutlicher, wenn man Murmeltiere derselben Art, jedoch aus unterschiedlichen Lebensräumen miteinander vergleicht. So besitzen die Roten Murmeltiere, die auf den steilen, felsigen Höhenzügen des Hissargebirges leben, einen relativ langen Schwanz: Seine Länge macht etwa 43,6 bis 53,4 % (durchschnittlich 49,1 %) der Körperlänge aus. Bei den Roten Murmeltieren des Sagyrdascht-Tals, das tiefer gelegen ist und ein eher einheitliches Bodenrelief besitzt, sind die Schwänze für gewöhnlich kürzer: 39,4 bis 47,5 % (durchschnittlich 42,0 %) der Körperlänge. Die Schwanzlänge nimmt beim Grauen Steppenmurmeltier ebenfalls mit der Höhenlage bzw. dem Ausmaß zu, wie das Geländerelief unebener wird. Im Tarbagatai-Gebirge haben Graue Steppenmurmeltiere, die in mittleren Höhenlagen leben, längere Schwänze als Artgenossen, die in den niedriger gelegenen Bergkuppen und Hügeln Kasachstans vorkommen. Andererseits findet man bei den montan lebenden Murmeltieren des südlichen Altais und des Dsungarischen Ala-Taus längere Schwänze als bei den Murmeltieren des Tarbagatai-Gebirges. Neben der Funktion als »Balancierstange« dient ein längerer Schwanz vermutlich auch dazu, in einem zerklüfteten, felsigen Berggelände die visuelle Kommunikation quasi als »Signalfahne« zu erleichtern.

Das Leben in einem felszerklüfteten Gelände bedingte wahrscheinlich auch eine weitere morphologische Besonderheit der Murmeltiere, nämlich ihre Fähigkeit, sich einen Weg durch schmale Öffnungen zu bahnen. Diese Fähigkeit ist für die im Bargusin-Gebirge lebenden Kappenmurmeltiere charakteristisch (KAPITONOV 1976). Gebirgsbiotope werden auch von anderen Arten bevorzugt, wie etwa dem Gelbbäuchigen Murmeltier, dem Eisgrauen Murmeltier und dem Alaskamurmeltier. Diese Tiere besitzen einen sehr flachen Schädel. So betrug die Gesamtschädelhöhe (prozentual zur Schädellänge), die bei 15 Kappenmurmeltieren (aus dem Bargusin-Gebirge), 6 Gelbbäuchigen Murmeltieren (aus Montana, Colorado und Kalifornien), 9 Eisgrauen Murmeltieren (6 aus Alaska und 3 aus Montana) sowie 5 Alaskamurmeltieren gemessen wurde, folgende Werte: 50,7 %, 51,7 %, 50,2 % sowie 51,3 %. Die Abweichung innerhalb der Meßreihe war nicht signifikant: 50,0–52,8 %, 49,4–54,8 %, 47,5–51,3% und 50,6–51,9 % (KAPITONOV 1969). Davon weichen die Werte bei Tarbagans und vor allem Bobaks, die ein weiches Erdreich vorziehen, ziemlich stark ab. Die Gesamtschädelhöhe beider Arten fiel insgesamt größer aus; in mehreren Meßreihen wurden durchschnittlich 56,5%, 56,2%, 54,4% und 55,4 % ermittelt. Ähnliche Entwicklungen zeichnen sich auch bei Kappenmurmeltieren, Grauen Steppenmurmeltieren, Roten Murmeltieren und Menzbiers Murmeltieren ab (KAPITONOV 1976). So ist das Geländeprofil in den niedrigen Hügellagen Kasachstans und auf dem Ukok-Plateau im südlichen Altai relativ gleichförmig, mit überwiegend weichen Böden, und die hier lebenden Altai Steppenmurmeltiere besitzen einen relativ hohen Schädel (Durchschnittswerte sind 54,5 % bzw. 54,1 %). Gleichzeitig findet man bei den Altai Steppenmurmeltieren im westlichen Tarbagatai-Gebirge und im zentralen Dsungarischen Ala-Tau, wo es in erster Linie nur Steilhänge und Felsbrocken gibt, flachere Schädel (Durchschnittswerte sind 52,2 % bzw. 52,5 %).

Murmeltiere nutzen unterirdische Pflanzenteile sowohl als Nahrung als auch als Polstermaterial für ihre Baue. Das Ausgraben von Wurzeln und Knollen erfordert — je nach Bodentyp und Pflanzenart — beträchtliche Anstrengungen. So ernähren sich im Norden Jakutiens die Kappenmurmeltiere im Frühling von den langen Wurzeln des Spitzkiels (*Oxytropis*), die sich nur schwer herausreißen lassen. Im Bargusin-Gebirge, wo die Murmeltiere ausgedehnte Wiesenflächen umwühlen, fressen sie sogar noch größere Mengen dieser Wurzeln. In den Bergen der Olympic-Halbinsel im Nordwesten des US-Bundesstaates Washington verzehren die Olympmurmeltiere Lupinenwurzeln (BARASH 1973a).

Das Graue Steppenmurmeltier und das Menzbiers Murmeltier, die im Hochgebirge des Tien-Schan leben, graben auch Graswurzeln aus, um sie als Polstermaterial für ihre Baue zu verwenden. Menzbiers Murmeltiere verwenden dazu noch häufiger die faserigen Wurzeln von Korbblütern (Compositae, Asteraceae). Darüber hinaus müssen die Tiere in Kolonien, die am Waldrand, in dichtem Buschwerk oder hohen Krautschichten (z. B. vom Straußgras, *Calamagrostis* spec.) liegen, beim Anlegen ihrer Baue unterirdische Wurzeln und Ausläufer abbeißen und -reißen. Zum Graben setzen die Tiere ihre Schneidezähne ein, die einen großen Durchmesser besitzen. Menzbiers Murmeltiere, die im Karschantau-Gebirge (im Westen des Tien-Schan) vorkommen, verfügen über die kräftigsten und am stärksten gekrümmten Schneidezähne. Die Tiere graben aus dem zähen Lehmboden viele Wurzeln aus, die sie als Nahrung oder zum Auspolstern ihrer Baue benötigen; deshalb sind ihre Schneidezähne ständig unter starker Belastung. Die schwächsten und nur geringfügig gekrümmten Schneidezähne finden wir bei den Bobaks aus Zentralkasachstan (Abb. 8). Sie legen ihre Baue in vegetationslosem, steinigem Boden an und wühlen auch nicht nach Wurzeln von Pflanzen. Ihre oberen Schneidezähne sind abgeflacht, wodurch sie weniger widerstandsfähig werden. Allerdings ist gleichzeitig die Schneidekante verkleinert, so daß sich die Zähne besser zum Abbeißen von Grashalmen und — während des Grabens — zum Beiseiteschieben von Lehmklumpen eignen. Typisches Merkmal des Bobakgebisses ist die glatte, von einer breiten Furche durchzogene Vorderseite des Schneidezahns. Diese Struktur erleichtert — ähnlich wie bei Pfeifhasen — das Abnagen von Pflanzenteilen.

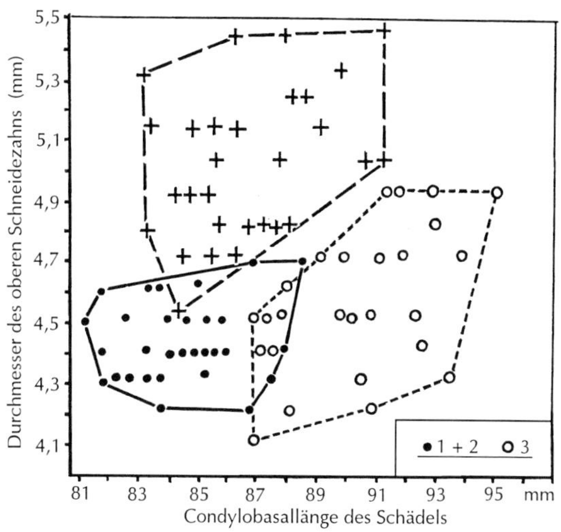

Abb. 8: Vorderer Durchmesser des oberen Schneidezahns im Verhältnis zur Condylobasallänge des Schädels beim Menzbiers Murmeltier (1 – Tschatkal; 2 – Karschantau) und beim Kasachischen Steppenmurmeltier (3) aus dem Bezirk Akmola.

Der Aufbau des Schädelbogens fällt bei Murmeltieren, die unterschiedliche Biotope bewohnen, sehr verschieden aus. Diese Unterschiede sind entscheidend dadurch bestimmt, welche Bewegungen die Tiere ausführen müssen, um die Wände der Baue festzustampfen. Für gewöhnlich pressen die Murmeltiere das feuchte Erdreich der Wände mit gesenktem Kopf fest. Durch gleichzeitiges Strecken von Vorder- und Hinterbeinen werden kräftige Schläge ausgeführt; der Körper schießt ruckartig nach vorne, während der Hals starr bleibt. Die gesamte Last wird auf den abgerundeten, bei Murmeltieren gut entwickelten Vorderrand von Nasenbein und Nasenknorpel übertragen.

Einige Murmeltierarten und -populationen setzen ihre Nasen ein, um den Boden festzuklopfen. Ihre Schädelkapselhöhe fällt im Verhältnis zur Gesamtschädellänge ziemlich groß aus, so daß eine größere Hebelkraft zur Fixierung der Hinterhaupt-Halsgelenke und zum Heben des Kopfes entsteht. Bei diesen Tieren ist der durch die Nasenbeine gebildete Vorderteil des Schädelbogens am kräftigsten ausgeprägt. An den Wänden der Baue sieht man häufig Anzeichen dafür, daß die Murmeltiere das feuchte Erdreich mit Hilfe ihrer Nasen festgestampft haben (Abb. 25).

KAPITONOV (1969) geht davon aus, daß der Nasenbogen des Schädels generell dadurch an Stärke gewinnt, daß sowohl die Nasenbeine als auch die eigentliche Krümmung des Bogens zunehmend dicker werden. Bei Bobaks findet man den dicksten Nasenbeinvorderrand, der im Verhältnis 13,7 % der Gesamtlänge der Nasenbogenbasis ausmacht. Allerdings ist der Nasenbogen bei Bobaks nicht besonders hoch. Ganz anders sieht es beim Nasenbogen von Menzbiers Murmeltieren (*M. menzbieri zachidovi*) aus, dessen Stärke durch seine große Höhe festgelegt wird — im allgemeinen beträgt diese 36,5 bis 48,8 % (durchschnittlich 42,6 %) der Gesamtlänge der Nasenbogenbasis. Im Gegensatz zu Bobaks und Menzbiers Murmeltieren haben Rote Murmeltiere einen ziemlich flachen Nasenbogen, und ihre Nasenbeine sind am Vorderrand recht dünn. Diese Art bewohnt Trockengebiete und besiedelt häufig dichtes Gestrüpp und hohe Krautschichten, insbesondere im Nordwesten ihres Verbreitungsgebietes. Rote Murmeltiere stampfen den Boden nicht mit Hilfe ihrer Nasen fest — wahrscheinlich, weil der Boden in ihrem Verbreitungsgebiet trocken ist. Bei Roten Murmeltieren, die auf dem Ansob-Paß leben, sind hingegen Schädelbogen und Nasenbeine wesentlich kräftiger; möglicherweise hängt dies mit den starken Niederschlägen in dieser Region zusammen, da das Erdreich, das die Wände der Baue bildet, sehr feucht wird und dementsprechend festgestampft werden muß.

3.6 Lebensräume und Siedlungsformen

Im Lebensraum der Murmeltiere müssen folgende ökologischen Parameter unbedingt gegeben sein:

(1) Pflanzenarten und Vegetationsabfolge müssen sich mit Nahrungsbedarf und Ernährungsweise der Murmeltiere decken.

(2) Die Tiere sollten Baue anlegen können, in denen sich die für den Winterschlaf geeigneten Temperaturverhältnisse realisieren lassen.

(3) Die Tiere sollten sich mit anderen Familienmitgliedern oder den einzelnen Tieren innerhalb einer Kolonie visuell und akustisch verständigen können (BIBIKOV & STOGOV 1957).

Diese Anforderungen sind nachweislich für alle Vertreter der Gattung *Marmota* von Bedeutung.

Zu den Grundvoraussetzungen eines Lebensraumes für Murmeltiere gehört, daß er ausreichend Nahrung in Form von Grastrieben, Sprößlingen, frischen Blättern, jungen Asttrieben, Blüten und unreifen Früchten enthält (ZIMINA 1953). Graue

Murmeltiere, Kappenmurmeltiere, Gelbbäuchige Murmeltiere und Menzbiers Murmeltier ernähren sich von älteren oder reifen Pflanzen. Aus diesem Grunde steht diesen Murmeltieren oft nur während der Hauptvegetationsperiode ausreichend Nahrung zur Verfügung. Darüber hinaus ist die Länge der Vegetationsperiode häufig der limitierende Faktor, der über die Existenz von Murmeltiervorkommen bestimmt: Die Vegetationsperiode muß sicherstellen, daß die Murmeltiere ihre Jungen aufziehen, den Haarwechsel abschließen und sich auf den Winterschlaf vorbereiten können. Diese Voraussetzungen bieten einerseits Wiesen, auf denen verschiedene Pflanzenarten mit unterschiedlichen Wachstums- und Entwicklungsphasen gedeihen, oder aber auch Grassteppen, deren Vegetation infolge des wechselnden Mikroreliefs eine Vielzahl verschiedener Pflanzengesellschaften aufweist.

Einige Murmeltierarten gleichen eine verkürzte Vegetationsperiode zum Teil dadurch aus, indem sie (vor allem im Frühjahr) unterirdische Pflanzenteile, hauptsächlich Wurzeln, fressen. Bemerkenswert ist auch, daß es unter den Bobaks, den Mongolischen Steppenmurmeltieren, den Roten Murmeltieren (im Pamir) und wahrscheinlich auch bei den Himalajamurmeltieren einige Populationen gibt, die kaum sukkulente Pflanzen als Nahrungsquelle benötigen.

Ein weiterer Faktor, der die Qualität eines Lebensraum einschränkt, ist die Tiefe der obersten, feinkrumigen Bodenschicht, die zum Anlegen der Erdbaue erforderlich ist. In tief gelegenen Bauen sinkt die Temperatur ganzjährig nie unter den Gefrierpunkt, und die Fettreserven werden während des Winterschlafs aufgebraucht. Alle europäischen und asiatischen Murmeltiere legen ihre Kolonien bevorzugt in solchen dicken, feinkrumigen Erdschichten an, in die sie relativ tiefe Baue graben. Lediglich Kappenmurmeltiere aus nordsibirischen Populationen sowie möglicherweise auch Murmeltiere aus Alaska, die auf Dauerfrostböden leben, können in relativ flachen Bauen überwintern. Diese Murmeltiere benötigen im Winter zusätzliche Fettreserven (KALABUKHOV 1985). So ist die Verbreitung des Kappenmurmeltiers (zum Beispiel in Jakutien) auf die Talhänge oberhalb der Waldgrenze beschränkt.

Eine weitere wichtige Bedingung besteht für Murmeltiere darin, daß sie untereinander visuell und akustisch kommunizieren müssen. Die meisten Murmeltiere können nur in Kolonien auf offenem Gelände mit freier Sicht leben. Potentielle Gefahrenquellen werden visuell erfaßt und akustisch an die Artgenossen übermittelt. Es leuchtet ein, daß die Murmeltiere aus Kolonien, die sich in der Nähe von schmalen Wasserscheiden oder in steilen Bergschluchttälern befinden, nur über ein eingeschränktes Sichtfeld verfügen. In diesen Fällen reagieren die Tiere auch auf Alarmpfiffe von Murmeltieren, die auf der anderen Talseite bzw. talauf- oder talabwärts leben. Derartige Reaktionen auf Alarmsignale sind typisch für viele montane Murmeltierarten. Beim Waldmurmeltier, das sich sehr stark von allen übrigen Murmeltieren unterscheidet, findet man ein ähnliches Verhaltensmuster bei Alarmpfiffen.

Murmeltiere leben vornehmlich in drei Landschaftsformen, nämlich in den verschiedenen Steppenzonen (Trockensteppe, Waldsteppe und Grassteppe), in Gebirgssteppen (Matten, Bergtundren, Wüsten) sowie in Felsbiotopen unterschiedlicher Höhenlagen (Abb. 9, 10, 11). Die meisten Murmeltiere (mit Ausnahme des

Abb. 9: Lebensräume des Europäischen Steppenmurmeltieres (*M. bobak bobak*). Oben Strelezker-Grassteppe mit weithin sichtbaren Erdhügeln der Tiere. Foto: W. M. SAMOSCH. Unten: Steinsteppe. Foto W. A. FOKANOV.

Waldmurmeltiers) meiden Wälder und Dickichte, obwohl sie mitunter an Waldrändern oder lichten Waldstücken leben (OGNEV 1947, MÜNCH 1958, u. a.). In den Alpen und subalpinen Zonen bevorzugen Bergmurmeltiere als Lebensraum Steinhaufen, die neben Moränen oder Geröllhalden liegen. In hochgelegenen Wüsten (Pamir und Tibet) findet man ihre Baue in der Nähe von Bergwiesen. Eisgraue Murmeltiere und Olympmurmeltiere leben im Gebirge in der Nähe der oberen Baumgrenze oder darüber.

Da Murmeltiere in verschiedenen Höhenlagen und in Gebieten mit völlig unterschiedlichen Umweltbedingungen vorkommen können, gehen einige Zoologen davon aus, daß Murmeltiere in der Wahl ihres Lebensraumes und ihrer Futterpflan-

Abb. 10: Lebensraum des Altai Steppenmurmeltieres (*M. bobak baibacina*) bei Nowosibirsk. Durch den Auswurf vor dem Baueingang ist zu sehen, daß die Tiere auch sehr viele Steine beim Bau der unterirdischen Gänge transportieren müssen. Foto: B. S. JUDIN.

Abb. 11: Lebensraum des Tien-Schan Steppenmurmeltieres (*M. bobak centralis*), ca. 3 500 m üNN, in der Nähe von Kock-Schaal. Foto: D. I. BIBIKOV.

zen recht flexibel sind. Diese Deutung träfe zu, wenn die Tiere mehr oder weniger gleichmäßig verteilt wären; tatsächlich ist ihre Verteilung jedoch unregelmäßig. Selbst in der weiträumigen Steppe Nordkasachstans leben die Murmeltiere sehr zerstreut, bevorzugt auf Flächen, die zwischen Fließgewässern liegen. Eine unregelmäßige Verteilung ist besonders auffällig auch bei Kappenmurmeltieren, Alpenmurmeltieren und Gelbbäuchigen Murmeltieren (SVENDSEN 1974). Diese disjunkte Verteilung ist ein Hinweis darauf, daß bestimmte wichtige Anforderungen an das Biotop der Tiere nicht überall gleichmäßig erfüllt werden.

Obwohl sich die Lebensräume vieler Murmeltierarten offenbar recht ähnlich sehen, weisen sie beachtliche Unterschiede auf. Die Biotope, die von Bobaks in der südlichen zonalen Steppe Kasachstans genutzt werden und aus einer ariden Salbei-Süßgräser-Steppe bestehen, unterscheiden sich drastisch von denjenigen, die der Bobak in der Ukraine nutzt (von Schluchten zerklüftete Wiesen mit vereinzelten Dickichten). Auf den Gebirgszügen des Südurals halten sich die Steppenmurmeltiere bevorzugt auf Wiesen mit üppiger, artenreicher Krautschicht auf, jedoch auch auf Waldwiesen. In Nordostsibirien besteht der Lebensraum des Kappenmurmeltiers normalerweise aus Bergtundra mit Silberwurz und Gräsern. Im Bargusin-Gebirge liegen seine Kolonien auf steinbedeckten Rasen entlang der oberen Waldgrenze der Sibirischen Zwergkiefer. Diese Biotope unterscheiden sich nicht sonderlich von den Lebensräumen der Murmeltiere im Tien-Schan und Altai bzw. der Tarbagans im Changai, wo die Tiere auf sporadisch von großen Felsbrocken überzogenen Bergtundren mit vereinzelten, sehr üppigen Grasfluren leben (POLE et al. 1983).

Bemerkenswert ist auch, daß die zonale und vertikale Habitatspezifizität zwischen einzelnen geographischen Formen oft deutlicher ausgeprägt ist als zwischen verschiedenen Arten. So seltsam es auch erscheinen mag, sind die Unterschiede zwischen einzelnen Populationen einer Art oftmals größer als diejenigen zwischen unterschiedlichen Arten. Diese Tatsache ist sehr wichtig. So verläuft die untere Höhengrenze der Verbreitung des Roten Murmeltiers im Tallass-Gebirge durch die Zone der kargen, trockenen Wacholderwälder. Die Tiere gedeihen hervorragend in dem Dickicht aus Xerophyten-Halbsträuchern und Hochstauden. Häufig legen sie ihre Baue auf steinigem Gelände an. In dieser Region sind die Nager von den ersten Frühlingsmonaten bis in den Frühsommer aktiv. Da anschließend die grünen Futterpflanzen knapp werden, bereiten sich die Tiere schon im Juli auf den Winterschlaf vor.

In einer Höhe von 2 500 m üNN fanden wir in den Hochstauden dichtbevölkerte Kolonien von Roten Murmeltieren. Die Baue befanden sich in kleinen Wiesenbereichen, mitunter waren sie auch im Dickicht oder Wald zwischen den Wurzeln der Bäume und Sträucher angelegt worden. Dieses Gebiet ist noch bis weit ins Frühjahr mit einer dicken Schneedecke bedeckt. An den Nordhängen des Fergana-Gebirges verließen die Murmeltiere ihre Baue im April und waren bis Ende August aktiv.

In den Hochlagen des Östlichen Pamirs (in der Nähe des Sorkulsees) leben viele Rote Murmeltiere zwischen spärlich wachsenden Kryoxerophyten, wie dem Igelpolster (*Acantholimon* spec.) und anderen Pflanzen, in Höhen von 4 000 m üNN und sogar noch höher. Die Tiere legen ihre Kolonien bevorzugt in Senken in der Nähe von Feuchtwiesen an, auf denen fleckenweise Kleinseggenarten und andere Krautpflanzen wachsen. In den rauhen Lebensbedingungen im Pamir-Hochgebirge reicht die Aktivitätsphase der Murmeltiere noch weiter in den Herbst hinein: Die Tiere beginnen erst Mitte September bis Anfang Oktober mit dem Winterschlaf. Ähnliche Unterschiede kennzeichnen die Lebensräume des montanen Gelbbäuchigen Murmeltiers, das innerhalb verschiedenster Höhenlagen siedeln kann (SVENDSEN 1974, ANDERSEN et al. 1976, JOHNS & ARMITAGE 1979).

Das Menzbiers Murmeltier besiedelt bevorzugt schwach geneigte Grashänge in der Nähe von Feuchtwiesen und schmelzenden Schneefeldern. Im Tschatkal-Gebirge, nahe des unteren Randes des Verbreitungsgebietes, sind die Kolonien über eine trockene Bergsteppe verstreut.

Die mosaikartige Verteilung des Kappenmurmeltiers im Bereich des Unterlaufs der Lena wird zunächst einmal durch die Form der freien Gebirgsflächen bestimmt. Auf diesen Flächen lassen sich die Murmeltiere überall dort nieder, wo die oberste, lockere Bodenschicht nicht tiefer als 0,8 bis 1 m reicht (KAPITONOV 1978). Vereinzelte Stellen mit Dauerfrostböden und permanenter Schneedecke wirken sich ebenfalls auf das Verteilungsmuster aus. Für die Kappenmurmeltiere liefert Ostsibirien mit seinem extremen Kontinentalklima, seinen hohen Bergen und seiner Meeresküste besonders ideale Lebensräume. Aufgrund des aufgelockerten Geländereliefs finden sich hier abwechselnd Stellen mit dünner (auf den Hügelspitzen) oder dicker Schneedecke (in Senken) und einer Vielzahl verschiedener Pflanzengesellschaften.

Das Verbreitungsgebiet des Kappenmurmeltiers liegt im Bereich des Dauerfrostbodens, in dem ein kaltes Klima mit kurzen Sommern herrscht. Hier können die Tiere nur auf Südhängen mit einer dünnen Schneedecke leben, die im Sommer schmilzt. Daher trifft man die Art in diesem Verbreitungsgebiet nur im Bereich der Ströme Jana und Indigirka regelmäßig an, wo die sonnigen Südhänge aufgrund der im Winter vorherrschenden warmen Südwinde kaum schneebedeckt sind. Anders sieht es im Bereich der Ströme Omolon und Anadyr aus, in dem Nordwinde überwiegen, so daß der Schnee auch auf den Südhängen lange liegenbleibt. Die langsam schmelzende, obere Schneeschicht verhindert, daß der darunter liegende Dauerfrostboden auftaut, wodurch sich für die Murmeltiere insgesamt schlechte Lebensbedingungen ergeben.

In den Gebieten von Prijochotsk und Kamtschatka weist das Verbreitungsgebiet keinen Dauerfrostboden auf, das Klima ist weniger streng, und die Sommer sind länger. Hier sind Murmeltiere weit verbreitet. Die Zahl der Tiere nimmt mit zunehmender Entfernung von der Küste ab, da im Inland ein stärker kontinentales Klima herrscht. Die Tiere meiden Stellen mit hohen Schneedecken; auf den Vulkanebenen auf Kamtschatka findet man ihre Baue meist dicht unterhalb der oberen Schluchtränder, wo der Schnee normalerweise durch den Wind weggeweht wird. Im Hochland von Kordschak liegen die Baue auf den Nordhängen, die nur von einer dünnen Schneedecke bedeckt sind (KAPITONOV 1978). Limitierender Faktor für die Verteilung der Murmeltiere im Bargusin-Gebirge ist auch die Dauer der kurzen frostfreien Jahreszeit; die aktive Periode kann hier auf nur 100 Tage beschränkt sein.

Als nächstes soll die Verteilung einiger Vertreter der Gattung *Marmota*, die in Zentralasien leben, unter Berücksichtigung der wichtigsten Umweltfaktoren betrachtet werden.

Bezüglich der Feuchte der Lebensräume können die Murmeltiere der Mongolei in folgender Reihenfolge angeordnet werden: Das Altai Steppenmurmeltier (*M. bobak baibacina*) bevorzugt die feuchtesten Gebiete; als nächstes folgen das Mongolische Steppenmurmeltier (*M. b. caliginosus*) und der Tarbagan (*M. b. sibirica*). Letzterer bewohnt die zonalen Steppen und bevorzugt dabei hügeliges Gelände, hält sich jedoch nach Möglichkeit nicht auf steinigem Terrain mit aufgelockertem Geländerelief auf. Der letztgenannte Lebensraum ist eher für das Mongolische Steppenmurmeltier und andere montane Arten charakteristisch. Es ist recht unwahrscheinlich, daß mongolische Murmeltiere — wie auch die Bobaks der Osteuropäischen Tiefebene — ihre Kolonien im Flachland, auf Salzsümpfen, buschbedecktem Gelände oder anderen Geländeformen mit einförmiger Vegetation anlegen.

Im südöstlichen und westlichen Transbaikalien sowie in der Ostmongolei bewohnen die Tarbagans häufig weite hügelige Steppengebiete, obwohl sie mitunter auch auf schwach geneigten Schluchthängen im Gebirge vorkommen. Flächen, die mit Hochstauden bewachsen sind, meiden sie sogar noch stärker als die Murmeltiere im Changai, Tien-Schan und Altai. Man trifft sie auch in der Waldsteppe an, wo die Kolonien mosaikartig verteilt sind und die Zahl der Tiere abnimmt. In den kaum zugänglichen Gebieten des Hantays sind kleine, isolierte Tarbagankolonien besser geschützt; manche können auch im Westen von Transbaikalien angetroffen werden (SHVETSOV 1972). Die Kolonien mongolischer Murmeltiere kommen innerhalb einer Vertikalverbreitung von 500 m bis 3 800 m üNN vor. Im Norden ihres Verbreitungsgebietes leben die Tiere bevorzugt auf bewaldeten Süd- und Südwesthängen. Im Süden trifft man ihre Kolonien hingegen eher auf schattigen und feuchten Berghängen an.

Das Graue Steppenmurmeltier gedeiht besser als jede andere Murmeltierart in der alpinen Bergzone. Individuenreiche Kolonien dieser Art befinden sich im Norden des Mongolischen Ala-Taus in einer Höhe von etwa 3 000 m üNN, meist auf steinigen Steppenrasen, auf denen auch kältetolerante Seggenarten (*Cousinia caespitosa* und *Carex* spec.) wachsen. Murmeltiere halten sich auch gerne in Moränen und auf steinigem Gelände mit Matten auf. Im Mongolischen Ala-Tau findet man auch gemeinsame Siedlungen mit Altai Steppenmurmeltieren (*M. bobak baibacina)* oder Mongolischen Steppenmurmeltieren (*M. b. caliginosus*). In derartigen gemeinschaftlichen Siedlungsgebieten leben die Grauen Steppenmurmeltiere auf Feuchtwiesenhängen und in Gebieten zwischen Bächen (SMIRIN et al. 1985), während *M. b. sibirica* für gewöhnlich aride Steppentäler besiedelt. Vergleichbare Habitatpräferenzen findet man auch in den unteren Mittelgebirgslagen Kasachstans, wo sich die Verbreitungsgebiete des Kasachischen Steppenmurmeltiers (*M. b. schaganensis*) und des Grauen Steppenmurmeltiers (*M. b. baibacina*) überlagern. Letzteres lebt in den Berglagen, während das Kasachische Murmeltier die Ebenen der Trockensteppe besiedelt (KAPITONOV 1966). Allerdings können Mongolische Steppenmurmeltiere in den Hochlagen des Changais (in der Nähe des Egin-Daba-Gebirgspasses) Kolonien auf Marschgelände anlegen, das von großen Felsblöcken bedeckt ist, wobei die Tiere allerdings nur die Gebirgsmatten besiedeln.

Eine weitere Besonderheit des Grauen Murmeltiers (*M. b. centralis*), das im Tien-Schan lebt, soll an dieser Stelle erwähnt werden. Sehr individuenreiche Kolonien dieser Tiere sind in den mit spärlicher Trockensteppenvegetation bzw. alpiner Vegetation bedeckten Hochgebirgstälern (etwa am Oberlauf des Naryn) weit verbreitet. Derartige Lebensräume sind nicht charakteristisch für die nahe verwandte Unterart aus dem Mongolischen Ala-Tau, jedoch findet man sie im Altai häufig auf den Nordhängen des Saylugem-Gebirgszuges. Feuchtwiesen der alpinen Zone und Moränen sind charakteristische Lebensräume von *M. b. baibacina*, das im südwestlichen Tuwa vorkommt. Die Baue der Murmeltiere finden sich sogar in höheren Lagen, beispielsweise in Tundren mit Zwergbirken (*Betula nana*), allerdings nur in Hügelbereichen (LIPAEV 1967).

Im südwestlichen Changai leben Mongolische Steppenmurmeltiere am Fuße von Bergzügen, auf Gebirgspässen und in engen Schluchten (TARASOV 1950). Ihre Habitatpräferenz weicht stark von derjenigen der Transbaikalischen Murmeltiere ab, die meist in breiten Tälern leben. Mongolische Steppenmurmeltiere sind an abrupt wechselnde Niederschlagsmengen adaptiert und legen ihre Kolonien an der Grenze zwischen Bergsteppe und Trockensteppe an. Diese Stellen garantieren ihnen ausreichend Nahrung, da sie von hier aus nur noch kurze Streifzüge zu den Futterplätzen zu unternehmen brauchen.

Falls es sich beim Siedlungstyp um den Steppentyp handelt, so sind die Tiere relativ einheitlich verteilt, was sich auch mit der Einförmigkeit der Landschaft über einen weiten Raum deckt. Diesen Siedlungstyp findet man typischerweise nur bei wenigen Murmeltierarten, wie dem in der zonalen Steppe lebenden Bobak sowie einigen Populationen von Tien-Schan-Murmeltieren, Mongolischen Murmeltieren, Himalajamurmeltieren und Roten Murmeltieren, die auf mehr oder weniger flachem Gelände leben. Ein derartiger Siedlungstyp ist (oder war früher) häufig in den zonalen Grassteppen der südlichen Abschnitte der Osteuropäischen Tiefebene zu finden, aber auch in Kasachstan, Transbaikalien sowie in den hügeligen Gebirgssenken des Zentral Tien-Schans, des Pamirs und möglicherweise auch von Tibet.

In Kapitel 2 wurden die verschiedenen Siedlungstypen, die in Abhängigkeit unterschiedlicher Lebensbedingungen von den Murmeltierfamilien gebildet werden können, kurz erläutert. Kolonien vom Steppentyp — also mehr oder weniger homogen verteilte Familienreviere —, die allerdings nur Kleinflächen bedecken, kommen in den Verbreitungsgebieten einiger amerikanischer Murmeltierarten vor, und auch bei Bergpopulationen vom Tarbagan, Kappenmurmeltier, Menzbiers Murmeltier und Alpenmurmeltier. Diese Siedlungsform findet man auch im überwiegenden Verbreitungsareal von Roten Murmeltieren und Grauen Steppenmurmeltieren. Siedlungsformen vom Schluchttyp überwiegen in den Gebirgsregionen. Hierbei ziehen sich die Murmeltierkolonien schnurartig an einem Berghang oder Bachlauf entlang, und sie sind durch unwirtliches Gelände voneinander abgeschnitten. Kolonien vom Herdtyp befinden sich charakteristischerweise in Gebirgsgegenden, wo für Murmeltiere ungünstige Faktoren wie Dauerfrostboden, mächtige Schneedecke und dünner Oberflächenboden vorherrschen. Aus diesen Gründen stößt man auf Herdtypkolonien häufig nur am oberen bzw. unteren Rand der Vertikalverbreitung der Murmeltiere. In solchen Gegenden eignen sich nur kleinflächige Stellen zwischen Felsbrocken, Mooren oder in der submontanen Trockensteppe als günstiges Siedlungsgelände für Murmeltiere. Je schlechter also die Umweltbedingungen in einem bestimmten Gelände sind, desto kleiner ist die Ausdehnung der Murmeltierkolonien, und desto stärker konzentrieren sich diese auf einige begünstigte Stellen.

Die Belastung durch Schneedecken und Beweidung (Almwirtschaft) sind wichtige Faktoren, welche die Verteilung der Murmeltiere beeinflussen. Bekannt ist, daß sich Murmeltiersiedlungen im Gebirge fast ausschließlich in der Nähe solcher Stellen befinden, wo kleinere Schneefelder bis weit in den Frühling hinein liegen bleiben (Abb. 12). Für gewöhnlich gibt es in schneefreien Bergbereichen oder solchen ohne geschlossene Schneedecke (unabhängig von der Höhenlage) keine Murmeltiere. Diese Beziehung ist in der Abbildung 12 anschaulich wiedergegeben, in der man die Verteilung der Schneedecke im Frühjahr, wenn die Jungtiere geboren werden und die festgestellten Murmeltiersiedlungen in der Steppen- und Waldsteppenzone des Tien-Schans sehen kann.

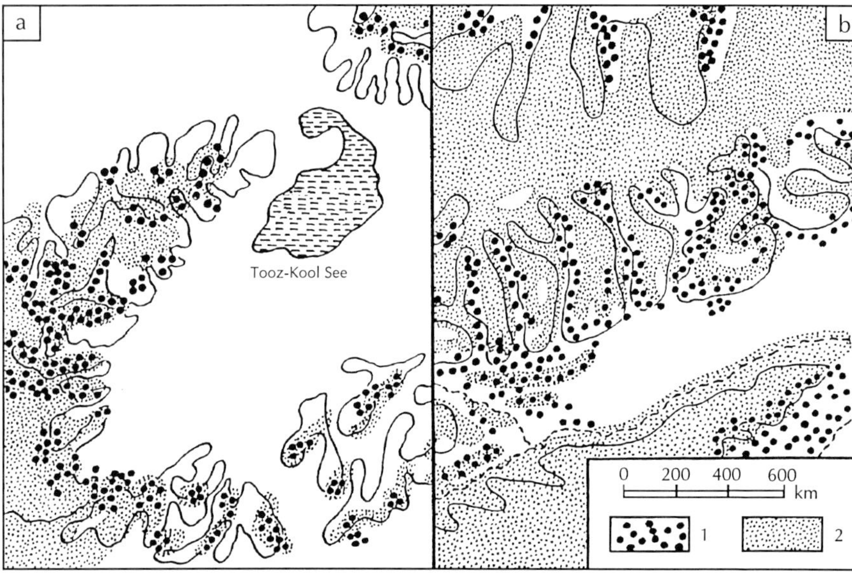

Abb. 12: Verteilung von Grauen Steppenmurmeltieren in der Steppenzone (a) und Waldsteppenzone (b) im nordöstlichen Tien-Schan im Verhältnis zur Schneedecke im Frühjahr. 1 – Murmeltierfamilien; 2 – Schneedecke zum Zeitpunkt der Geburt der Jungen. Aus BIBIKOV (1961).

In der montanen Steppenzone hält sich die Schneedecke normalerweise bis Ende März oder Anfang April, vor allem auf schattigen Berghängen. Die untere Verbreitungsgrenze der Murmeltiere verläuft durch diese Zone. Murmeltierkolonien finden sich nur an kleineren Schneefeldern (Abb. 12a), wo sich die grüne Vegetation über eine längere Zeit hält. Die Besiedlung dieser Region durch Murmeltiere wird allerdings dadurch limitiert, daß die Gräser recht früh wieder welken, und die Murmeltierdichte ist mit weniger als 30 Tiere/km^2 gering.

Die Waldsteppe ist zu dem Zeitpunkt, wenn die Jungen geboren werden, fast völlig schneebedeckt (Abb. 12b). Aufgrund der mosaikartigen Verteilung der Schneedecke entsteht eine weitläufige Gras- und Trockensteppenvegetation, die sich ihrerseits auf die weiträumige Verteilung der Murmeltiere auswirkt. Hier liegt die Murmeltierdichte durchschnittlich bei 80 Tieren/km^2. Normalerweise besiedeln die Tiere weder die mit Fichten bewachsenen Nordhänge noch die Flächen zwischen Fließgewässern, die von einer dicken Schneeschicht bedeckt sind.

In den breiten Tälern der alpinen Zonen im Tien-Schan und Pamir liegt aufgrund der angrenzenden hohen Bergketten wenig Schnee; Schneefelder treten nur ungleichmäßig auf, da ein kontinuierlich starker Wind geht und das Gelände hügelig ist. Aufgrund der mosaikartigen Verteilung der Schneedecke entstehen sowohl Pflanzengemeinschaften der Trockensteppe (auf Hängen und ebenen Flächen mit dünner Schneedecke) als auch solche der Grassteppe (auf Flächen mit dicker Schneedecke). In diesen Gebieten sind die Murmeltierkolonien gleichmäßig verteilt, und ihre Individuendichte liegt bei 100 oder mehr Tieren/km^2.

Wie schon erwähnt, beeinflußt die Form der Schneedecke auch die Verteilung des Kappenmurmeltiers in Nordostjakutien und im Bargusin-Gebirge. Die Verteilung der Murmeltierbaue im Lebensraum der Menzbiers Murmeltiere korrelieren ebenfalls mit der Dauer der Schneedecke (Abb. 13). Für viele Murmeltierarten spielt die Schneedecke eine sehr wichtige Rolle. Während des ganzen Sommers wachsen an solchen Plätzen frische Grünpflanzen, von deren Schößlingen sich die Murmeltiere ernähren (PETROV 1960).

Schneefelder weisen eine weitere wichtige Besonderheit auf. In ihrer Nähe oder unter ihnen befindet sich eine dicke Schicht aus feinkrumiger Erde, die nach der Schneeschmelze zutage tritt. Diese Schicht entsteht durch Sedimentation von Felspartikeln und Staubteilchen, die sich auf der Oberfläche der Schneehügel ablagern (1 bis 3 mm im Jahr). Dort, wo es Schneefelder gibt, wird der obere Bodenhorizont dicker, was ja auch erforderlich ist, damit die Murmeltiere tiefer liegende Kessel zum Überwintern anlegen können.

Idealerweise befinden sich Murmeltierkolonien in Gebieten mit einer mosaikartigen Verteilung der Schneedecke. Die günstigsten Lebensbedingungen herrschen an den Grenzflächen mit unterschiedlich dicken Schneedecken.

Die Beziehungen zwischen Murmeltieren und Huftieren sind noch nicht erforscht, obwohl sie seit alters her bestehen. Mäßige Beweidung durch Vieh waren der Erhaltung der Bobaks in der Ukraine und in der Nähe des Dons förderlich. Infolge der Beweidung wurden harte Gräser — wie das Federgras (*Stipa* spec.) und andere — durch Pflanzen mit saftigen unterirdischen Sproßteilen (*Gagea* spec., *Poa pratense* und *Tulipa* spec.) ersetzt. Von diesen Pflanzen können sich die Murmeltiere zu Beginn des Frühjahrs ernähren. In unbeweideten Gebieten können sich Filzmatten aus abgestorbenem Gras bilden. Hier fehlt es den Murmeltieren an Nahrung, und sie vermehren sich kaum.

Eine positive Beziehung zwischen Huftieren und Murmeltieren wurde auch für amerikanische Murmeltierarten beschrieben. Eine vergleichbare Wechselwirkung läßt sich beim Schwarzschwanz-Präriehund, *Cynomys ludovicianus*, beobachten (KOFORD 1958), der in Nordamerika die ökologische Nische des Ukrainischen Bobak besetzt.

Abb. 13: Dauer d. Schneedecke in einem Familienterritorium von Menzbiers Murmeltieren; (a) 21. Juni; (b) 6. August; (c) 30. August; (+) Lage der Baue. Aus PETROV (1960).

In den Bergen des Tien-Schans sowie in der Mongolei befinden sich stabile Murmeltierkolonien u. a. in der Nähe von Bauernhöfen, Winterlagern und Zeltlagern von Nomaden. Die reichhaltige und artenreiche Flora, die hier aufgrund des ergiebigen Bodens wächst, lockt Murmeltiere an. Die Beweidung wirkt sich deutlich positiv auf das Leben der Murmeltiere aus, was man bei einem Besuch der Bergwiesen des Tien-Schans im Sommer leicht erkennen kann: Überall gibt es Graue Steppenmurmeltiere, Rote Murmeltiere und Menzbiers Murmeltiere.

Aber es gibt auch andere Beispiele: So sind im Hochgebirgstal des Kokscharsflusses, das am Fuße des gewaltigen Khan Tengri liegt, ab Mitte Juni etliche Tausend Rinder und nicht weniger als 50 Jurten, die den Viehhaltern gehören, auf einer Fläche von nur 100 bis 150 km^2 zusammengedrängt. Das Vieh zertrampelt die blühenden Matten, so daß selbst Pferde mit Hafer gefüttert werden müssen. Die Murmeltiere sind hier ohne Nahrung und werden zudem dauernd von den Hirten und Hütehunden gestört, so daß sie die Berghänge hinauf wandern und ihre Aktivitäten ändern.

Obwohl Murmeltiere weit über die Nordhalbkugel verbreitet sind, stellen sie an ihre Lebensräume meist recht einheitliche und durchgängige Ansprüche. So findet man zahlreiche Kolonieformen, wobei der Herdtyp überwiegt.

3.7 Formenvielfalt, räumliche Verteilung und Anzahl der Murmeltierarten

Dieser Abschnitt soll mit einer kurzen Übersicht über die Murmeltiertaxonomie beginnen. Die Klassifizierung in Arten und Unterarten, wie sie in diesem Buch eingehalten wird, demonstriert die Vielfalt in der Gattung *Marmota*, ohne letztendlich ein allgemeingültiges System vorstellen zu können. Vielmehr wünsche ich mir eine Diskussion, in der neue Fakten und Schwerpunkte berücksichtigt werden. Nur auf dieser Grundlage kann eine abschließende Diagnose über den Status strittiger Murmeltierformen erfolgen.

ELLERMANN & MORRISON-SCOTT (1966) unterteilen alle Altweltmurmeltiere in drei Arten. Wir favorisieren eine jüngere Systematik, die der Auffassung vieler Autoren entspricht und von NOWAK (1991) aufgestellt wurde; demnach gibt es elf Murmeltierarten: sechs leben in der Neuen Welt, fünf in der Alten Welt. Bei der Diskussion der Differenzierungen innerhalb der *bobak*-Gruppe stützt sich NOWAK auf BOBRINSKII (1937), BANNIKOV (1954) und andere, obwohl er ihre Ansichten nicht zitiert. Damit erkennt er nicht nur dem Grauen und dem Mongolischen Steppenmurmeltier einen eigenen Artstatus ab, sondern auch dem Himalajamurmeltier. Die Diskussion bleibt in diesem Punkt solange offen, bis neuere Informationen (karyologische und immunologische Untersuchungen, DNA-Analysen, usw.) mit den Daten der klassischen Morphologie, der Geographie und Ökologie kombiniert werden. Zur Zeit können karyologische und immunologische Vergleichsdaten die aktuellen akzeptierten Theorien über den Aufbau der Gattung *Marmota* nicht bestätigen. Im vorliegenden Buch wird *M. himalayana* als eigene Art behandelt.

In der Tabelle 1 sind die im vorliegenden Buch verwendeten wissenschaftlichen und deutschen Namen aufgelistet, dazu als grobe Orientierung das Verbreitungsgebiet auf die Kontinente bezogen. Einzelheiten zur Verbreitung der Arten und einzelner Unterarten finden sich im weiteren Kapitel 3.7 und in den Abbildungen 15, 16 und 17.

Tab. 1: Auflistung der im vorliegenden Band verwendeten wissenschaftlichen und deutschen Namen der einzelnen Murmeltierarten und -unterarten. Die Tabelle ist lediglich eine Hilfe zur besseren Orientierung der verwendeten deutschen Namen und stellt keinen Anspruch auf taxonomische Vollständigkeit. Die beiden mit * gekennzeichneten Unterarten werden im Text häufig ohne Differenzierung als Graue Steppenmurmeltiere bezeichnet.

Wissenschaftlicher Name	Deutscher Name	Verbreitung
M. monax	Waldmurmeltier	Nordamerika
M. flaviventris flaviventris	Gelbbäuchiges Murmeltier	Nordamerika
M. flaviventris dakota	Dakota Gelbbauchmurmeltier	Nordamerika
M. caligata	Eisgraues Murmeltier	Nordamerika
M. broweri	Alaskamurmeltier	Nordamerika
M. olympus	Olympmurmeltier	Nordamerika
M. vancouverensis	Vancouvermurmeltier	Nordamerika
M. marmota marmota	Alpenmurmeltier	Europa
M. marmota latirostris	Tatramurmeltier	Europa
M. bobak bobak	Europäisches Steppenmurmeltier, (Echter) Bobak	Eurasien
*M. bobak centralis**	Tien-Schan Steppenmurmeltier	Asien
*M. bobak baibacina**	Altai Steppenmurmeltier	Asien
M. bobak sibirica	Mongolisches Steppenmurmeltier, Tarbagan,	Asien
M. bobak caliginosus	Changai Steppenmurmeltier	Asien
M. bobak kastschenko	Tomsker Steppenmurmeltier	Asien
M. bobak schaganensis	Kasachisches Steppenmurmeltier	Asien
M. bobak kozlovi	Wolga Steppenmurmeltier	Asien
M. camtschatica camtschatica	Kappenmurmeltier, Echtes Kamtschatkamurmeltier	Asien
M. camtschatica doppelmayeri	Bargusisches Kamtschatkamurmeltier	Asien
M. camtschatica bungei	Jakutisches Kamtschatkamurmeltier	Asien
M. caudata caudata	Rotes oder Langschwänziges Murmeltier	Asien
M caudata (aurea?)	Indisches Rotes Murmeltier	Asien
M. menzbieri menzbieri	Menzbiers Murmeltier	Asien
M. menzbieri zahidovi	–	Asien
M. himalayana	Himalajamurmeltier	Asien

Adultes Weibchen von *Marmota vancouverensis*, aufgenommen im Haley Lake Ecological Reserve, Juli 1988. Foto: A. A. BRYANT.

Zunächst sollen einige Besonderheiten bezüglich der geographischen Variabilität verschiedener Merkmale bei paläarktischen und nearktischen Murmeltieren betrachtet werden. So stehen alle Unterarten von *M. camtschatica* gemäß ihrem Karyotyp (2N = 40, NFa = 62) den amerikanischen Murmeltieren der *caligata*-Gruppe (2N = 42, NFa[1] = 62) sehr nahe, während das aus Alaska stammende *M. broweri* (2N = 36, NFa = 62) offenbar stärker jenen Murmeltieren ähnelt, die auf der Kamtschatka leben (LYAPUNOVA et al. 1992). Auf ähnliche Weise stehen Changai Steppenmurmeltiere (*M. bobak caliginosus*) gemäß ihrer Immuno-Diffusionsdaten den Murmeltieren der *bobak*-Gruppe, die im Altai und Tien-Schan vorkommen, sehr nahe (ZHOLNEROVSKAYA et al. 1992).

Bezüglich der Anzahl an paläarktischen Murmeltierarten bleibt noch eine Frage offen. Tatsächlich liegt uns entsprechend der klassischen karyologischen Analyse 2N = 38, NF = 70 eine signifikante Basis für die These vor, daß es sich hierbei um Unterschiede zwischen Unterarten handelt — obwohl Rote Murmeltiere, Graue Steppenmurmeltiere und Menzbiers Murmeltiere auffällige artspezifische Unterschiede zeigen. Was den Status der Murmeltiere aus der *bobak*-Gruppe (Echter Bobak, Graues Steppenmurmeltier, Tarbagan) anbelangt, die in ihren Überlappungsbereichen untereinander hybridisieren können, so betrachten wir diese als Unterarten. Unter Berücksichtigung karyologischer Untersuchungen (Standard-Chromosomenpräparation nach FORD & HAMERTON 1956, zitiert in LYANPUNOVA et al. 1992), immunogenetischer Studien (ZHOLNEROVSKAYA et al. 1992) und Untersuchungen zum Rufverhalten (NIKOLSKII 1974) lassen sich die vorhandenen morphologischen, ethologischen und anderen Charakteristika nicht als Artmerkmale heranziehen.

Im Gegensatz zu den karyologisch homogenen paläarktischen Murmeltieren — 2N = 38, NFa = 64–66 (VORONTSOV et al. 1969), mit Ausnahme von *M. camtschatica* (2N = 40, NFa = 62) — sind die nearktischen Arten durch eine breite karyologische Divergenz gekennzeichnet (LYAPUNOVA et al. 1992). So besitzen *M. caligata* und *M. flaviventris* 2N = 42, NFa = 62; *M. broweri*, 2N = 36, NFa = 62; *M. monax*, 2N = 38, NFa = 62; *M. olympus*, 2N = 40, NFa = 64 sowie *M. vancouverensis*, 2N = 42, NFa = 64 (RAUSCH & RAUSCH 1971, HOFFMANN & NADLER 1968, HOFFMANN et al. 1979). Allerdings unterstützt die klassische Morphologie keine tiefergehendere Unterscheidung der amerikanischen Murmeltiere. Obgleich das Alaskamurmeltier (*M. broweri*) vermutlich ursprünglich aus Asien stammt, bilden die übrigen eine Gruppe urtümlicherer nearktischer Arten, wie *M. marmota* mit einem drahtigen Fell.

In unserer Studie verwendeten wir die Körpergröße als ein grundlegendes morphologisches Merkmal und verglichen erstmalig Murmeltiere bezüglich ihrer Körperlänge und -masse (Abb. 14A) sowie der Condylobasallänge des Schädels (Abb. 14B) miteinander. In der Abbildung sind nicht nur die klassischen Bestimmungsmethoden (HOWELL 1915, OGNEV 1947, GROMOV et al. 1965, LEE & FUNDERBURG 1982, NOWAK 1991), sondern auch die von vielen Zoologen durchgeführten Messungen bestimmter Murmeltierarten Europas und Asiens (PETROV 1960, TKACHENKO 1962, ZHAROV 1975, KIZILOV & BERENDJAEV 1978, KAPITONOV 1978) berücksichtigt worden.

---

[1] NFa = Nombre fondamental; bezeichnet die Anzahl der Arme eines diploiden Chromsomensatzes ohne Geschlechtschromosomen (nur Autosomen); NF = einschließlich Autosomen.

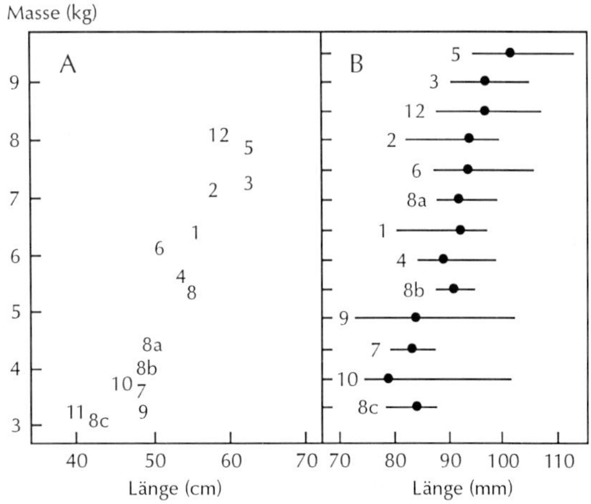

Abb. 14: A: Körpermasse zur -länge (kg/cm) und B: Condylobasallänge (mm, Mittelwerte mit Extremwerten) verschiedener Murmeltierarten und -unterarten. 1 – *M. marmota;* 2 – *M. bobak* (Tieflandunterart); 3 – *M. b. centralis;* 4 – *M. b. sibirica;* 5 – *M. himalayana;* 6 – *M. caudata;* 7 – *M. menzbieri;* 8 – *M. camtschatica* (alle Unterarten: 8a – *M. c. camtschatica,* 8b – *M. c. bungei,* 8c – *M. c. doppelmayeri*); 9 – *M. flaviventris;* 10 – *M. monax;* 11 – *M. broweri;* 12 – *M. caligata* (+ *M. olympus* & *M. vancouverensis*).

Selbstverständlich sind die Techniken beim Messen und bei den Probenahmen in den einzelnen Studien nicht identisch; manche Daten wurden auch aufgrund persönlicher Vorlieben ausgewählt. Die Qualität der ursprünglichen Daten wurde von den Arbeitsbedingungen beeinflußt, von der Jahreszeit, den Schwierigkeiten bei der Alters- und Geschlechtsbestimmung und besonders durch den Fettgehalt der Tiere, der die Körpermasse während der aktiven Jahreszeit permanent verändert. Manche Daten ließen sich leider nicht auf dieselben Jahreszeiten beziehen, wodurch bei den Ergebnissen einige Abweichungen auftreten können. Hingegen sollten die Fehler beim Messen der Condylobasallänge minimal sein. Die vorausgegangenen Anmerkungen sollen darauf hinweisen, daß die folgende Diskussion nur Ansätze liefern kann.

Die mittleren Indizes für jede untersuchte Art wurden aus nicht weniger als 10 Messungen berechnet; mitunter wurden auch mehr verwendet. In einigen Fällen wichen die Daten einzelner Autoren voneinander ab, so daß die Zuverlässigkeit der Daten, insbesondere für Körperlänge und -masse, zum Teil etwas problematisch ist. Wie man aus Abbildung 14A ersehen kann, entsteht eine deutliche Diagonale: kleinere Tiere befinden sich unten links, die größten in der oberen rechten Ecke. Eine fast ähnliche Aufteilung ergibt sich beim Vergleich der Condylobasallänge (Abb. 14B).

Die kleinen Murmeltiere (*M. menzbieri, M. flaviventris, M. broweri* und *M. camtschatica,* insbesondere deren kleine in Jakutien und im Bargusin-Gebirge lebenden Unterarten) wie auch die großen Murmeltierarten (*M. himalayana, M. caligata* und *M. bobak*) leben sowohl in Asien als auch in Amerika (Abb. 2). Der Vergleich der Condylobasallänge (Abb. 14B) bestätigt auch, daß es Murmeltiere von verschiedener Körpergröße gibt und daß der Übergang von kleinen zu großen Arten auf beiden Kontinenten schrittweise erfolgte. Gleichzeitig passen aber unsere Schlüsse, die auf Messungen der Körpergröße basieren, kaum zu den oben erwähnten Aussagen, daß sich nearktische Arten genetisch deutlicher unterscheiden.

Interessant sind die Größenunterschiede einzelner Murmeltierpopulationen geographisch unterschiedlicher Regionen. Innerartliche Unterschiede können den

Faktor 1,5 ausmachen, wie beim Gelbbäuchigen Murmeltier (bei Tieren aus unterschiedlichen Teilen des Verbreitungsgebietes und verschiedenen Höhenlagen), bei Unterarten des Kappenmurmeltiers sogar den Faktor 2, wie etwa zwischen *M. c. doppelmayeri* gegenüber *M. c. camtschatica*. Zwischen den Arten können ähnliche Unterschiede auftreten: Zum Beispiel können amerikanische *M. flaviventris* etwa halb so lang sein und weniger als halb so viel wiegen wie Murmeltiere der *caligata*-Gruppe. Das gleiche Phänomen beobachtet man auch bei zwei paläarktischen Arten, nämlich dem Menzbiers Murmeltier und dem Bobak. Bemerkenswert ist auch, daß nur montane Arten (insbesondere asiatische) lange Schwänze besitzen. Dieses Merkmal kann als Adaptation interpretiert werden, wodurch sich die Beweglichkeit auf felsbedecktem Gelände, aber auch die visuelle Verständigung der Tiere untereinander erhöht. Das Verhältnis von Körperlänge und Schwanzlänge (GROMOV et al. 1965) macht 40 % bei *M. caudata* und 37 % bei *M. b. baibacina* aus. Dieser Index nimmt auch bei amerikanischen Arten hohe Werte an: Bei *M. caligata* sind es 40 %, bei *M. flaviventris* und *M. vancouverensis* jeweils 41 % und bei *M. olympus* 43 %. Eine Ausnahme bildet *M. monax*, das einen kurzen Schwanz besitzt (30 %); dessen Länge läßt sich mit derjenigen aller eurasischen Steppenmurmeltiere sowie des Menzbiers Murmeltiers (20–25 %) vergleichen. Aufgrund klassischer morphologischer Merkmale lassen sich zwischen den Murmeltieren der Alten und Neuen Welt so gut wie keine auffälligen morphometrischen Unterschiede ausmachen.

Unter Berücksichtigung der Verbreitungsgebiete und der Ökologie wurden meines Wissens bisher keine Versuche unternommen, die Murmeltiere Asiens und Amerikas zu vergleichen. Dies ist vermutlich auch der Grund, warum nie erörtert wurde, weshalb sich die Verbreitungsgebiete der Arten in Amerika weiträumig überlappen, während es in Europa und Asien keine sympatrisch lebenden Arten gibt. Weiterhin wurde auch der Frage, warum die Murmeltiere der Alten und Neuen Welt deutlich unterschiedliche Landschaftsformen bevorzugen, keinerlei Beachtung geschenkt. Tatsache ist jedenfalls, daß es auf den bewaldeten Ebenen und Mittelgebirgen in Nordwest-, Südost- und Zentral-Nordamerika Kolonien des Waldmurmeltiers gibt, so daß sich seine Verbreitung geographisch, aber nicht ökologisch mit der von *M. caligata* überlagert. Andererseits versuchen eurasische Murmeltiere, Waldgebiete zu meiden, sie besiedeln höchstens die Waldränder und breiten sich weit über die Steppe aus.

In der Biologie der Murmeltiere gibt es weitere Unterschiede, in einigen Details aber auch auffällige Übereinstimmungen — z. B. bei Nahrungssuche, Aktivität, Populationsstruktur und Verhalten. Auffällig ist auch, daß die ökologisch-morphologischen Unterschiede bei Tieren derselben Art, die jedoch in unterschiedlichen Biotopen und Höhenlagen leben, mitunter größer sind als zwischen europäischen und nordamerikanischen Murmeltierarten.

Im folgenden werden die nearktischen und paläarktischen Arten zusammenfassend mit einigen Besonderheiten ihrer Biologie und näheren Angaben zu ihren Verbreitungsgebieten vorgestellt.

N o r d a m e r i k a . Wie schon oben erwähnt, sind die nearktischen Murmeltierarten karyologisch sehr heterogen, was sich auch in ihren unterschiedlichen ökologischen Ansprüchen und in ihrem Verhalten widerspiegelt. So ist das Waldmurmeltier eine

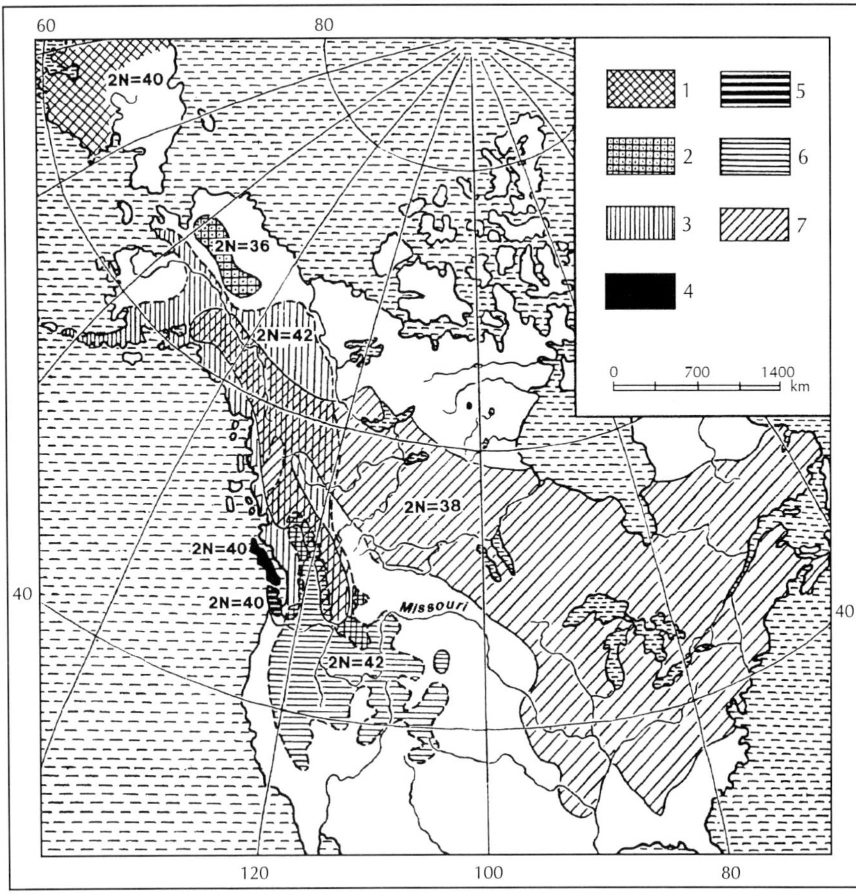

Abb. 15: Verbreitung der Murmeltiere in Nordamerika und im angrenzenden Asien: 1 – Kappenmurmeltier (*M. camtschatica*); 2 – Alaskamurmeltier (*M. broweri*); 3 – Eisgraues Murmeltier (*M. caligata*); 4 – Vancouvermurmeltier (*M. vancouverensis*); 5 – Olympmurmeltier (*M. olympus*); 6 – Gelbbäuchiges Murmeltier (*M. flaviventris*); 7 – Waldmurmeltier (*M. monax*). Für jede Art ist die Anzahl diploider Chromosomen im Verbreitungsgebiet vermerkt Nach VORONTSOV et al. (1969) und LEE & FUNDERBURG (1982).

solitär lebende Art, während alle anderen Murmeltiere soziale Tiere sind. Das soziale Gefüge scheint bei mehreren Populationen amerikanischer Arten sehr komplex und variabel zu sein. Bisher wurden nordamerikanische und asiatische Murmeltiere unter sehr verschiedenen Gesichtspunkten verhaltensbiologisch untersucht, so daß die wenigen Informationen zu diesem Thema nicht einheitlich genug sind, um Aspekte der Murmeltierbiologie — wie Graben, Aktivitätszyklen, Haarwechsel, usw. — vollständig zu verstehen; auch erlauben sie es nicht Altwelt- und Neuweltarten vergleichend zu betrachten. Andererseits ist die Ähnlichkeit, sogar im Detail, wie beispielsweise im Energiehaushalt, Winterschlaf oder Verhalten verblüffend groß. Einzelheiten dazu finden sich in den Kapiteln 4 und 5.

Waldmurmeltier. In Nordamerika hat das Waldmurmeltiers (*M. monax*) wohl die weiteste Verbreitung — vom Yukon bzw. von Labrador aus südlich bis fast in den Norden von Idaho, südwestlich bis Arkansas und südöstlich bis Alabama (Abb. 15). Neun Unterarten sind bekannt, doch müßte ihr Status aufgrund neuerer verfügbarer Daten überarbeitet werden.

Die Biotope des Waldmurmeltiers sind Waldränder, kleine Felder, Mahdwiesen und natürliche, meist auf leicht geneigten Hängen gelegene Wiesen in Waldnähe. Ein typischer Lebensraum der Waldmurmeltiere sind die Flußtäler im Tiefland von Alaska (Barash 1989). Aufgrund der großen geographischen Verbreitung und der Vielzahl besiedelter Lebensräume ist die Art noch relativ häufig. Über evtl. Bestandsrückgänge liegen nur wenige Informationen vor, jedoch geht der Lebensraum zivilisationsbedingt (durch Bau von Straßen und Häusern) in vielen Gegenden kontinuierlich zurück. So wurde aus dem Süden und dem Zentrum Pennsylvaniens zwischen 1955 und 1970 über einen Rückgang der Waldmurmeltierpopulation um 80 % berichtet (Davis & Ludwig 1981). Diese Veränderungen ergaben sich infolge der Umwandlung der natürlichen Lebensräume durch Abmähen, Anlegen von Feldern für Getreide und andere Feldfrüchte sowie durch die direkte Bekämpfung der Murmeltiere als Schädlinge.

Bereits mehrfach wurden die zahlreichen biologischen Besonderheiten des Waldmurmeltiers und seine isolierte Stellung innerhalb der Gattung *Marmota* erwähnt. Als sehr wichtiges Merkmal ist zu nennen, daß es einen nur sehr kurzen Winterschlaf hält (etwa bis zu drei Monaten), was zum einen mit einer grundsätzlich verschiedenen Weise, Fettdepots für den Winterschlaf anzulegen, zusammenhängt, andererseits aber auch in den unterschiedlich langen Zeitspannen begründet liegt, Fettreserven aufzubauen und zu verbrauchen. Eine relativ lange oberirdische Aktivitätsphase ermöglicht es, daß die Jungtiere rasch groß und geschlechtsreif werden, so daß die Jungen früh die Eltern verlassen und separat leben; auch sind die einjährigen Weibchen bereits geschlechtsreif.

Das Gelbbäuchige Murmeltier (*M. flaviventris*) lebt im Westen der USA, wo es vornehmlich die im Innern der Rocky Mountains gelegenen Täler und die alpinen Lebensräume besiedelt. Sein Verbreitungsgebiet reicht von British Columbia, einer westlichen Provinz Kanadas, nach Süden bis New Mexico und Kalifornien (Abb. 15). Die isolierte Unterart *M. f. dakota* lebt in South Dakota. Insgesamt wurden 11 Unterarten beschrieben. Sie leben in verschiedenen Höhenlagen (800 bis 4 100 m üNN), und im südlichen Teil des Verbreitungsgebietes kommen sie auch auf isolierten Berginseln vor. Die Verteilung und Dichte der Kolonien sind offenbar nach einem ähnlichen Muster aufgebaut wie bei paläarktischen Bergmurmeltieren. Informationen über Bestandsdichten liegen nicht vor. Die Tiere werden im Alter von zwei Jahren geschlechtsreif. Darüber hinaus variieren Geschlechterverhältnis und Ausbreitungszeitpunkt bei *M. flaviventris* signifikant (siehe auch Kapitel über Sozialverhalten und Fortpflanzung).

Das Eisgraue Murmeltier (*M. caligata*), das *M. flaviventris* recht ähnlich ist, lebt nur im Westen von Nordamerika. Sein Verbreitungsgebiet reicht nach Norden bis nach Alaska und zur Beringstraße und überlagert sich im Süden zum Teil mit dem von *M. flaviventris* (Abb. 15). In diesem Bereich bewohnt das Eisgraue Murmeltier alpine Lebensräume, während *M. flaviventris* nur auf tiefer gelegenen Erhebungen vorkommt (Hoffmann 1974, zit. nach Barash 1989). Trotz ähnlicher karyologischer Merkmale unterscheiden sich die beiden Arten ökologisch und morphologisch.

Die Überlappungszone von *M. caligata* und *M. monax* ist weitaus größer als die von *M. caligata* und *M. flaviventris*; die Unterschiede in allen Merkmalen, einschließlich der Biotopmerkmale, sind signifikant. Das Eisgraue Murmeltier lebt in hohen Gebirgslagen, und zwar auf Alpenrasen in der Nähe oder oberhalb der Baumgrenze. Normalerweise trifft man es in alten Moränenlandschaften und Bergtundren. Eisgraue Murmeltiere leben an der Meeresküste Alaskas, wo sie auf Felsvorsprünge klettern, die über das Meer hinausragen (ähnlich *M. c. camtschatica*).

Das Eisgraue Murmeltier ist durch grundsätzliche Merkmale der nearktischen Murmeltiergruppe charakterisiert. Bezüglich des Schädelaufbaus bestehen Ähnlichkeiten zu eurasischen Arten (*M. marmota* und Menzbiers Murmeltier), in geringerem Ausmaß auch zu *M. camtschatica*, das eine Übergangsform zur *bobak*-Gruppe darstellt (Gromov et al. 1965). Unter den Schädelmerkmalen sind die geringe Höhe des Schädels sowie die hohe Position der Nasenbeine erwähnenswert. Beim Eisgrauen Murmeltier unterscheidet man neun Unterarten.

Das Olympmurmeltier (*M. olympus*) steht *M. caligata* sehr nahe. Ihre relativ großen Körper ähneln sich stark. Der obere Teil des Körpers ist allgemein braun schattiert, jedoch nicht grau oder schwarz. Die Verbreitung beschränkt sich auf die subalpinen und alpinen Zonen in den Bergen der Olympic-Halbinsel im Nordwesten der Vereinigten Staaten, im Bundesstaat Washington. Momentan ist sein Verbreitungsgebiet vom denjenigen des Eisgrauen Murmeltiers abgetrennt. Das Tier bevorzugt üppige subalpine Wiesen, auf denen in erster Linie Gräser und Krautpflanzen wie *Lupinus* und *Polygonum* wachsen. Das Olympmurmeltier lebt in Höhenlagen von 1 700 bis 2 000 m üNN, wo die Winter lang und schneereich sind.

Das Vancouvermurmeltier (*M. vancouverensis*) erinnert an das Eisgraue Murmeltier, ist allerdings größer. Es ist meist recht dunkel gefärbt (Melanismus); lokal ist es im Süden der Vancouver-Insel (British Columbia, Kanada) verbreitet. 1973 wurde es zur seltenen und vom Aussterben bedrohten Art erklärt. Auf hochgelegenen Gebirgswiesen, die von Wäldern gesäumt werden (die gegenwärtig zum Teil abgeholzt werden) leben die Murmeltiere in kleinen Kolonien. Ende der 70er Jahre wurde die Zahl der Tiere dieser Population auf 50 bis 100 geschätzt; Studien aus den 80ern gehen davon aus, daß die Gesamtpopulation aus etwa 200 bis 300 Individuen besteht (Nagorsen 1987). Im IUCN Red Book wird *M. vancouverensis* als »Vom Aussterben bedrohte Art« klassifiziert. Einige nicht erfaßte Murmeltiere wanderten auf Lichtungen ab, wo ihre Lebensweise durch den Tiefschnee der ersten Frühjahrsmonate beeinflußt wird. Zwar stören zahlreiche Bergtouristen aus den umliegenden Urlaubsorten die Murmeltiere, doch insgesamt tolerieren die Tiere die Anwesenheit des Menschen ganz gut, und sie fliehen auch nicht in Panik, wenn sich Greifvögel zeigen.

Das Alaskamurmeltier (*M. broweri*), das im Norden Alaskas im Brooks Mountain Range weit verbreitet ist (Abb. 15), wird gegenwärtig als eigenständige Art angesehen. Es steht paläarktischen Arten näher als der *caligata*-Gruppe, unterscheidet sich aber vom Kappenmurmeltier in nicht geringerem Umfang als die eurasischen Murmeltiere untereinander. Das Rückenfell ist bei *M. broweri* genauso weich wie die Haare der Bobaks. Freilandtiere erscheinen oft dreifarbig — der Vorderkörper grau, der mittlere Bereich schwarz und der Rumpf rot. Ventral erscheint dieses Murmeltier insgesamt dunkelgrau. Es besitzt einen relativ langen Schwanz, die Kopfoberseite ist schwarz, doch fehlt ihm die weiße Gesichtsmaske des Eisgrauen Murmeltiers. Der Schädel ist in der Mitte und hinten recht hoch, sein oberes Schädelprofil wölbt sich nicht stärker vor als z. B. beim Menzbiers Murmeltier. Weitere Untersuchungen an verschiedenen Formen des Kappenmurmeltiers und Vergleiche dieses Tieres mit Alaskamurmeltieren und Eisgrauen Murmeltieren können möglicherweise die momentanen taxonomischen Ansichten verändern. *M. broweri* bewohnt ein ähnliches Habitat wie das Eisgraue Murmeltier, allerdings in niedrigeren Höhenlagen. Es kommt oft auf windgeschützten Feuchtböden vor, deren Pflanzengesellschaften durch Arten wie *Lupinus*, *Saxifraga*, *Potentilla* und *Salix* gekennzeichnet sind, die von den Tieren verzehrt werden (Barash 1989).

Im allgemeinen sind die Populationen der nordamerikanischen Murmeltierarten nicht sehr groß, doch besteht kaum Gefahr, daß ihre Zahl drastisch zurückgehen wird, da die Tiere in ihrem Verbreitungsgebiet weder aufgrund ihres Fells noch ihres Fettes gejagt werden.

Anders sieht die Lage bei Olymp- und Vancouvermurmeltieren aus, die nur lokal verbreitet sind; ihre Individuendichte ist — gerade bei den Vancouvermurmeltieren — gering, und es besteht die Gefahr eines völligen Aussterbens dieser Arten. Für das Vancouvermurmeltier gibt es aber ein umfangreiches Schutzprogramm, das die Art vor dem Aussterben bewahren soll.

Eurasien. Aufgrund der primären Analyse sind die Karyotypen von Rotem Murmeltier, Grauem Steppenmurmeltier und Menzbiers Murmeltier (trotz auffälliger Artunterschiede) gleich: 2N = 38, NF = 70. Was die Murmeltiere der *bobak*-Gruppe (Echter Bobak, Graues Steppenmurmeltier und andere) betrifft, die an den Berührungszonen ihres Verbreitungsgebietes als Hybridformen vorkommen, so bewegen sich die taxonomischen Unterschiede unserer Meinung nach auf dem Unterartniveau, doch sehen andere Forscher *baibacina* und *sibirica* als eigenständige Arten an. Dementsprechend werden in Eurasien sechs bzw. acht Arten unterschieden (Abb. 16).

Das Alpenmurmeltier (*M. marmota*) bewohnt drei isolierte europäische Gebirgszüge: Alpen, Westkarpaten und Pyrenäen (wo es 1948 eingebürgert wurde). Sein Verbreitungsgebiet in den Alpen ist recht weitläufig: Kolonien kommen in Höhen von 900 bis 3 200 m (Münch 1958, Krapp 1978, Müller 1986), in den Pyrenäen in Höhen 1 600 bis 2 400 m üNN vor. Spanische Zoologen (Garcia-Gonzales et al. 1985) zeigten, daß das lokale Besiedlungsgebiet der Murmeltiere insgesamt über 300 km lang und an der breitesten Stelle — an der Wasserscheide zwischen Arrens und Gallego — über 20 km breit ist. Murmeltiere wurden auch erfolgreich in Norditalien und anderen Alpenländern wiedereingebürgert. Aussetzungsversuche fanden an zahlreichen Stellen in Europa statt (siehe kleinen Kartenausschnitt in der Abb. 16).

Alpenmurmeltiere bilden überall separate, oft deutlich isolierte Populationen. In den Österreichischen Alpen liegt ihre Zahl bei etwa 30 000 Tieren, und alljährlich

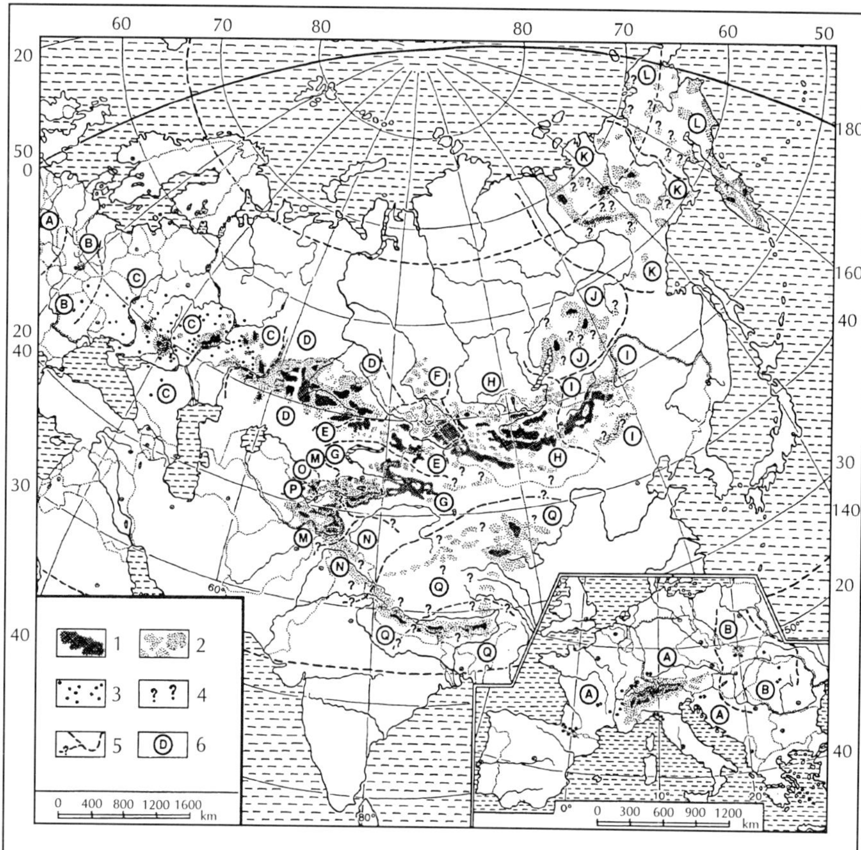

Abb. 16: Verteilung der Murmeltiere in Eurasien. Individuendichte: (1) mehr als 30 Tiere/km^2; (2) weniger als 30 Tiere/km^2 (Siedlungsform meist Mosaiktyp); (3) Gebiete wo Wiedereinbürgerungen oder Aussetzungen vorgenommen wurden; (4) Verbreitung und taxonomischer Status unklar; (5) Grenzen zwischen Arten und Unterarten; (6)Verbreitung der einzelnen Murmeltierarten und -unterarten: (A) *M. marmota marmota* (B) *M. m. latirostris* (C) *M. bobak bobak* (D) *M. b. schaganensis* (E) *M. b. baibacina* (F) *M. b. kastschenko* (G) *M. b. centralis* (H) *M. b. caliginosus* (I) *M. b. sibirica* (J) *M. camtschatica doppelmayeri* (K) *M. c. bungei* (L) *M. c. camtschatica* (M) *M. caudata (aurea?)* (N) *M. (caudata?)* (O) *M. menzbieri zahidovi* (P) *M. m. menzbieri* (Q) *M. himalayana*. Verändert nach BIBIKOV (1967).

werden davon 1 500 bis 2 000 zum Abschuß freigegeben. Offenbar liegt die Anzahl der Murmeltiere in den Deutschen, Italienischen, Schweizer und Französischen Alpen niedriger, doch werden in den Kantonen der Schweiz in jedem Jahr etwa 7 000 Tiere gejagt (EIBERLE, pers. Mitt.). Im Tessin ist etwa die Hälfte der Kantonalsfläche von Murmeltieren besiedelt, doch weisen nur etwa 10 % dieses Gebietes hohe Populationsdichten (40 bis 80 Tiere/km^2) auf (SOLARI & CAPRIASCA 1988).

Tatramurmeltiere (*M. marmota latirostris*) leben nur in der Tatra. Diese Unterart bewohnt heute Felsgebirge mit grünen Matten, wo sie alles findet, was sie zum

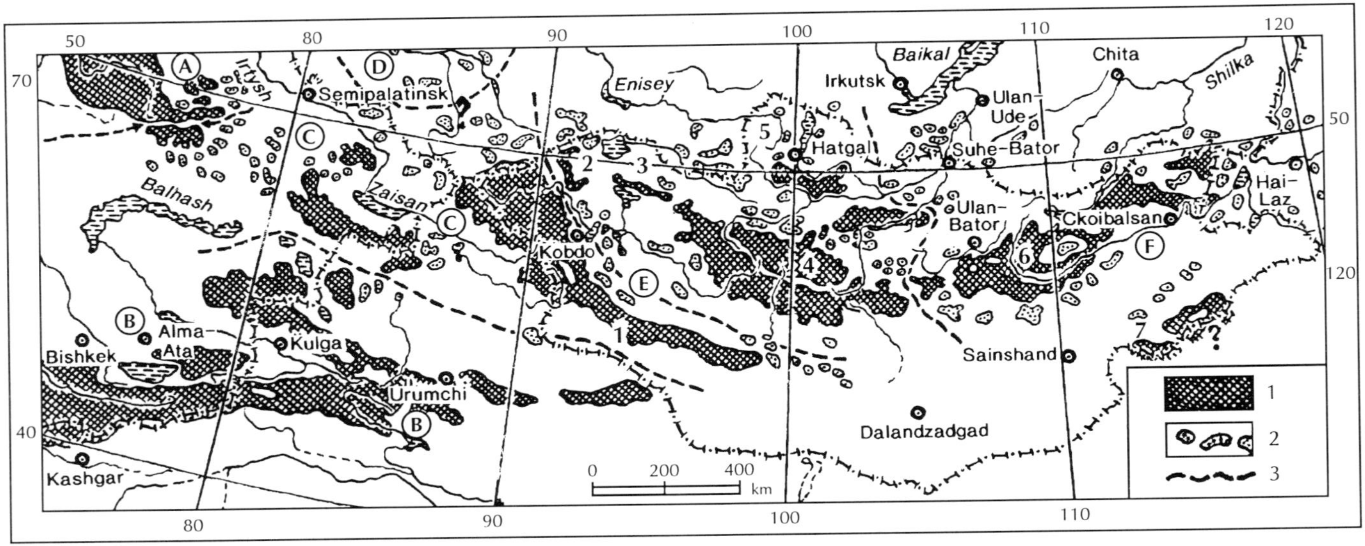

Abb. 17: Verbreitung und Siedlungstyp bei Unterarten von *M. bobak* in Ostkasachstan, Sinkiang und in den Bergen Südsibiriens und der Mongolei. A – *M. b. schaganensis;* B – *M. b. centralis;* C – *M. b. baibacina;* D – *M. b. kastschenko;* E – *M. b.* ssp, (bei BIBIKOV 1968 auch als *M. b. ognevi* bezeichnet); F – *M. b. sibirica.* Siedlungstyp: 1 – Steppentyp; 2 – Herdtyp; 3 – Grenze zwischen Unterarten. Bezeichnung geographischer Populationen in der Mongolei (Zahlen auf der Karte): 1 – Altai-Pop.; 2 – Turgen-Ulinsk-Pop.; 3 – Hantschutschei-Pop.; 4 – Changai-Pop.; 5 – Tschubsugul-Pop.; 6 – Hantai-Ostmongolische Pop.; 7 – Darigandschi-Pop.

Überleben braucht: Schutz in Felsspalten, lockeres Erdreich, in dem das Murmeltier seine Baue anlegen kann, sowie eine reichhaltige Grasvegetation zur Ernährung. 1960 wurden auf einer Fläche von 500 km^2 insgesamt 179 Kolonien in Höhenlagen von 1 560 bis 2 330 m üNN gezählt. Die meisten (62 %) befanden sich auf den Bergen, der Rest lag in den Tälern. Die Dichte der Murmeltiere erreichte 11 Kolonien/km^2; insgesamt betrug ihre Anzahl 700 bis 1 000 Tiere. 1973 wurden an drei Stellen in den Rumänischen Karpaten 50 aus Frankreich und Österreich stammende Alpenmurmeltiere ausgesetzt. Diese Einbürgerung verlief erfolgreich; bis 1980 hatten sich die Murmeltiere in Arpazal auf 100 bis 150 Individuen, in Pjetrosul auf 50 bis 60, und im Nationalpark Recetat auf 150 Tiere vermehrt — insgesamt also auf über 300 Murmeltiere.

Bobaks oder Steppenmurmeltiere (*M. bobak*) besiedelten nach den Eiszeiten die zonalen Steppen und Waldsteppen der Ukrainischen und Russischen Tiefebenen, Kasachstans, Transbaikaliens und der Mongolei. In den letzten Jahrhunderten — insbesondere in diesem — nahm das Verbreitungsgebiet des Bobaks dramatisch ab, weil die Tiere von den kultivierten Steppen Eurasiens verdrängt wurden. Seit Mitte des 20. Jahrhunderts erholte sich *M. b. bobak* aufgrund von Schutzmaßnahmen in Europa allmählich wieder (BIBIKOV 1991).

Das zweite Schutz- und Siedlungszentrum des Steppenmurmeltiers (d. h. des Wolga Steppenmurmeltiers, *M. bobak kozlovi*) befindet sich in den Priwolschsky-Hügeln, während das dritte derartige Zentrum im Bereich des Südurals, Baschkorstans, der Tatarei sowie im Bezirk Orenburg liegt. Östlich und südlich des Südurals lebt das Kasachische Steppenmurmeltier (*M. b. schaganensis*), über die Einteilung der Arten und Unterarten europäischer Steppenmurmeltiere liegen jedoch gegenwärtig keine Daten vor (Abb. 17).

Das heutige Verbreitungsgebiet von *M. b. schaganensis* ist durch landwirtschaftliche Erschließung der ursprünglichen Steppen signifikant zurückgegangen. Von 1880 bis 1890 wurden etwa 700 000 Felle erbeutet, in den 20er Jahren etwa 200 000 Stück, und die Zahl dieser Murmeltiere erreichte vermutlich mehrere Millionen. Die Urbarmachung der Steppenböden und intensive Bejagung (Ende der 60er Jahre erbeutete man noch 110 000 bis 120 000 Felle pro Jahr) beschleunigten die Schrumpfung des Verbreitungsgebietes, und auch die Anzahl der Steppenmurmeltiere ging zurück, obwohl es heute immer noch über eine Million Tiere gibt.

Das Graue Steppenmurmeltier (Abb. 18) umfaßt eine Gruppe montaner Bobakunterarten (BERENDJAEV & KULIKOVA 1965), die sich im wesentlichen aufgrund ihrer Ökologie, teilweise auch morphologisch unterscheiden; die Tiere leben im Kasachischen Hügelland östlich des Balchaschsees sowie von der Dsungarei und vom Altai (92° östlicher Länge) bis in den zentralen Tien-Schan. Im Süden reicht das Verbreitungsgebiet der Tien-Schan-Unterart (*M. bobak centralis*) über die Grenzen Kasachstans und Kirgistans hinaus und erstreckt sich über den Südhang des Kockschahal-Gebirges (Abb. 17). Seine Westgrenze zum Verbreitungsgebiet des Roten Murmeltiers verläuft recht kompliziert, und im Gebiet, wo sich Fergani-Gebirge und Altai treffen, existiert eine gemischte Kolonie aus beiden Arten. Darüber hinaus befinden sich weitere isolierte Kolonien Roter Murmeltiere im Athbaschi- und Naryn-Gebirge, die innerhalb des Verbreitungsgebietes des Grauen

Abb. 18: Graues Steppenmurmeltier (*M. bobak*), ein Bewohner der Waldsteppe Westsibiriens und des Altais. Foto: V. und G. VAKHTINA.

Steppenmurmeltiers liegen. Östlich von Hantengry breitet sich das Graue Steppenmurmeltier weit über das Bergland der Chinesischen Dsungarei, von Halyktau, Borochoro und anderen Gebirgszügen aus, die an der Flußsenke des Ili liegen. Die Art fehlt östlich von Urumtschi und in den Bergen von Bogdoschan (VAN-SIBO & GANJUAN 1983).

Die Altai-Unterart (*M. bobak baibacina*) wird in Sinkiang durch einzelne Kolonien in Barlyk, Urkaschar, Saur und im östlichen Tarbagatai sowie auf den Westhängen des Mongolischen Alataus (im oberen Einzugsbereich der rechten Zuflüsse des Schwarzen Irtysch) vertreten.

Auffällig ist der allgemeine Rückgang in der Häufigkeit sämtlicher Bobakunterarten während der vergangenen 20 Jahre (siehe Kap. 6.4). Mit Ausnahme des Tomsker Steppenmurmeltiers (*M. b. kastschenko*), das kurz vor dem Aussterben steht (Abb. 17D), werden alle übrigen Arten intensiv bejagt. In der Mongolei beträgt die Zahl der Changai-Steppenmurmeltiere — die früher Tarbagans genannt wurden, heute jedoch unter der Bezeichnung *M. bobak caliginosus* bekannt sind und sowohl morphologisch, ökologisch wie auch immunologisch der *bobak*-Gruppe und *M. b. baibacina* ähneln — ungeachtet ihrer Dezimierung vier Millionen Tiere (BIBIKOV 1989).

Das Changai Steppenmurmeltier (*M. bobak caliginosus*) kommt in der Mongolei im Gebirge zwischen 90° und 104° östlicher Länge vor. Im westlichen Teil seines Verbreitungsgebietes trifft man es auch isoliert im Thurgen-Ula-Gebirge an. Hier sind seine Kolonien durch die Wüste in der Senke von Achit-Nor von denen des Altai Steppenmurmeltiers im Mongolischen Ala-Tau abgeschnitten. Für das

Kernstück dieses Gebirgsmassivs wurden die Grenzen zwischen den Verbreitungsgebieten der Altai- und Changai-Unterarten genauer festgelegt. An Stellen, wo die Tiere sympatrisch leben, bevorzugt die Changai-Unterart Steppentäler, während das Altai Steppenmurmeltier auf Wiesenhängen und in der Nähe von Wasserscheiden wohnt (SMIRIN et al. 1985). Das Verbreitungsgebiet des Changai Steppenmurmeltiers verkleinerte sich, und seine Verbindungen zu den Kolonien im Westen Transbaikaliens sind fast völlig verloren gegangen (Abb. 17).

Das typische Steppenmurmeltier der Mongolei, das Mongolische Steppenmurmeltier oder Tarbagan (*M. bobak sibirica*), lebt östlich von 104° östlicher Länge. Sein Siedlungsschwerpunkt reicht bis in den Osten des Hantais. Trotz starker Zerstörung im nördlichen Randbereich seines Gebiets fördern Berührungszonen die Ausbreitung der Art bis in den Norden, wo Murmeltiere in der Grenzzone des südöstlichen Transbaikaliens siedeln.

Die Frage über den morphologischen Ursprung der Murmeltiere in den Relikten von Dariganga-Dsugodsyr (im Südosten der Mongolei entlang der chinesischen Grenze) bleibt ungelöst (Abb. 17). Diese Populationen sind räumlich isoliert — ähnlich wie die isolierte Population in Hingan. In den Höhenlagen kommen immer wieder separate Kolonien vor, die sporadisch über die Halbwüste verteilt sind, die in einer Breite von 300 km das Tal bedeckt. Die Populationen sind aber keine sicheren Verbindungen zwischen Hantai- und ostmongolischen Murmeltieren auf der einen Seite und den Tieren im Hingan auf der anderen Seite. Sie umfassen weniger als 100 000 Tiere.

Das Gebiet, das die Tarbagans in der Zentral- und Östlichen Mongolei insgesamt bewohnen, ist mehr als 100 000 km^2 groß, wobei in etwa einem Drittel des Gebietes — hauptsächlich durch Überjagung — heute keine Tiere mehr vorkommen. Die aktuellen Bestände umfassen etwa fünf Millionen Murmeltiere (ohne Junge) einschließlich der 1,8 Millionen Tiere in Suhe-Bator und den östlichen Landesteilen. Die meisten Murmeltiere leben in kleinen, verstreuten Kolonien (BIBIKOV & MJAGMARGAV 1983).

Das Himalajamurmeltier (*M. himalayana*) sieht von der Farbe her dem Tarbagan ähnlich, besitzt jedoch ein helleres, drahtigeres Fell und ist sehr groß. Viele Schädelmerkmale ähneln denen des Altai Steppenmurmeltiers (*M. b. baibacina*). Himalajamurmeltiere begegnen uns erstmals im nordwestlichen Kuenlun, schätzungsweise auf der Höhe des Tschertschen-Meridians (85° östlicher Länge). Nach Westen hin fehlen die Murmeltiere auf den Nord- und Nordosthängen des Kuenlun, weil das Gelände hier zu trocken ist (JUNATOV 1950). Die beachtliche Verbreitungslücke dieser Art beträgt wahrscheinlich 1 000 km und rührt vermutlich daher, daß die östlich des Kuenlun lebenden Roten Murmeltiere ostwärts nur bis über den Kaschgar-Meridian (Abb. 17) vorgedrungen sind. Vor einiger Zeit entdeckten chinesische Zoologen im Tschogory-Gebirge, in einem Gebiet am Oberlauf des Jarkand, der zum Saitul-Paß in den Süden von Sinkiang fließt, Siedlungen dieser Murmeltierart (VAN SIBO & GANJUAN 1983). Sie bestätigen auch, daß die Tiere in Tibet, Kaschmir, Nepal und Bhutan leben. Das Himalajamurmeltier kommt auch auf dem Altyn-Tagh, im Ritter- und Richgophen-Gebirge, im Süden des Kuku-Nors und anderen Bergzügen vor, die das Nan Schan-Massiv bilden. Das Verbreitungsgebiet dieses Murmeltiers ist nicht durchgehend und umfaßt eine Reihe isolierter Flächen (Abb. 16). Die Murmeltiere trifft man im Süden bis Tsaidam am Quellfluß des Huang-ho an. Seine Kolonien finden sich am Dsa Tschuh, einem Quellfluß des Mekong, allerdings sind die Grenzen des Verbreitungsgebietes der Art ungewiß. Bekannt ist, daß Himalajamurmeltiere in Szetschuan, Kham und im Westen von Kansu sowie von Nepal aus ostwärts auch im Himalaja leben. Über seine Verbreitung in Tibet liegen keine Daten vor.

Das Kappenmurmeltier (auch Kamtschatkamurmeltier genannt, Abb. 19) bewohnt die Weiten Ostsibiriens; sein Verbreitungsgebiet reicht von der Lenamündung bis zur Anadyrregion und zum Baikalsee (Abb. 16). Die Einzelheiten seiner Verbreitung wie auch die Abgrenzungen zu den Gebieten seiner Unterarten sind allerdings nicht genau untersucht worden.

Das Echte Kamtschatkamurmeltier (*M. c. camtschatica*) besiedelt die Kamtschatka und das südliche Meeresufer des Hochlands von Korjak. Das Jakutische Kamtschatkamurmeltier (*M. c. bungei*) hat folgendes Verbreitungsgebiet: Im Westen bis zu den Momsker, Tschersker und Werchojansker Gebirgen, am Unterlauf der Lena nach Norden bis zum Delta dieses Stroms sowie nach Süden hin etwa bis zur Höhe der Stadt Magadan. Das Bargusische Kamtschatkamurmeltier (*M. c. doppelmayeri*) findet man im südwestlichen Teil des Verbreitungsgebietes. Diese Art kommt vom Nordwestufer des Baikalsees bis in den Süden des Bargusin-Gebirges vor, das die Südgrenze seines Territoriums bildet (KAPITONOV 1960).

Abb. 19: Kamtschatkamurmeltier (*M. camtschatica*) vor dem Bau. Foto: P. REPJOV.

Abb. 20: Kamtschatkamurmeltiere (*M. camtschatica camtschatica*) bewohnen auch die Felsküsten der Beringstraße. Foto: T. LISITSINA.

Die Lebensräume dieser Murmeltiere sind sehr unterschiedlich: erodierte Talhänge, Endmoränen, vulkanische Plateaus und Felsmeerküsten (Abb. 20). Als entscheidende Lebensvoraussetzungen müssen folgende Parameter vorhanden sein: verdichtete Böden, Schneedecken, geeignete Stellen, um Baue anzulegen, sowie eine petrophile Steppenvegetation.

Die Bestände der Kappenmurmeltiere lassen sich nur abschätzen, da Flächen und Begrenzungen ihrer Kolonien nicht festgelegt wurden. Innerhalb der letzten Jahre hat man mehrere neue Kolonien entdeckt, die Anzahl der Tiere wurde jedoch nur selten bestimmt. So wurden beispielsweise in den 65 km östlich des Kolymadeltas (in der Nähe von Kap Letdschatin) gelegenen Bergen auf einem Gebiet von 160 km^2 79 Murmeltiere in isolierten Kolonien registriert (entspricht 0,5 Tiere/km^2). Im oberen Verlauf des Flusses ergaben sich höhere Populationsdichten (5,7–9,5 Tiere pro 10 km Flußlauf).

Verschiedene Gebiete, die das Kamtschatkamurmeltier neu besiedelt hatte, wurden entlang des Küstenverlaufs der Beringstraße im nördlichen Abschnitt des Hochlands von Kordschak entdeckt, insbesondere bei Kap Barykow sowie in der Seenplatte von Pekul'neisk. Im Nordteil des Hochlands von Andschuisk, aber auch auf den Ausläufern des Hochlands von Kordschak befanden sich kleine Murmeltierkolonien. Im August 1987 wurden Murmeltiere auf der Mittleren Kamtschatkabergkette, einer besonders dicht besiedelten Region, beobachtet. Die Kolonien lagen im Jurtinatal an einem Kargletscher, der 2 km lang und 600 bis 700 m breit ist. Insgesamt wurden hier neun Familienreviere (jedes etwa ein ha groß) kartiert, die aus maximal acht Tieren bestanden. Die Winterquartiere befanden sich beinahe ausnahmslos im unteren Teil der Hänge, in denen es sich leichter graben läßt; jedes Familienrevier enthielt gleichzeitig auch Felsablagerungen. Die publizierten Zahlen über Murmeltiere auf Kamtschatka liegen angeblich 2 bis 3 mal höher als in anderen Lebensräumen, und der Murmeltierbestand liegt bei etwa 50 000 Tieren (TOKARSKII & VALENTSOV 1991).

Jakutische Kamtschatkamurmeltiere wurden in den Charaulach-Bergen auf einer Fläche von 3 659 km^2 untersucht und dabei 148 Kolonien gezählt. Jede besteht aus durchschnittlich sechs Murmeltieren (Die Zahlen schwanken zwischen 1 und 22 Tieren). Demnach lebt in der Regel je eine Familie in einer der isolierten Kolonien. Die durchschnittliche Populationsdichte liegt bei 0,25 Tieren/km^2, die Fläche des Charaulach-Gebirges macht etwa 28 000 km^2 aus, so daß schätzungsweise 7 000 Murmeltiere in diesem Gebiet leben. Die Anzahl Jakutischer Kamtschatkamurmeltiere, die in der baumlosen Tundra von Werchojansk (etwa 220 000 km^2) lebt, macht ca. 50 000 Tiere aus. Generell leben in der Jana-Indigirka-Region etwa 80 000 Murmeltiere. Die Anzahl der Murmeltiere im Hochland von Kordschak beträgt 20 000 Tiere (KAPITONOV 1978).

Die durchschnittliche Populationsdichte der Bargusin-Unterart liegt bei etwa drei Tieren/km^2, und allgemein werden etwa 12 000 Murmeltiere gezählt. Die Größe der baumlosen Tundra im Baikal-Gebirge ist etwa ein Drittel kleiner als diejenige im Bargusin-Gebirge, die Populationsdichte ist jedoch die gleiche. Demnach leben hier etwa 4 000 Murmeltiere gegenüber einer Gesamtzahl von etwa 16 000 Tieren. In anderen Bergwaldgebieten der Baikalregion können hohe Individuendichten nur für die Gebirgszüge im Hochland von Stanowoj (Kodar, Udyken und andere Berge) erwartet werden; hier fehlen allerdings entsprechende Angaben.

Die Zahl der Kappenmurmeltiere im gesamten Verbreitungsgebiet der Art läßt sich nach vorsichtigen Schätzungen nur mit 150 000 Exemplaren angeben. Das Kappenmurmeltier gehört mit zu den besonders stark gefährdeten Arten. Obwohl die Jagd auf die Art seit vielen Jahren erheblich eingeschränkt ist, mangelt es an zuverlässigen Angaben darüber, ob sich die Bestände erholt haben oder die Tiere in neue Gebiete vorgedrungen sind.

Das Rote Murmeltier (*M. caudata*, Abb. 21) hat sich deutlich von den übrigen paläarktischen Murmeltieren abgetrennt und einige ursprüngliche Merkmale bewahrt, wodurch es den nearktischen Murmeltieren ähnelt (langer Schwanz — daher auch sein zweiter Name: Langschwänziges Murmeltier — sowie drahtiges Fell). Seine biologischen Besonderheiten wie auch sein unverkennbarer Warnruf bestätigen die Eigenständigkeit dieser Art. Das Rote Murmeltier ist seit alters her ein Bewohner der Berge im Westen von Zentralasien (Abb. 16). Wahrscheinlich war es in der Vergangenheit stärker verbreitet als heute, weil man aufgrund von ähnlichen Parasiten annehmen kann, daß das Graue Steppenmurmeltier und wahrscheinlich auch das Menzbiers Murmeltier in früheren Zeiten in den gleichen Gebieten wohnten wie das Rote Murmeltier.

Im Gegensatz zum Grauen Steppenmurmeltier und Menzbiers Murmeltier, die im Tien-Schan leben, bevorzugt das Rote Murmeltier eher trockenere Lebensräume, da man es auch in den hügeligen Halbwüsten und ariden Zonen des Kuenlun antrifft. Die Vertikalverbreitung der Art schwankt innerhalb seines Verbreitungsgebietes

Abb. 21: Rote Murmeltiere (*M. caudata*) besiedeln unter den asiatischen Murmeltieren die höchsten und trockensten Regionen. Foto: G. DAVIDOV.

zwischen 1 400 und 4 800 m üNN, und im Himalaja lebt es auch in Höhen bis zu 5 500 m üNN. Auf den Nordhängen des Tallass Ala-Taus und im Bezirk Osch lebt das Rote Murmeltier auch in niedrigen Höhenlagen, allerdings haben hier Wilderer in der jüngsten Vergangenheit die Populationen in den leicht zugänglichen Gebieten arg dezimiert. Rote Murmeltiere bewohnen außerdem die Ränder von Walnußwäldern oder die kargen Strauchmacchien des Turkestanischen Wacholders; weiträumig verstreute Kolonien findet man in den alpinen Grassteppen des Alai-Tals und in den alpinen Wüsten im Östlichen Pamir.

Allgemein wird angenommen, daß die größere und dunklere Unterart *M. caudata aurea* in Nordindien und Afghanistan lebt, während kleinere Varianten mit hellerem Fell in den Bergen Mittelasiens vorkommen; diese Ansicht stimmt allerdings nicht vollständig, und die Validität der Unterarten des Roten Murmeltiers bedarf einer erneuten Revision.

Wie schon angeführt, sind die Murmeltiere aus dem Östlichen Pamir (ehemalige UdSSR) wesentlich heller gefärbt und von geringerer Größe als die Tiere aus dem Hissar-Tallass und Alai, die dunkler, lebhaft rot gefärbt und größer sind. Die erwähnten Besonderheiten im Warnpfiff der Pamir-Murmeltiere wurden bei anderen Untersuchungen bestätigt (NIKOLSKII 1984). Darüber hinaus können die Unterarten der isolierten Populationen des Roten Murmeltiers im Westlichen Pamir, im Westlichen und in Zentral Tien-Schan durchaus verschieden sein. Die Grenze zwischen den Verbreitungsgebieten der kleinen, helleren Pamir-Unterart und der indischen Unterart (*M. c. aurea*) zieht sich bis in den Süden des Pamirs, bis in den westlichen Teil von Sinkiang und dann weiter nach Süden (Abb. 16). Im Westen von Sinkiang lebt das Rote Murmeltier auf den Ausläufern des Alai-Transalais und des Sarykol-Gebirges (in den Bezirken Ulugtschat und Taschkurgan). Gemischte Kolonien aus Roten Murmeltieren und Grauen Steppenmurmeltieren befinden sich längs des rechten Ufers des Sudschek, der vom Fergana-Gebirge herab- und in Richtung Kaschgar fließt. Die Ostgrenze des Verbreitungsgebietes der Roten Murmeltiere reicht nicht über das rechte Ufer der Oberläufe des Jarkand hinaus. Von den nordöstlichen, ariden Hängen des Kuenlun bis nach Kingtau im Süden trifft man es sporadisch an, weiter im Süden verschwindet es jedoch, weil hier die Steppenzone zurückgedrängt wurde (Abb. 16).

Die indische Unterart des Roten Murmeltiers im Himalaja entstand in Kaschmir und lebt südlich des Kaskasu-Gebirgspasses. Die größten Roten Murmeltiere von Tallass und Alai unterscheiden sich von übrigen Varianten hinsichtlich der Färbung und des Warnrufs; allerdings ist die Untersuchung dieser Merkmale noch nicht abgeschlossen. Die Unterart kommt nur selten in Turkestan sowie im Sarawschan- bzw. Hissargebirge vor.

Das schwache Relief des Östlichen Pamirs wirkt sich positiv auf die Verbreitung des Roten Murmeltiers aus. Die breiten, mäandrierenden Flußtäler — wie die Täler der Flüsse Alitschur, Murgab, Istyk und Aksu — sind dicht besiedelt. Siedlungsgebiete vom Steppentyp finden sich den Senken des Karakulsees, des Rangkulsees und des Sorkulsees. In der Gegend des Karakulsees meiden die Murmeltiere den vorhandenen lockeren Sand. Das sanfte Geländerelief, eine komplexe Wüsten- und Weidenvegetation (mesophile Wiesen), eine dicke Bodenschicht und die offene Landschaft bewirken eine hohe Individuendichte (vielerorts leben im Pamir bis zu 200 Tiere/km^2). In der Nähe von Verkehrsstraßen werden allerdings sehr viele Tiere geschossen, wodurch einzelne Bestände drastisch zurückgegangen sind.

In den 60er Jahren wurde der Bestand an Roten Murmeltieren auf etwa 600 000 Tiere geschätzt, darunter 200 000 im Pamir, 170 000 im Zentral- bzw. im Westen des Tien-Schans, 130 000 im Alai sowie 100 000 im Hissar- und Darwaschgebirge.

4 Biologie und Verhalten

Verhalten und Lebensweise der einzelnen Murmeltierarten, aber auch Populationen einer Art, weisen große Unterschiede auf. Der periodische Wechsel zwischen oberirdischer, aktiver Phase und dem Winterschlaf sind charakteristische Lebensäußerungen in der Biologie der Tiere.

Murmeltiere sind grabende Bodenbewohner, die ein weitläufiges Tunnel- und Kammersystem anlegen. Selbst im Sommer verbringen Murmeltiere im allgemeinen tagsüber 16 bis 20 Stunden im Bau, und während des Winterschlafs verlassen sie ihn oft sechs Monate oder noch länger nicht.

In den folgenden Kapiteln werden diese Besonderheiten in der Biologie der Murmeltiere unter den verschiedenen Aspekten wie Nahrungssuche und -ausnutzung, Energiehaushalt, Haarwechsel oder Wanderungen dargestellt und diskutiert

4.1 Baue

Die umfangreichen Röhren- und Kammersysteme die Murmeltierpopulationen anlegen, meist kurz Baue genannt, sind nicht nur ein wichtiger Schutz gegen Feinde und Unterschlupfplatz im Winter und bei schlechten Wetterperioden. So verändert das Erdreich, das beim Anlegen der Baue ausgeworfen wird, das Mikrorelief, weshalb Murmeltierbaue sowohl die Vegetationsvielfalt in ihren unmittelbaren Umgebung erhöhen als auch die Dauer der Vegetationsperiode positiv beeinflussen. Murmeltiere verbessern somit ihre eigenen Lebensbedingungen, indem sie ihren Lebensraum verändern.

Größe, Höhe und Ausdehnung der Baue (wobei letzteres einen Hinweis auf die Komplexität des unterirdischen Bausystems darstellt) können geographisch sehr unterschiedlich ausfallen. Die Größe der Baue informiert uns vor allem über Alter und Geschichte einer Murmeltiersiedlung und spiegelt die Anpassungen der Tiere an einen bestimmten Biotop wider (Abb. 22). Aufgrund der Vielzahl an ausgegrabenen Bauen — einige Dutzend bei eurasischen Murmeltieren, sowie Hunderte bei Grauen Steppenmurmeltieren und Roten Murmeltieren — lassen sich einige Vergleiche anstellen. So verdeutlicht die Architektur der Erdhügel und Baue in unterschiedlichen Landschaftsformen und Höhenzonen den prägenden Einfluß abiotischer Faktoren. In der Steppe oder auf Hochgebirgsplateaus finden sich Baue mit riesigen Erdauswürfen, die manchmal einen Durchmesser von 20 m oder mehr besitzen (Abb. 9). Die Tunnelröhren können bei einem solchen Bau eine Länge von bis zu 100 m erreichen. Auch von ihrer Höhe her (bis zu 0,5 — 0,6 m, mitunter sogar bis zu 1 m) können diese Baue sehr beeindruckend sein — insbesondere in den Hochgrasfluren der subalpinen Wiesen und der Waldsteppe, wo hohe Auswurfhügel als Beobachtungsplatz für die Tiere dienen.

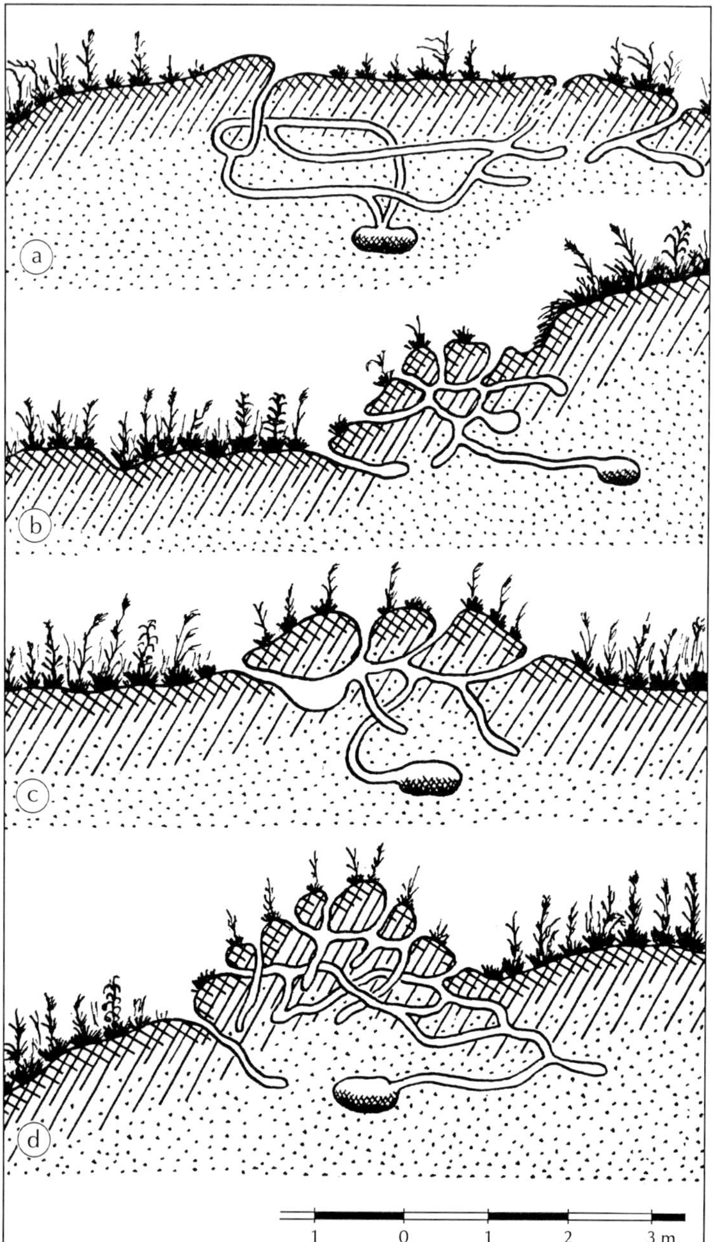

Abb. 22: Baue von *M. bobak* in unterschiedlichen Landschaftsformen. a – Trockensteppe in Nordkasachstan; b – Grassteppe im Steppengürtel auf den Hängen des Tien-Schan; c – Fettwiese in der subalpinen Zone im Tien-Schan; d – Alpine Feuchtwiese an der Wasserscheide im Tien-Schan (Mongolischer Ala-Tau).

Zur Altersbestimmung einzelner Baue verglich DUBROVSKII (1962) den durchschnittlichen Durchmesser der Erdhügel vor Bobakbauen in den Steppen Kasachstans. Demnach liegen die größten Hügel (14,8 bis 18,8 m) normalerweise im Zentrum des Verbreitungsgebietes, in dem sich die ältesten Murmeltiersiedlungen befinden. Am Südrand des Gebietes, wo die Baue jüngeren Datums waren, maßen die Hügel 12,2 bis 13,4 m im Durchmesser, und in einigen isolierten Randkolonien betrug ihr Durchmesser nicht mehr als 8,8 m. Diese Relationen sind auf Berghängen nicht so auffällig, weil die ausgeworfene Erde leicht von Schmelzwasser und Regen weggespült wird.

Größe und Aussehen der Erdhügel im Tien-Schan und Pamir-Alai unterscheiden sich ebenfalls in verschiedenen Teilen der Siedlungen des Roten Murmeltiers bzw. Grauen Steppenmurmeltiers. Die auffälligsten Hügel befinden sich am Talgrund und am Fuß der Berghänge, aber auch auf den breiten Oberrändern der Schluchten. Baue mit großem Erdauswurf werden auch weiterhin bewohnt, wenn die Populationszahlen zurückgehen; dann leben hier Murmeltiere, die in anderen Teilen der Kolonie überlebt haben und zugewandert sind. Offenbar bevorzugen die Tiere große Baue, weil sie bessere Möglichkeiten zur Nahrungssuche bieten und in ihrem Inneren bequeme Kammern enthalten, in denen sie gut überwintern können. Bei hohen Populationsdichten werden auch weniger günstige Baue bewohnt.

Nur wenig Informationen gibt es über die Wohnhöhlen amerikanischer Murmeltiere, von denen bisher nur einige ausgegraben wurden. Die Baue von *M. monax* kann man aufgrund des frischen Erdauswurfes am Haupteingang leicht von Fuchs-, Dachs- oder Skunkbauen unterscheiden. Murmeltiere graben normalerweise ihre Baue auf mäßig trockenem Boden und oft auf felsigem Terrain (MERRIAM 1971). Die Baue besitzen zwischen einem und elf Eingängen, der Winterbau nur ein bis zwei. Der Schlafkessel befindet sich an der tiefsten Stelle, normalerweise 1,5 m unter der Erdoberfläche (GRIZZELL 1955). Montane amerikanische Murmeltiere benutzen ihre Baue dauerhafter als Arten, die in Waldzonen leben — möglicherweise weil das Graben in diesen Lebensräumen schwieriger ist (BARASH 1989). Der Autor berichtet, daß sowohl beim Alaskamurmeltier wie auch beim Eisgrauen Murmeltier jeweils eine einzige Familie in einem Bau überwintert. Beim Gelbbäuchigen Murmeltier zeichnet sich in den obersten Höhenlagen seines Verbreitungsgebietes eine ähnliche Tendenz ab. Die Baue dieser Art liegen oft in der Nähe von Felskanten und Einzelfelsen, auf denen sich die Tiere sonnen bzw. die sie als Ausguck benutzen. Es gibt Sommer- und Winterbaue, die Winterquartiere werden aber manchmal auch im Sommer benutzt (SVENDSEN 1974, 1976).

Das Gelbbäuchige Murmeltier besitzt Flucht- und Familienbaue; der erste Typ besitzt meist ein bis zwei Eingänge, ein Familienbau hingegen mindestens drei. Innerhalb eines Aktionsraums sind die Baue untereinander durch Wechsel verbunden, die ein einziges System bilden (ARMITAGE 1962). Ähnliche Bautypen sind vom Olympmurmeltier bekannt, dessen Winterbau ausgegraben wurde; die Schlafkessel enthielten ein Heunest aus Seggen, verschiedenen anderen Gräsern und Wiesenpflanzen (BARASH 1989). Die Nutzung der Baue, die Verteilung der Familienreviere und das Verhalten des monogamen *M. caligata* sind wie bei eurasischen montanen Murmeltieren (HOLMES 1984b).

Das Familienrevier umfaßt bei eurasischen montanen Murmeltieren im allgemeinen verschiedene Baue, die zu unterschiedlichen biologischen Zwecken angelegt wurden und dementsprechend je nach Jahreszeit genutzt werden. Am einfachsten sind normalerweise die Fluchtröhren gebaut, die keine Kammer besitzen, klein sind, nur einen Eingang haben und meist bei Gefahr aufgesucht werden. Nach den Forschungsergebnissen russischer Zoologen besteht ein Familienbau aus Sommer- und Winterbauen (in dem die Jungen aufgezogen werden) sowie Ganzjahresbauen (Abb. 23).

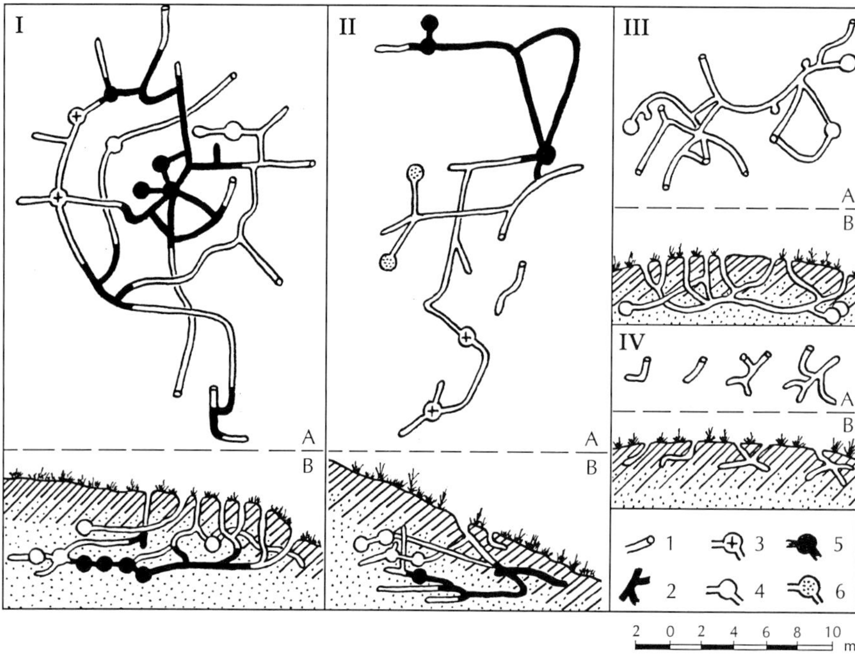

Abb. 23: Ansichten verschiedener Murmeltierbaue (A – Aufsichten; B – Querschnitte) Bautypen: I – Ganzjahresbau (Winter-Sommer); II – Winterbau; III – Sommerbau; IV – Fluchtröhren. 1 – Eingang; 2 – Mit Erde gefüllte Röhre; 3 – Kammer mit Murmeltieren; 4 – Leere Kammer; 5 – Mit Erde gefüllte Kammer; 6 – Mit Heu ausgelegte Kammer.

Murmeltiere überwintern in Winterbauen und leben während ihrer aktiven Phase in Sommerbauen; oftmals wechseln sie zwischen beiden Bauen. Die Weibchen gebären ihre Jungen in einem separaten Bau und ziehen sie auch dort groß. Die Pfade zwischen den Bauen skizzieren deutlich das gesamte System, nach dem ein Aktionsraum genutzt wird. Vor dem Bau ist die ausgeworfene Erde zu einer ebenen Fläche festgetreten, auf der Tiere — besonders im Spätsommer — viel Zeit verbringen. Spezielle Harngruben befinden sich am gleichen Hügel, entweder in Senken oder am Eingang verlassener Röhren. Die Scheitelfläche des Erdhügels wird besonders stark durch spielende Jungtiere verdichtet, und auch die Eingänge sind meist stark ausgetreten.

Von ihrem äußeren Aussehen her ist es unmöglich, die Bautypen zu unterscheiden. Darüber hinaus gibt es selbst bei montanen Murmeltierarten, wie etwa dem Alpenmurmeltier oder dem Roten Murmeltier, keinen deutlichen Wechsel der Aktivitäten zwischen verschiedenen Bautypen (HUBER 1965, KIZILOV & BERENDJAEV 1978). Oft wird ein System nur von einer einzigen Familie benutzt, wobei es durch seine auffällige Größe und komplizierte Architektur gekennzeichnet ist. In solchen Fällen werden statt anderer Baue eher verschiedene Kammern bewohnt, obwohl manche Tiere gelegentlich auch in neue Baue ziehen. Recht oft benutzt das Weibchen eine separate Kammer im selben Bau, um die Jungen zu gebären. Zahlreichen persönlichen Beobachtungen zufolge verläßt das trächtige Weibchen des Eisgrauen Murmeltiers den Bau nicht über Nebeneingänge. Ein ähnliches Verhalten ist charakteristisch für Kappenmurmeltiere (KAPITONOV 1960). Einige Tiere nutzen den Winterbau auch im Sommer. Bei einigen Murmeltierarten wird der Bau Jahr für Jahr von mehreren aufeinanderfolgenden Generationen genutzt; die Tiere wohnen hier also dauerhaft (Abb. 23).

Die Architektur und Tiefe der Familienbaue, die Zahl ihrer Eingänge und Kammern sowie die Gesamtlänge der unterirdischen Röhren variieren stark zwischen den einzelnen Arten. Schwankungen treten aber auch bei einer Art innerhalb ihres Verbreitungsgebietes auf. Die Unterschiede bei den Bauen sind vom Geländetyp, der Höhe des Grundwasserspiegels und ihrem biologischen Zweck abhängig. Dauerhafte Familienbaue können mehrere Eingänge besitzen, von denen nur einige regelmäßig genutzt werden (Abb. 23). Oft besitzt ein Bau zahlreiche Fluchtröhren, die nicht mit dem unterirdischen Haupttunnelsystem in Verbindung stehen.

Tab. 2: Anzahl der Eingänge bei Familienbauen und Tiefe der Winterbaukammern verschiedener Murmeltiere.

Murmeltierart	Region, Verbreitungsgebiet	Zahl der Eingänge, (Mittelwert)	Tiefe der Winterbaukammer (m) (Mittelwert)
Bobak	Nordkasachstan	1– 8 (1,5)	2 –3
Tarbagan	Transbaikalien	1– 7 (2,3)	2,2
Graues Steppenmurmeltier	Tien-Schan (Terskei)	1–15 (4,1)	1,9–7,0 (2,9)
Rotes Murmeltier	Alai (Hochlagenregion)	2–32 (9)	3 –5,4 (3,6)
Menzbiers Murmeltier	Westlicher Tien-Schan	1–10 (3,5)	2,5
Kappenmurmeltier	Jakutien	1–18 (6,5)	bis zu 1,2
Waldmurmeltier	US-Bundesstaat New York	1–11 (3,0)	bis zu 1,5
Alpenmurmeltier	Tatra-Gebirge	3	–

Nur zwei Murmeltierarten besitzen im Durchschnitt mehr als 6 Eingänge bei den Familienbauen (Tab. 2); in Ebenen gelegene Baue besitzen weniger Eingänge als solche in den Bergen oder in feuchten Biotopen, wo durch rasche Schneeschmelze bedingt eine Entwässerung vorteilhaft ist — z. B. in den Hochgebirgstundren des Tien-Schan oder im Norden Jakutiens. Die Familienbaue aller Arten liegen in einer Tiefe von 1 m oder mehr; die Winterbaukammern befinden sich generell in größerer

Tiefe, Sommerkammern liegen meist nicht tiefer als 1,5 m, häufiger jedoch in einer Tiefe von etwa 1 m.

Die größere Tiefe der Winterschlafquartiere garantiert eine bessere Isolation während der kalten Jahreszeit, die dauerhaft tiefen Temperaturen schaffen zudem ideale Voraussetzungen, daß die Fettreserven ökonomisch aufgebraucht werden. Mitunter reichen Winterbaue bis in 5 m Tiefe, an Hängen sogar bis in 7 m, wobei der Mittelwert über 2 m liegt.

Der Aufbau des Winterschlafquartiers beim Kappenmurmeltier in Nordostjakutien variiert stark. Da es sich hier um die oberen Schichten des Dauerfrostbodens handelt, reichen die Baue nicht tief (bis zu 1,2 m); außerdem enthalten die Schlafkessel reichlich Lagermaterial (bis zu 15 kg). Beachtliche Mengen an Lagerheu finden sich auch in den Schlafkammern von Alpenmurmeltier bzw. Tarbagan. Möglicherweise gilt dies auch für amerikanische Murmeltiere, die in Alaska leben, bzw. generell für Tiere, die in der Dauerfrostbodenzone siedeln.

Das Lagermaterial besteht aus verschiedenen Seggen (*Carex* spec.) sowie anderen Gräsern (*Poa* spec., *Festuca* spec. etc.). In Hochlagenkolonien im Tien-Schan enthielt die Streu nach eigenen Beobachtungen in den Schlafkesseln ziemlich oft Rhizome und Büschel abgestorbener Seggenschößlinge; die Kammern in mittleren Höhenlagen waren mit Kräutern eingestreut. Beim Menzbiers Murmeltier besteht das Lagermaterial in erster Linie aus Pflanzenfasern und Grashalmen, und das Olympmurmeltier polstert seinen Kessel mit Seggen und anderen Wiesenpflanzen aus

Abb. 24: Alpenmurmeltier (*M. marmota*) mit trockenen Pflanzen für d. Winterbau im Maul (Dachstein, Österreich). Foto: T. KORDGES.

(BELTZ & BOOTH 1952). Die eingetragene Menge an Lagermaterial korreliert mit der Bodentemperatur: Je kälter der Boden ist, desto mehr Streu wird eingetragen. Die Streu wird für gewöhnlich jährlich erneuert. Nach eigenen Beobachtungen befanden sich im Frühling Haufen mit Resten abgestorbener Pflanzen in der Nähe der Eingänge, und im Spätsommer wurden Murmeltiere beobachtet, die Pflanzenbüschel im Maul zum Bau trugen (Abb. 24), wo sie mitunter in der Nähe des Eingangs trockneten. Gelbbäuchige Murmeltiere sammeln vertrocknete Pflanzen, die sie mit den Vorderpfoten in ihr Maul stopfen. Das Lagermaterial wird direkt in den Bau eingetragen.

Verschiedene Verhaltensweisen gewährleisten die optimale Temperaturbedingung für den Winterschlaf. Murmeltiere wählen die Stellen für die Anlage der Winterbaue aus, die eine dauerhafte Schneedecke garantieren, so daß ein tiefes Durchfrieren des Bodens verhindert wird (BIBIKOV 1961, 1967). Wenn die Tiere keine tief liegenden Baue anlegen können und die Temperatur des gefrorenen Bodens im Bereich des Schlafkessels bei −13 bis −16 °C liegt, wie es für Lebensräume der Kappenmurmeltiere charakteristisch ist, kleiden die Tiere die Kammerwände mit Pflanzenfasern aus und häufen sogar zusätzlich Erde über den Winterbau. Ähnliche Verhaltensweisen findet man bei Alaskamurmeltieren und Eisgrauen Murmeltieren.

Ein spezieller Zapfen aus Erde, Fäzes und Steinchen, der den Eingang des Winterbaus verschließt, sorgt dafür, daß im Schlafkessel ein konstantes Mikroklima erhalten bleibt. Viele Murmeltiere formen den Zapfen aus Erdballen (Durchmesser zwischen 0,5 und 8 cm, Länge 0,5 bis 7 m), die sie mit Vorderpfoten und Schnauze geformt haben; diese Brocken drücken sie mit der Schnauze fest (Abb. 25).

Bevor Kasachische Steppenmurmeltiere in den Winterschlaf gehen, verstopfen sie alle Eingänge von außen, mit Ausnahme des letzten, den sie von innen verschließen. Montane Murmeltierarten beginnen mit dem Verschließen des Baus zunächst an den Röhren, die von der Schlafkammer abgehen. Die äußersten Zapfen werden in 15 bis 110 cm Entfernung zur Oberfläche gesetzt, mitunter sogar in 4 bis 5 m Entfernung. In einigen Fällen, wo zwei Zapfen die Röhren verschlossen, saß der eine an der Erdoberfläche, der andere wesentlich tiefer, oft sogar nicht weit von der Schlafkammer entfernt. Das Kappenmurmeltier formt nicht nur die für alle Murmeltierarten typischen Erdzapfen, sondern verstopft die Röhren in der Nähe seiner Schlafkammer mit Grasbrocken (KAPITONOV 1960). Über die Verschlußtechniken von neuweltlichen Murmeltieren ist nur wenig bekannt.

Beim Anlegen der Baue werden Erde und Steine verschoben, und die Erdauswürfe bedecken mehrere Prozent der gesamten Koloniefläche. Erdauswürfe sind durch eine bestimmte Bodenzusammensetzung und Vegetation charakterisiert. Der Wasserhaushalt dieser Hügel sorgt offenbar dafür, daß sich mehr xerophile Pflanzen ansiedeln können als in den umgebenden Pflanzengesellschaften. Der Wind weht den Schnee schneller von den Erdhügeln fort und das Schmelz- und Regenwasser durchnäßt nicht dauerhaft den gut drainierten Boden (ZIMINA & ZLOTIN 1980).

Die Vegetation auf den Murmeltierbauen stammt ursprünglich aus der umliegenden Flora, besitzt aber auch einige besondere Merkmale. So handelt es sich bei den Pflanzen, die in der Mongolei auf den Bauen der Steppenmurmeltiere wachsen, immer um salztolerante Arten. *Artemisia*, *Adamsi* und *Termopsis*, die auf Mongolisch

»tarbagane sar« (zu Deutsch »Tarbagansfuß«) heißen sind charakteristische Arten (Bannikov 1954). Im Tien-Schan sind die typischen Pflanzen *Lagotis* spec., Pamir-Salzmelde und Wilder Buchweizen *(Fagopyrum esculentum).*

Abb. 25: Links: Eingang eines Winterquartiers des Kasachischen Steppenmurmeltiers. Man sieht unten im Bild mehrere Erdballen, mit denen die Röhre verschlossen werden soll, aber auch Nasenabdrücke der Tiere, die vom Feststoßen der feuchten Erde am Röhrenrand herrühren. Unten: Der Eingang zum Winterquartier ist von innen mit einem Zapfen verschlossen.

Seit längerem ist bekannt, daß, im Vergleich zur weiteren Umgebung, die Vegetationsperiode auf den Erdhügeln der Murmeltiere im Frühjahr eher beginnt und im Herbst länger andauert. Neben den oben erwähnten Faktoren, wie schnellere Erwärmung und günstigerer Wasserhaushalt, enthalten diese Böden auch viel Stickstoff aus dem Kot und Harn der Murmeltiere. In diesem Zusammenhang ist bekannt, daß ein hoher N-Gehalt zu vermehrtem Wachstum der vegetativen Pflanzenteile führt und die Samenbildung sich verzögert, die Vegetationsperiode also länger andauert.

Nach unserer Auffassung ist diese verlängerte Wachstumsphase der Pflanzen ein wichtiger Faktor, da zum einen mehr Grünfutter verfügbar ist und zum anderen die Ausbreitung der Murmeltiere in Trockensteppen gefördert wird, in denen die Vegetationsperiode nur sehr kurz ist. Darüber hinaus trägt die Aktivität der Murmeltiere dazu bei, bestimmte Landschaftstypen mit einer komplexen Vegetation zu formen, die ihrerseits wiederum die Evolution spezieller Pflanzen und Tiere beeinflußt hat.

4.2 Nahrungssuche und Ausnutzen der Vegetation

Murmeltiere sind in erster Linie Vegetarier, der Anteil tierischer Nahrung ist im allgemeinen unbedeutend. Die Tiere verzehren Dutzende von Pflanzenarten. Die Nahrungszusammensetzung kann lokal und jahreszeitlich bedingt unterschiedlich ausfallen. Für einige Arten liegen Informationen vor, wieviel Nahrung verzehrt wird, jedoch lassen sich diese Befunde nur sehr schwer miteinander vergleichen, weil sie z.T. nicht einheitlich ermittelt wurden.

Alle Murmeltierarten sind im wesentlichen Generalisten, d. h. sie bevorzugen nicht einzelne Pflanzenarten, sondern nutzen das zur Verfügung stehende Angebot. Murmeltiere fressen gerne saftige Krautpflanzen bzw. solche Pflanzenteile, die reichlich Proteine und Kohlehydrate enthalten (z. B. Schößlinge, junge Triebe, Blätter, Blüten und Knospen).

Eine gewisse Nahrungsbevorzugung kann bei Murmeltieren mit ihrer Verbreitung korrelieren, z. B. in den Berührungszonen von Wiesenpflanzen- und Steppenpflanzengesellschaften, aber auch mit der Dauer ihrer oberirdischen Aktivität, dem Jahreszyklus ihres Energiehaushaltes (vor allem mit Hinblick auf den Energiebedarf während des Winterschlafs) sowie verschiedenen anderen ökologischen Besonderheiten. Wie wichtig die Nahrungsspezifizität (d. h. das bevorzugte Fressen von Schößlingen und jungen Trieben) ist, wird dadurch bestätigt, daß nahrungssuchende Murmeltiere permanent in Bewegung sind. Die Koexistenz einiger Murmeltierarten mit wilden Huftieren — bzw. in jüngster Zeit auch mit Weidevieh — ist offenbar dadurch bedingt, daß die Nager den sekundären Pflanzenbewuchs, wie er für Weideland mit mäßig starker Trittbelastung charakteristisch ist, zu nutzen wissen.

Jahreszeitliche Veränderungen bei der Nahrungssuche sind für sämtliche Murmeltierarten in Eurasien und Nordamerika typisch. In den ersten Frühlingsmonaten finden die Murmeltiere direkt nach Beendigung des Winterschlafs ein Gelände vor, das mit einer geschlossenen Schneedecke bzw. mit kleineren Schneefeldern bedeckt ist. Noch gibt es kein grünes Gras, die Tiere sind inaktiv und suchen kaum oder überhaupt keine Nahrung. Die Dauer der Schneedecke, die sich auf die Länge der Vegetationsperiode (und dadurch auch auf die Dauer der Nahrungssuche) auswirkt, beeinflußt somit die Qualität des Lebensraums (VAN VUREN & ARMITAGE 1991).

Murmeltiere suchen zuerst in ihrem unmittelbaren Umfeld nach Pflanzen, die überwintert haben, später wandern sie auch auf Südhänge, die bereits schneefrei sind. Infolge der Lebensbedingungen in Hochgebirgslagen oder arktischen Breiten, wo im Frühjahr eine Oberflächenvegetation (weitestgehend) fehlt, verzehren Murmeltiere in großen Mengen unterirdische Pflanzenteile; diese Aktivität wird durch zahlreich vorhandene kleine Erdaushöhlungen bestätigt, in denen die Murmeltiere Nahrung suchen. Das Ausgraben von Wurzeln und Knollen ist besonders charakteristisch für Menzbiers Murmeltier, Olympmurmeltier und Kappenmurmeltier. Letzteres gräbt nachweislich die Wurzeln des Italienischen Hahnenkopfs *(Hedysarum coronarium)* sowie von *Oxytropis*, *Pedicularis* und *Siversia* aus (KAPITONOV 1960). Im Frühjahr wird noch vorhandenes abgestorbenes Gras aus dem Vorjahr gefressen, dies ist jedoch kein typischen Verhalten. Im Frühling, wenn andere Pflanzen selten sind, verzehrt das Gelbbäuchige Murmeltier große Mengen der Lanzettlichen Claytonie (*Claytonia lanceolata*), im Spätsommer frißt es hingegen Samen, vor allem von Gräsern (FRASE & ARMITAGE 1989). Weitere Veränderungen im Nahrungsspektrum richten sich ebenfalls danach, welche Pflanzen gerade während der aktiven Phase der Tiere wachsen.

Unterschiede bei der Nahrungssuche im Frühjahr sind bei allen montanen Murmeltieren von der Höhenlage abhängig. KAPITONOV (1969a) beschreibt dies sehr ausführlich für das Menzbiers Murmeltier im westlichen Tien-Schan. In einer Höhe von 2 600 m üNN war dort die dünne Schneedecke vollständig geschmolzen und der Boden mit einem grünen Teppich aus *Gagea, Festuca, Poa bulbosa* und *Tulipa* bedeckt. In den sonnigen Bergtälern wuchsen außer Kurzblühern auch *Corydalis, Eremurus regeli* sowie *Korolkovia severzowi*. Alle genannten Pflanzen wurden von den Murmeltieren gefressen. Unterirdische Pflanzenteile, vor allem des Rispengrases (*Poa*), sind in den niedrigen Höhenlagen kaum von Bedeutung.

In der mittleren Höhenlage (2 500 bis 2 900 m üNN) war der Boden nach dem Schmelzen der Schneedecke mit plattgedrückten, vertrockneten Halmen von *Cousinia* bedeckt, zwischen denen einzelne Schößlinge von *Crocus, Tulipa, Poa, Lagotis korolkovii* wie auch von *Gagea* wuchsen. Die Murmeltiere fraßen bevorzugt *Gagea* und *Poa*. In der mittlere Höhenregion wurden häufiger Knollen und Wurzeln verzehrt als in den Tieflagen. Während der ersten 1 bis 2 Wochen nach Beendigung des Winterschlafs fehlt grünes Gras in der alpinen Zone völlig. Der schneebedeckte Boden ist gefroren, das Wachstum der Pflanzen hat noch nicht begonnen. Murmeltiere fressen hauptsächlich die Wurzeln von *Oxytropis humifusa*, darüber hinaus aber auch Schößlinge von *Ranunculus* und *Allium* sowie Blätter und Blüten von *Chorispora, Lagotis* und *Tulipa*.

Im Frühsommer dominieren verschiedene Krautpflanzen, Sauergräser (z. B. *Carex*) im Nahrungsspektrum des Grauen Steppenmurmeltiers im Altai (KORZINKINA 1935) und im Tien-Schan (STOGOV 1956). Je älter die einzelnen Pflanzenarten werden, desto unwichtiger wird ihre Rolle für die Ernährung der Tiere. Weil Krautpflanzen, vor allem Leguminosen (Fabaceae), zu einem späteren Verlauf der Vegetationsperiode auf den schattigen Berghängen zu wachsen beginnen, gewinnen sie — ähnlich wie bei amerikanischen Bergmurmeltieren — auch für das Nahrungsspektrum des Grauen Steppenmurmeltiers zunehmend an Bedeutung. In der zweiten Sommerhälfte machen in den meisten Landschaftsformen — vor allem jedoch im Gebirge und in der Arktis — Vertreter der Pflanzengattungen *Astragalus* und *Oxytropis* den Hauptanteil in der Nahrung von Murmeltieren aus. Im Spätsommer und Frühherbst verlieren Wildblumen an Bedeutung. Nun ernähren sich die Murmeltiere von unreifen Früchten und Samen, die allerdings nur schlecht verdaut werden und sich oft im Kot der Tiere wiederfinden. Zu dieser Zeit suchen sich die Murmeltiere ihr Futter oft auf kleinen Bergmatten in der Nähe von Bächen und Quellen, wo die Vegetation noch bis zum Einsetzen des Winterschlafs wächst.

Im Sommer ist die Ernährung der Murmeltiere sehr vielseitig, da sie überall reichlich junge Triebe und Blüten finden. So bevorzugt *M. olympus* aus subalpinen Regionen Pflanzen, die in Feuchtwiesen wachsen, welche näher an seinem Bau liegen als Trockenrasen. Vorzugsweise frißt es Krautpflanzen, seltener Gräser. Bemerkenswert ist außerdem, daß die Hauptnahrungspflanzen von *M. olympus* und Eisgrauem Murmeltier, wie *Oxytropis*, Tragant (*Astragalus*), Rispengras (*Poa*), *Festuca*, Seggen, *Lupinus* und *Polygonum*, oft auch von asiatischen Bergmurmeltieren bevorzugt werden.

Während des Dürrejahres 1957 mußten sich Steppenmurmeltiere in Kasachstan von Staudenpflanzen, wie Mädesüß, ernähren. TARASOV (1953) schildert den Mangel an verfügbarer Nahrung während der Dürre in Transbaikalien und der Mongolei. Der Mangel an Grünfutterpflanzen führte dazu, daß die Tiere drastisch an Gewicht verloren und abwanderten. Generell sollte erwähnt werden, daß Murmeltiere aus Steppen weniger Grünpflanzen benötigen als montane Populationen. So spielen Gräser für das Kasachische Steppenmurmeltier eine sehr wichtige Rolle. Andererseits frißt *M. flaviventris* aus den kalifornischen White Mountains viel lieber Krautpflanzen als Gräser (CAREY 1985), weil Kräuter wahrscheinlich mehr Protein enthalten, das die Tiere besonders während ihrer aktiven Phase benötigen. Stärker als andere Arten bevorzugen offenbar Menzbiers Murmeltier und Kappenmurmeltier Wildblumen und Krautpflanzen, im Herbst fressen sie jedoch lieber unterirdische Pflanzenteile.

Das Waldmurmeltier stellt insofern unter den nearktischen Arten eine Besonderheit dar, weil sein Nahrungsspektrum als wesentliche Komponenten Blätter sowie — wenn in seinem Umfeld vorhanden — Feldfrüchte umfaßt. Waldmurmeltiere, die auf landwirtschaftlicher Nutzfläche leben, richten vor allem in den am Atlantik gelegenen Bundesstaaten der USA beträchtlichen Schaden an; zu ihrer Bekämpfung werden Fallen mit Giftködern ausgelegt oder ihre Baue ausgeräuchert (LEE & FUNDERBURG 1982). Unter den eurasischen Murmeltierarten können offenbar nur der Bobak der Steppenzone und das Himalajamurmeltier am Rande landwirtschaftlicher Nutzflächen leben und hier den Feldfrüchten Schaden zufügen (VAN-SIBO & GANJUAN 1983).

Wieviel Nahrung aufgenommen wird, hängt von der Jahreszeit und vom Landschaftstyp ab. So gehen Rote Murmeltiere in der subalpinen Zone Tadschikistans im April nicht auf Nahrungssuche, obwohl ihre Mägen fast völlig leer sind. Von Mai bis Ende Juni wiegen Magen und Darm bei einjährigen Tieren durchschnittlich 400 bis 700 g, bei zwei- bis dreijährigen Tiere sowie Adulten 500 bis 800 g; im August sinkt das Gewicht auf 300 g (DAVIDOV et al. 1978). Im Sommer wog der Verdauungstrakt adulter Kappenmurmeltiere, die aufgrund des kurzen arktischen Sommers eine besonders hohe Rate bei der Anlage von Fettdepots besitzen, 820 bis 1 270 g (26,5 % des Körpergewichts). Beim Menzbiers Murmeltier im Karschantau-Gebirge machte der Verdauungstrakt 20 bis 25 % der Körpermasse aus. In Nordkasachstan verzehrt der Bobak beinahe nur halb so viel Nahrung, weshalb der Gewichtsanteil seines Verdauungstraktes nur 11 bis 13 % seiner Körpermasse ausmacht. Graue Steppenmurmeltiere, die in der Hochgebirgsregion im oberen Flußtalbereich des Naryn (Tien-Schan) leben, wo sehr nährstoffreiche Vegetation vorherrscht, verzehrten eine wesentlich geringere Menge an Nahrung als ihre Artgenossen in der Waldsteppen- bzw. Grassteppenzone des Tien-Schans. Im Spätsommer — genauer gesagt, im letzten Monat ihrer aktiven Phase — betrug das durchschnittliche Magengewicht adulter Murmeltiere im ersten Fall 123,4 g (Streuung 40 bis 340 g) und im zweiten Fall 155 g (Streuung 50 bis 700 g). Die Nahrungsaufnahme adulter Waldmurmeltiere war am geringsten im März, erreichte im Mai ein Maximum, fiel dann den ganzen Sommer über ab, wobei einige Tiere jedoch im Spätherbst vorübergehend mehr Nahrung aufnahmen (FALL 1971). Jüngsten, bisher unveröffentlichten Daten zufolge nimmt die Nahrungssuche bei Gelbbäuchigen Murmeltieren im Spätsommer ab, und auch BARASH (1976) kommentiert »den paradoxen Rückgang der Nahrungsaufnahme kurz vor Einsetzen des Winter-

Abb. 26: Bau des Gelbbäuchigen Murmeltiers (*M. flaviventris*). Der Bau liegt unter den Felsbrocken innerhalb einer Gebirgsmatte. Man achte auf die Pfade, die zwischen den Bauöffnungen und in alle Richtungen auf der Wiese verlaufen. Foto: K. B. ARMITAGE.

schlafs« bei Grauen Steppenmurmeltieren. Ähnliches ist auch beim Alpenmurmeltier im Spätsommer zu beobachten (SALA et al. 1992).

Die Korrelation von Nahrungsaufnahme und Habitat fällt auch bei der Aufnahme tierischer Kost auf, u. a. Heuschrecken, Mollusken, Regenwürmer, kleine Vögel und Kleinsäuger. So wurden im Magen von Olympmurmeltieren zwei Mal ein Chipmunk (*Eutamias townsendi*) gefunden (BARASH 1989), was normalerweise selten vorkommt, obgleich einem anderen Bericht zufolge bei *M. camtschatica* 28 % der Nahrung im Frühling aus Tieren besteht (KAPITONOV 1960). Unter ungünstigen Lebensbedingungen (z. B. Dürre) findet sich Tierkost regelmäßig im Magen von Murmeltieren. Einige Fälle von Kannibalismus wurden nicht nur bei Tieren in Gefangenschaft (BRODY & MELCHER 1984), sondern auch im Freiland beobachtet (ARMITAGE 1979a). Haare und Knochen von Murmeltieren wurden im Magen von Artgenossen gefunden, doch können diese Tiere natürlich auch Aas gefressen haben (BARASH 1989).

Für Zentralasien wurde untersucht, wie Murmeltiere die Vegetation nutzen und welche Bedeutung allgemein die Tiere für montane Landschaftsformen besitzen (ZIMINA & ZLOTIN 1980). Die Forscher kamen zu dem Schluß, daß Murmeltiere eine bedeutende Komponente der Hochgebirgsökosysteme Mittelasiens darstellen. Die Biomasse dieser Nagetiere macht den überwiegenden Anteil (bis zu 99 %) der Gesamtbiomasse an Wirbeltieren aus und übertrifft auch deutlich die Biomasse der Rinder, welche die gleichen Weiden nutzen. Der Anteil der Murmeltiere an der Gesamttiermasse fällt deutlich geringer aus, da in diesen ariden Ökosystemen vor allem Wirbellose leben. Murmeltiere stellen zusammen mit vielen Arten vor allem bodenbewohnender Evertebraten die Hauptkomponenten in Hochgebirgslandschaften.

Murmeltiere nutzen nur einen unbedeutenden Anteil der jährlich produzierten Pflanzenmasse, nicht mehr als 10 bis 12 % (KUCHERUK 1963, ZIMINA & ZLOTIN 1980). Dies trifft auch für amerikanische Murmeltierarten zu: Gelbbäuchige Murmeltiere verbrauchen nur 2,0 bis 6,4 % der innerhalb einer Kolonie produzierten Pflanzenmasse (KILGORE & ARMITAGE 1978). Wenn sie nicht bestimmte Nahrung bevorzugt fräßen, müßten die Tiere keinen Nahrungsmangel leiden. In Versuchen, die diese Nahrungsspezifizität untersuchten, wurde der Wollige Bärenklau (*Heracleum lanatum*) sehr gerne gefressen (ARMITAGE 1979b).

SEREDNEVA & NESGOVOROV (1977) und SEREDNEVA (1986) schätzten den Anteil der Vegetation, den Murmeltiere auf Wiesen und Weideland in der Ukraine und in der Mongolei fraßen. Berücksichtigt man Faktoren wie Populationsdichte, tägliche Nahrungsaufnahme, Dauer der Nahrungssuche und Vegetationserträge, so verbrauchten Murmeltiere nicht mehr als 4 % des Weidelandertrages (Tab. 3). Aufgrund der geringeren Populationsdichte der Murmeltiere in Wiesen und dem vergleichsweise dort höheren Pflanzenertrag waren die »Fraßschäden« durch die Tiere unbedeutend und konnten vernachlässigt werden.

Man sollte unbedingt die Tatsache berücksichtigen, daß der pflanzliche Nährwert einer Region infolge nahrungssuchender Murmeltiere nicht verringert wird. Tatsächlich nimmt die Gesamtbiomasse der Gräser, bedingt durch die Erdbewegungen der Tiere sogar zu, was den Pflanzenanteil, den die Murmeltiere gefressen haben, wieder ausgleicht. Nach unserer Überzeugung ist der Einfluß, den Murmeltiere auf den Ertrag einer Weide ausüben, so gering, daß die Klage, Murmeltiere stehen mit Rindern in Nahrungskonkurrenz, ungerechtfertigt ist.

Tab. 3: Der Einfluß von Murmeltieren auf die Vegetation von Weiden und Heuwiesen. Gekürzt nach SEREDNEVA & NESGOVOROV (1977) und SEREDNEVA (1986).

Art	Landwirtschaftliche Nutzung	Pflanzenertrag kg/ha (Trockengewicht)	Graskonsum durch Murmeltiere	
			kg/ha (Tr.-Gew.)	%
Bobak	Heuwiese	1,723	19,3	1
	Beweidung durch Rinder/ Schafe	1,382	60,7	4
Mongolisches Steppenmurmeltier	Heuwiese	4,472	1,9	< 1
	Beweidung durch Rinder/Schafe	1,271	43,1	3

4.3 Phänologie

Das Murmeltier hält bekanntlich Winterschlaf. Er ist tief, dauert lange an und ist von einem Aufzehren der Fettreserven begleitet. Der produktive Abschnitt im Jahresverlauf ist der Zeitraum der oberidischen Aktivität, in dem alle grundsätzlichen Vitalfunktionen ablaufen: Fortpflanzung, Wachstum und Entwicklung, Ausbreiten der Jungen sowie das Anlegen der Fettdepots. Während des Winterschlafs werden die angelegten Fettreserven nicht vollständig aufgebraucht, da einige Depots noch für das folgende Frühjahr benötigt werden, wenn es noch keine Nahrung gibt, das Wetter unbeständig und ein plötzlicher Schneefall die Tiere dazu zwingen kann, mehrere zusätzliche Tage im Bau zu verbringen. Selbst vielen Zoologen ist es unbekannt, daß die Murmeltiere während des gesamten Frühlings, also wenn sie schon aktiv sind und sich primär mit der Fortpflanzung beschäftigen, Fettreserven aufbrauchen, die noch aus dem Jahr zuvor stammen.

Jahreszyklus sowie Jahresenergiehaushalt sind schematisch in Abbildung 27 wiedergegeben. Dieser Zyklus, der von der Beendigung des Winterschlafs über Fortpflanzung, Haarwechsel und Aufbau der Fettreserven bis zum neuerlichen Beginn des Winterschlafs reicht, entspricht offenbar einem endogen gesteuerten, circannualen Rhythmus (DAVIS 1967a, b, 1976).

Der positive oder negative Energiehaushalt — insbesondere das Verhältnis von Aufbau zu Verbrauch der Fettreserven — wird mit Hilfe eines Abdominalfett-Index berechnet (Verhältnis von Abdominalfettgewicht zu Körpergewicht in Prozent), kann aber auch anhand der Veränderungen des Körpergewichts kurz vor dem Winterschlaf bestimmt werden. Im August liegt das durchschnittliche Gewicht eines Männchens um etwa 55 % höher als beim Verlassen des Winterquartiers im folgenden Mai.

Wie das Jahreszyklus-Diagramm für montane Murmeltiere zeigt (Abb. 27), halten sich die Tiere durchschnittlich sieben Monate im Winterbau auf. Einen großen Teil

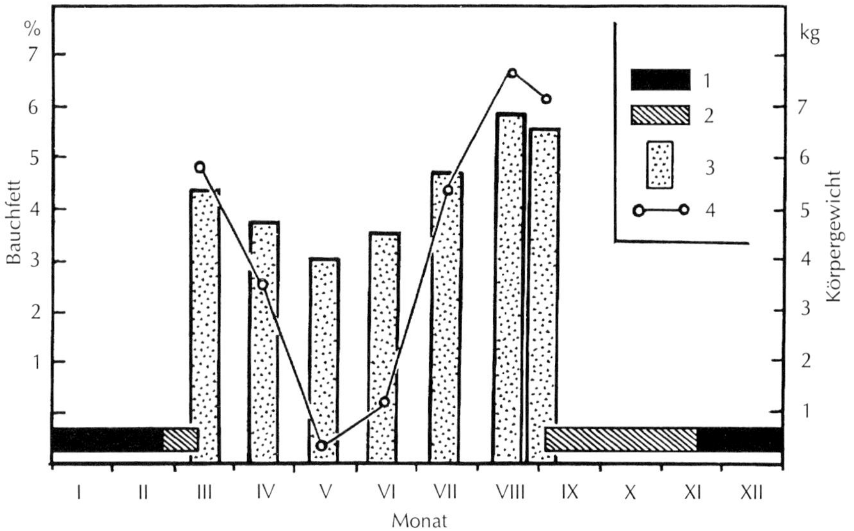

Abb. 27: Jahreszyklus des Grauen Steppenmurmeltiers in der Grassteppenzone des Tien-Schan. Die meisten Tiere befinden sich: 1 – in Winterschlaflethargie, 2 – in der Einschlaf- oder Aufwachphase. 3 – Durchschnittsgewicht adulter Männchen; 4 – Durchschnittlicher Index des Bauchfetts (angegeben in % Körpergewicht). Die römischen Zahlen geben die jeweiligen Monate an.

dieser Zeit verbringen sie in einem halbschlafähnlichen Zustand — dies betrifft die Herbstmonate September, Oktober und November sowie knapp zwei bis drei Wochen vor März. Somit kann man annehmen, daß die Tiere fast die Hälfte des Winterschlafs in einem Halbschlaf verbringen, in dem das Aufzehren der Fettreserven um ein Vielfaches höher liegt als in der tiefen Winterschlafphase. Die Dauer des Dämmerzustandes wurde aufgrund von Gefangenschaftsbeobachtungen ermittelt (BIBIKOV 1968). Allerdings kann bei diesen Beobachtungen nicht ausgeschlossen werden daß die Tiere evtl. durch den Betrachter gestört wurden, und so das tatsächliche Ausmaß des Dämmerzustandes überschätzt wird. Wenn man jedoch die Körpertemperatur über Thermosensoren mißt, also eine Störung vermeidet, dann verbringen Murmeltiere etwa 90 % ihres Winterschlafs lethargisch in einer typischen Schlafhaltung (Abb. 28) und 10 % in Wachphasen. Etwa 85 % der Energiereserven werden für das Aufwachen verbraucht (BAILEY & DAVIS 1965). Diese Beobachtungen erklären die beachtlichen Gewichtsverluste der Murmeltiere während ihres Aufenthaltes in den Winterbauen, obwohl sie im lethargischen Zustand nur unbedeutend an Gewicht verlieren.

Die zweite Folgerung aus Abbildung 27 besagt, daß das Aufzehren der Energiereserven nicht allein auf den Zeitraum begrenzt ist, den die Murmeltiere im Winterbau verbringen, sondern auch im Frühling für 2 bis 2,5 Monate andauern kann (bei einigen Arten auch weniger). Zur Erinnerung: Das Jakutische Kappenmurmeltier und der Kasachische Bobak haben eine aktive Periode von nur drei bis vier Monaten. Ähnlich wie beim Grauen Steppenmurmeltier ist die Dauer des Frühjahrab-

Abb. 28: Typische Haltung eines Murmeltiers der Waldsteppe während der Winterschlaflethargie. Zeichnung: KOLESNIKOV.

schnitts, in dem noch alte Fettreserven aufgezehrt werden, relativ lang. Sehr wahrscheinlich wird dadurch die spätere Fettaufbauzeit weiter reduziert, so daß hierfür nur ein Zeitraum von maximal 50 bis 60 Tagen übrigbleibt.

Bei montanen Murmeltieren der stärker nördlich gelegenen Breiten und der höheren Berglagen ist, wie schon erwähnt, die Dauer der oberirdischen Aktivität verkürzt. So kommt laut eigenen Daten das Graue Steppenmurmeltier in den mittleren Höhenlagen des Tien-Schan (1 600 bis 1 800 m üNN) Anfang März aus dem Winterbau und ist bis Ende August (also 5,5 bis 6,0 Monate) aktiv, während seine Artgenossen in Hochgebirgslagen (3 200 bis 3 400 m üNN) von April bis Anfang September (5,0 bis 5,5 Monate) aktiv sind. Diese Verlagerung der aktiven Periode, wobei Murmeltiere mit zunehmender Höhenlage später aus dem Winterbau auftauchen, sich aber auch später dorthin zurückziehen, ist auch bei *M. caudata* in Tadschikistan auffällig (Tab. 4, DAVIDOV et al. 1978). Diese zeitliche Verschiebung ihrer aktiven Periode ermöglicht es Hochgebirgstieren, über einen gleich langen Zeitraum aktiv zu sein wie ihre Artgenossen in tieferen Lagen.

Tab. 4: Dauer der oberirdischen Aktivität beim Roten Murmeltier in unterschiedl. Höhenlagen.

	Niedr. Höhenlage (Turkestangeb.)	Mittl. Höhenlage (Hissargeb.)	Hochgebirge (Pamir)
Auftauchen aus dem Winterschlaf	Anfang März	Ende März	Ende April
Auftauchen der Jungen	Keine Daten vorhanden	Ende Mai bis Anfang Juni	Ende Juni bis Anfang Juli
Rückzug zum Winterschlaf in die Winterbaue	Ende Juli	Ende August	Ende September
Dauer des Aktivitätszyklus (Monate)	5,0	5,0	5,0

Diese Verlagerung der Aktivitätsperiode wird auch bei *M. flaviventris* deutlich, dessen Populationen in den trockenen, tieferen Berglagen im US-Staat Washington

Ende Februar oder Anfang März aus dem Winterschlaf erwachen, in den Bergen von Nord-Colorado hingegen erst Ende April bis Anfang Mai — also zwei Monate später. Bei Tieren der genannten Populationen blieben die Unterschiede im Jahresrhythmus auch dann bestehen, als man sie unter Laborbedingungen hielt (WARD & ARMITAGE 1981).

Auch beim Kasachischen Bobak variiert die Aktivitätsperiode. So verlassen die Tiere im Süden des Urals ihre Winterquartiere Anfang April und begeben sich im August wieder in den Winterschlaf; ihre Aktivitätsperiode dauert demnach etwa 4,5 Monate. In den südlichen Vorgebirgen, wo es keine Dürrezeiten gibt, sind die Murmeltiere auch noch bis Ende September aktiv (5 Monate), auf den ariden Steppen im südlichen Kasachstans ist diese Periode jedoch auf vier Monate verkürzt.

Die regelmäßigen, jahreszeitlichen Aktivitätsperioden bei *M. monax* variieren innerhalb des geographischen Verbreitungsgebietes beträchtlich. Mitunter überwintert diese Art überhaupt nicht. Im Zentrum der USA kann die lethargische Phase evtl. nur zwei bis vier Wochen betragen und im Norden bis zu drei Monate (LEE & FUNDERBURG 1982).

Abgesehen vom Waldmurmeltier sind verkürzte Winterschlafphasen von ca. 6 Monaten auch bei Bobakpopulationen der Russischen Tiefebene und der Waldsteppenzone bei Nowosibirsk sowie bei Tarbaganpopulationen in Transbaikalien und der östlichen Mongolei bekannt. Diese Populationen leben allesamt unter den Klimabedingungen langer, warmer Sommer und ergiebiger Niederschläge. Eine geringfügig längere Winterschlafperiode (etwa 7 Monate) stellte man bei montanen Murmeltieren fest — beim Grauen Steppenmurmeltier und Roten Murmeltier, beim Menzbiers Murmeltier, beim Tarbagan im Changai und Mongolischen Ala-Tau sowie bei montanen Arten in Nordamerika.

Das Leben auf offenem Gelände, wo starke Temperaturschwankungen vorherrschen können, bewirkt ein Aktivitätsschema, das normalerweise von Unterbrechungen geprägt ist. Im allgemeinen sind Murmeltiere (die zur Wiedererkennung markiert waren) selten länger als zwei bis drei Stunden ohne Unterbrechung oberirdisch aktiv. Für den Beobachter sind immer mehrere Tiere gleichzeitig im Freien, doch handelt es sich immer um unterschiedliche Tiere.

Zu Beginn des Frühjahrs und gegen Ende des Sommers zeigt die Aktivitätskurve einer Populationen mittags einen eingipfligen Höhepunkt. Im Sommer nimmt die Aktivität am Mittag ab und weist zwei Peaks auf (sehr früh am Vormittag und spät am Nachmittag, ARMITAGE 1962). In Hochlagen oder Polarregionen, wo auch mittags tiefe Temperaturen herrschen, wird keine reduzierte Mittagsaktivität beobachtet. Möglicherweise können hier die Murmeltiere mehr Zeit für die oberirdische Nahrungssuche verwenden, wodurch Wachstum, Haarwechsel und der Aufbau von Fettreserven beschleunigt werden.

Die geographischen Unterschiede in der Tagesaktivität verschiedener Murmeltierpopulationen decken sich, wie bereits oben angesprochen, mit den entsprechenden landschaftlichen Besonderheiten (Abb. 29). Ein deutlicher Unterschied wird im Monatsverlauf verschiedener Arten festgestellt. So findet man bei Steppenbewohnern (Abb. 29, Kurve a) zeitlich frühere Aktivitätsperioden — im Gegensatz zu den Bewohnern von Höhenlagen (Abb. 29, Kurven b und c).

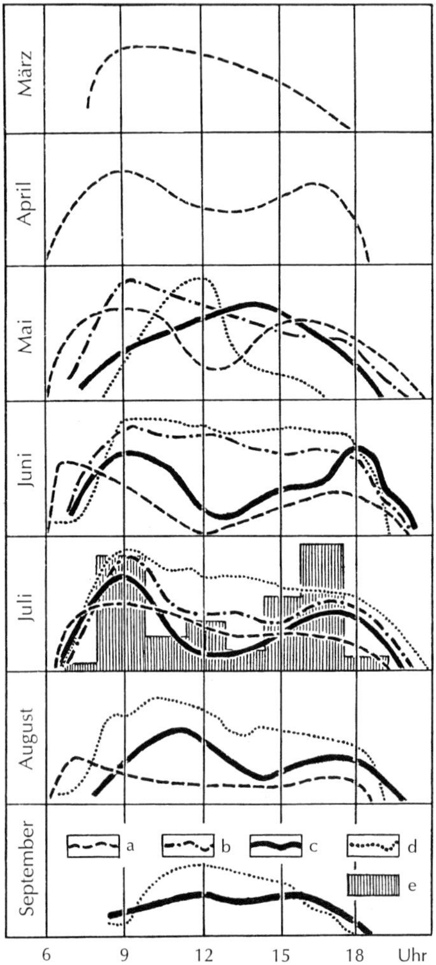

Abb. 29: Tagesaktivität (oberirdisch) verschiedener Murmeltiere in unterschiedlichen Lebensräumen (Y-Achsen – Aktivität der Tiere im Freien); a – Tien-Schan, Steppenbereich; b – Tien-Schan, alpiner Bereich; c – Transbaikalien; d – Altai, alpiner Bereich; e – Südzentral-Pennsylvania, USA (nur im Zeitraum 16. 6.–15. 8.).

Am interessantesten sind wohl die Unterschiede der Aktivitätskurven von Murmeltierpopulationen, die einerseits aus der Steppe (c) und dem sehr warmen montanen Steppengürtel (a) stammen, andererseits aber auch in Hochgebirgslagen leben (b, d). Im ersten Fall nimmt die Tagesaktivität mittags deutlich ab, und im Juni–Juli weisen die Aktivitätskurven zwei Peaks auf (morgens und abends). In den Hochgebirgslagen nimmt die mittägliche Aktivitätsspitze bei Roten Murmeltieren und Grauen Steppenmurmeltieren nicht so deutlich ab wie im vorigen Fall. Diese Unterschiede lassen sich leicht angesichts der niedrigeren Temperaturen in den Höhenlagen erklären, welche die oberirdischen mittäglichen Aktivitäten kaum einschränken. Andererseits zwingen die hohen bodennahen Lufttemperaturen in den zonalen Steppen und tieferen Berglagen die Murmeltiere dazu, ihre oberirdische Aktivität von Mai bis August insgesamt drastisch einzuschränken und die Zahl der Intervalle zwischen den einzelnen Aktivitätsperioden zu erhöhen.

Das Gelbbäuchige Murmeltier verlängert seine oberirdische Verweildauer, indem es seine Körpertemperatur von etwa 37 °C auf etwa 40 °C ansteigen läßt (MELCHER et al. 1990). Die Tiere geben ihre Wärme wieder ab, indem sie sich in kühlere Baue zurückziehen oder auf Felsplatten in den Wind stellen. Ein ähnliches Verhalten findet man auch beim Alpenmurmeltier (TURK & ARNOLD 1988). Bei Tieren, die in Hochgebirgslagen und innerhalb des Polarkreises leben, läßt die Notwendigkeit, reichhaltige Fettreserven aufzubauen, diese Ruheintervalle innerhalb der Tagesaktivität verschwinden; darüber hinaus wird der Anteil der Zeit, der für die Nahrungssuche verwandt wird, noch erhöht. Dieses Thema diskutierten CAREY & MOORE (1986) im Zusammenhang mit der Dauer der Nahrungssuche beim Gelbbäuchigen Murmeltier und dem damit verbundenen Risiko, einem Beutegreifer zum Opfer zu fallen.

Die oberirdische Tagesaktivität asiatischer Murmeltiere wurde mit der des Waldmurmeltiers (Abb. 29, Kurve e) in Südzentral-Pennsylvania (BRONSON 1962) verglichen. Bei dieser Art läßt sich sehr gut ein zweigipfliger Kurvenverlauf der oberirdischen Tagesaktivität während der heißen Sommermonate erkennen. Dieses Aktivitätsschema zeigen auch Tiere aus Arkansas, deren Körpertemperatur mittags höher als nachts und im Hochsommer höher als im Frühjahr oder Herbst ist (HAYES 1976).

Unterschiedliche jahreszeitliche Schwankungen in der Tagesaktivität fallen bei verschiedenen Arten recht ähnlich aus. Nach dem Aufwachen aus dem Winterschlaf müssen die Murmeltiere oft eine bis zu 3 m dicke Schneedecke durchgraben, die den Winterbau bedeckt. Der gefrorene Verschlußzapfen läßt sich nur schwer zerbrechen, so daß die Tiere häufig eine der schrägen Seitenröhren aufgraben, um die Erde aus der Ausgangsröhre zu schaffen. Nicht selten kann auch ein neuer Tunnel von 0,5 bis 1 m Länge gegraben werden, der unter oder seitlich am Zapfen vorbeiführt. Unbekannt ist allerdings, welche Familienmitglieder die Grabarbeiten durchführen.

Abb. 30: Einige Tage nach Verlassen des Winterbaus suchen Murmeltiere den Sommerbau auf, um die Eingänge zu säubern. Foto: BIBIKOV, nach einem Schneefall im Frühling.

Nachdem sie den Winterbau verlassen haben, halten sich die Murmeltiere in einem Umkreis von 5 m um den Heimatbau auf und nehmen jeden Tag ein etwas längeres Sonnenbad. Ab dem 3. oder 4. Tag verlassen sie den Haupteingang, entfernen Schnee und Verschlußzapfen aus anderen Röhren des Winterbaus und legen nach und nach Pfade zum Sommerbau und zu den nahegelegenen Bergtälern an, wo die ersten Grashalme sprießen (Abb. 30). An kalten oder bewölkten Tagen bleiben Murmeltiere normalerweise im Bau. Im frühen Frühling verhalten sich unterschiedliche Arten offenbar ähnlich: So schaffen z. B. *M. caligata*, *M. monax*, *M. olympus* und *M. caudata* freie Aufenthaltsplätze in der dicken Schneedecke (DE VOS & GILLESPIE 1960, KIZILOV & SEMENOVA 1963, BARASH 1989).

An dieser Stelle sollte betont werden, daß sich die Periode einer verkürzten Tagesaktivität bei Tieren, die zu einer späteren Jahreszeit das Winterquartier verlassen, von fünf bis zehn Tagen auf ein bis zwei Tage reduziert. Ab dem 2. und 3. Tag beginnen sie mit der Nahrungssuche und entfernen sich weit vom Winterbau. Wenn bei einigen asiatischen Murmeltierarten die gesamte Kolonie aktiv ist, finden sich aufgrund des knappen Futterangebotes Gruppen aus 10 bis 15 Murmeltieren auf offenen Stellen mit Vegetation ein. Sie nutzen in dieser Zeit jede warme Stunde, um Nahrung zu suchen oder zu spielen.

Im Gebirge und in der Steppe sind die ersten Frühlingsmonate sehr unbeständig. Kälteeinbrüche stören den Tagesablauf der oberirdischen Aktivität, und manchmal müssen die Murmeltiere mehrere Tage hintereinander im Bau verbringen (BIBIKOV 1961 et al.). Ein weiterer Winterschlaf ist in solchen Fällen unwahrscheinlich; wenn die adulten Murmeltiere erst einmal aufgewacht sind, verfallen sie nicht wieder in Lethargie (FRENCH 1990). Generell wurde bei Murmeltieren nach derartig kalten Tagen ein beträchtlicher Gewichtsverlust beobachtet.

Die Frühlings-Sommer-Jahreszeit beginnt mit dem Auftauchen der Jungen und fällt mit dem sommerlichen Haarwechsel der adulten Tiere zusammen. Die Aktivität nimmt zu, weil die Tiere vom Winter- in den Sommerbau überwechseln und die Jungtiere bzw. Einjährigen alt genug sind, um sich auszubreiten (BRONSON 1962, KIZILOV & SEMENOVA 1963, NEKIPELOV 1978, DOWNHOWER & ARMITAGE 1981). Der Haarwechsel endet etwa drei bis vier Wochen vor dem Zeitpunkt, an dem sich die Tiere wieder in die Winterquartiere zurückziehen. In dieser Zeit wird die oberirdische Tagesaktivität allmählich eingeschränkt. Der Spätsommer bildet den letzten Abschnitt des Aktivitätszyklus. Das Haarkleid ist im wesentlichen erneuert, und nur noch wenige Tiere halten sich oberirdisch auf, weil sich viele bereits ein Fettpolster angefressen haben und nun weniger Zeit mit der Nahrungssuche verbringen müssen. Die allgemeine Aktivität der Tiere und die Aufenthalte in den Sommerbauen nehmen vor der Winterruhe immer stärker ab. Nach und nach halten sie sich nur noch in der Nähe des Winterbaus auf, und die meisten Sommerbaue wirken verwaist.

Im Frühling (Mai, in den Höhenlagen auch Juni–Juli) beginnen die jungen Murmeltiere, sich von den Eltern zu trennen. Früher nahm man an, diese Trennung bedeute generell — ähnlich wie bei Zieseln —, daß subadulte Murmeltiere aus ihren früheren Familienrevieren abwandern. In älteren Untersuchungen (1930 bis 1940) wurde nur von jungen (*M. monax*) oder zweijährigen (*M. b. sibirica*) Murmeltieren berichtet, die selbständig wurden. Allerdings stellte man später fest, daß die Tiere, die sich aus dem Familienverband lösten, häufig sogar vier oder fünf Jahre alt waren. Darüber hinaus unterscheidet sich bei den meisten Bergmurmeltieren, insbesondere bei asiatischen Arten, die normale Wanderung adulter und subalter Tiere vom Winterquartier zum Sommerbau von den Abwanderungen der Ziesel, die unmittelbar nach Beendigung des Winterschlafs von ihrem Winterbau wegziehen. Bei Murmeltieren dauert dieser Prozeß länger, und das gilt auch für die Aktivitätsperiode und die Trennung der Jungen. Bei den Murmeltieren besteht die Wanderungsphase aus zwei gegensätzlichen Teilen: Zum einen die Wanderung des Hauptteils der Tiere vom Winter- in den Sommerbau, zum anderen das Loslösen der Jungtiere von ihren Eltern. Nach dieser Trennung kehren die Tiere wieder zum Winterquartier zurück, müssen dort aber einen eigenen Platz zum Leben haben.

Graue Steppenmurmeltiere, deren Trennung von der Familie wir länger als bei anderen Murmeltierarten (über 20 Jahre lang) beobachtet haben, besitzen zu Beginn der Trennphase keine Dauerbaue, und sie wechseln regelmäßig die Schlafplätze. So zeigten Beobachtungen an markierten Murmeltieren, daß diese in zwölf Fällen einen anderen Bau aufsuchten als den, den sie morgens verlassen hatten, und nur in vier Fällen kehrten die Tiere wieder in den Bau der Vornacht zurück.

Während dieser Zeit suchen die Murmeltiere fremde Baue wesentlich öfter auf als im Frühling oder Spätsommer; darüber hinaus säubern sie die Eingänge der Baue, was durch frisch ausgeworfenes Erdreich kenntlich wird. Bei jeweils zwölfstündigen Tagesuntersuchungen mit markierten Murmeltieren ergab sich, daß manche Tiere 14, 20 oder sogar 26 verschiedene Baue am Tag aufsuchten. Dieses auffällige Verhalten während der Periode Frühling–Sommer konnten wir in jedem Jahr feststellen. Sobald allerdings die Phase der Trennung vorüber ist, findet man kaum noch Baue, neben denen frisch ausgeworfener Boden liegt.

In den verschiedenen Höhenzonen des Tien-Schan findet eine gesteigerte Aktivität der Murmeltiere in Verbindung mit ihren Wanderungen zu unterschiedlichen Zeiten statt. So begeben sich die Tiere in den Hochgebirgslagen später aus ihrem Winterquartier, in das sie sich im Juni–Juli wieder zurückziehen, während Wanderungen im Bereich der Wald- und Grassteppen gegen Ende April, im Mai oder Anfang Juni erfolgen. Am Oberlauf des Kokschars (in 3 000 m Höhe) fand man im Juni etwa 40 % der Eingänge mit frischem Erdauswurf, während am Oberlauf des Naryn (in 3 600 m Höhe) — sogar noch Mitte Juli — nur 26 % aller Baueingänge Spuren von Reinigungsarbeiten aufwiesen. Weitere Beobachtungen der Wanderungen Grauer Steppenmurmeltiere ergaben, daß 20 % der frisch gesäuberten Baue unterhalb der Waldzone lagen, und zwar auf nach Süden exponierten Trockenhängen, die mit Seggen und Schafschwingel bewachsen waren. Gleichzeitig befanden sich die Wanderungen auf den mit Wiesenkräutern bewachsenen Nordhängen noch im Anfangsstadium, denn erst 9 % der Baue waren gerade gereinigt worden. Die oberen Bereiche der Nordhänge lagen noch unter einer Schneedecke, und die Murmeltiere, die vor kurzem erst aus ihrem Winterquartieren gekommen waren, lebten noch in ihren Winterbauen.

Der Aktivitätszyklus variiert je nach Altersstufe und Geschlecht signifikant (GRIZZELL 1955, BIBIKOV et al. 1956, KIZILOV & SEMENOVA 1963). Bei fast allen Murmeltierarten verwenden adulte Männchen, ledige Weibchen und Jungtiere im Frühling die meiste Zeit für die Nahrungssuche. Obwohl trächtige und säugende Weibchen ebenfalls viel Zeit für die Nahrungssuche aufwenden, beschäftigen sie sich auch mit den Jungen, die sich im Bau befinden. Aufgrund des Energieaufwands setzen säugende Weibchen solange kein Fett an, bis die Jungtiere entwöhnt sind. Folglich sind die aktivsten Tiere vor Beginn des Winterschlafs Weibchen mit ihren Jungen, die nur wenig Zeit hatten, Fettreserven aufzubauen.

Die unterschiedlichen Muster der oberirdischen Sommeraktivitäten von Grauen Steppenmurmeltieren wurden detailliert beschrieben. Adulte Männchen, zwei- bis dreijährige Tiere und ortstreue Einjährige verbringen lediglich 20 bis 40 % des Tages in den Bauen. Ihre oberirdische Aktivität verteilt sich wahrscheinlich zu gleichen Teilen auf die Morgen- und Abendstunden (im Schnitt waren dies 49 min von 60 min Beobachtungszeit). Im Sommer nimmt die Aktivität mittags ab, und ein größerer Teil des Tages wird im Bau verbracht. Säugende Weibchen verbringen im Frühling mehr Zeit als andere Adulttiere im Bau (zwischen 70 und 80 %). Sie sind besonders am frühen Abend (zwischen 17 Uhr und 20 Uhr) aktiv. Einjährige Tiere sowie die zwei- bis dreijährigen Murmeltiere verbringen die meiste Zeit oberirdisch, im Gegensatz dazu halten sich die Säuglinge fast die Hälfte des Tages über im Bau auf. Sehr oft verstecken sie sich dort, wenn auch manchmal nur für kurze Zeit. Dieses Verhalten wird möglicherweise durch eine energetisch sehr aufwendige Thermoregulation verursacht. Gegen Abend nimmt die oberirdische Aktivität der einjährigen Tiere allmählich zu. Andererseits reduzieren die Jungtiere die Dauer ihrer oberirdischen Aktivität von 35 min am Morgen auf 20 min am Mittag und 20 min am Abend.

Generell soll darauf hingewiesen werden, daß der individuelle Aktivitätsverlauf aus mehreren oberirdischen Aktivitätshöhepunkten besteht; jedes Tier zieht sich öfter mal in den Bau zurück und erscheint dann wieder im Freien. In den meisten Fällen halten sich die einzelnen Tiere etwas weniger als eine Stunde im Freien auf. Nur morgens und am Abend, bevor die Tiere endgültig in den Bau gehen, um dort die Nacht zu verbringen, dauern die oberirdischen Aktivitätsphasen länger. Das jahreszeitliche Verhalten des Gelbbäuchigen Murmeltiers wurde zwar sehr detailliert untersucht, doch soll es erst im Kapitel über das Sozialverhalten erläutert werden.

Die Nahrungssuche als Hauptaktivitätsform stellt die Summe zahlreicher Freßphasen dar, die sich in ihrer Dauer unterscheiden und mit unter- bzw. oberirdischen Ruhephasen, Spielphasen sowie Grabtätigkeiten abwechseln. Adulte Männchen und subadulte Tiere gehen 22 bis 29 Mal pro Tag auf Nahrungssuche, einjährige Murmeltiere 17 bis 19 Mal und Jungtiere 15 bis 16 Mal (CHERVJAKOVA 1963). Praktisch alle Murmeltierarten sind durch derartige Aktivitätsintervalle gekennzeichnet. So weist das tägliche Aktivitätsmuster einzelner Tiere mehrere Spitzen auf, während die Aktivitäten ganzer Populationen ein oder zwei Höhepunkte enthalten.

4.4 Stoffwechsel und Energiehaushalt

Murmeltiere müssen ihre Sommeraktivitäten so ausrichten, daß sie ihnen garantieren, den langen Winterschlaf erfolgreich zu überstehen. Hierunter fallen folgende biologische Vorgänge: Fortpflanzung und Aufzucht der Jungen, Haarwechsel, Zeitpunkt und Dauer der oberirdischen Aktivitäten sowie primär natürlich der Aufbau von Fettreserven, d. h. die Aufnahme und Speicherung energiereicher Substanzen für den Winterschlaf.

Der Energiehaushalt von Waldmurmeltier, Tarbagan und Grauem Steppenmurmeltier während ihrer gesamten oberirdischen Aktivität wurde besonders intensiv untersucht. Das allgemeine Muster der Änderungen in den Energiereserven wurde anhand der Fettpolster ermittelt. Zu den hierzu verwendeten Methoden zählen u. a. das visuelle Abschätzen der Fettablagerungen (IOFF et al. 1951), die Bestimmung des absoluten Körpergewichts und Fettgewichts, sowie die Bestimmung des Verhältnisses Unterhautfett + Bauchhöhlenfett zum Körpergewicht (DUBININ & LESHKOVICH 1945, BIBIKOV & ZHIRNOVA 1957, SNYDER et al. 1961) oder das Verhältnis Gewicht zu Körperlänge (NEKIPELOV 1978). Jahreszeitliche Schwankungen im Fettgehalt erwiesen sich unter den verschiedensten Bedingungen bei allen Murmeltierarten als ähnlich, doch waren einige individuelle Unterschiede auffällig.

Jahreszeitliche Schwankungen. Im Frühling besitzen adulte Murmeltiere nach Verlassen des Winterquartiers kleine Restdepots an Fett, die während der folgenden zwei bis drei Wochen aufgezehrt werden. Der Vergleich des Unterhautfettgewebes vor und nach dem Winterschlaf zeigt, daß dieses Fett zum größten Teil während der Winterruhe verbraucht wurde. Das Gesamtfett wog bei adulten Grauen Steppenmurmeltieren im Tien-Schan vor dem Winterschlaf im allgemeinen 800–1 200 g, beim Aufwachen betrug das Fettgewicht nicht mehr als 100–200 g.

Das Bauchfett wird während des Winters kaum aufgezehrt, weshalb bei den Tieren, die im Frühjahr aus den Bauen kommen, das Abdomen mit dickem, weißem Fett gefüllt ist; mengenmäßig sind nur noch etwa 2/3 des Fettgewebes aus dem Herbst vorhanden. So verfügen Graue Steppenmurmeltiere vor dem Winterschlaf normalerweise über 300 bis 400 g Bauchfett, im Frühling hingegen nur noch über 200 bis 300 g, und Tarbagans aus Transbaikalien besitzen nur noch 200 g Restfett. Auch im Frühling wird das Fett nur langsam aufgezehrt. Für gewöhnlich findet man selbst im Mai, wenn die Steppe voll ergrünt ist, Fettreste im Abdomen, besonders in der Nähe der Nieren. »Der Tarbagan hat sich den Magen mit Gras vollgeschlagen und ist jetzt sehr schlank«, wie eine Redensart der einheimischen Bevölkerung Transbaikaliens besagt. Nachdem adulte Waldmurmeltiere im März den Winterbau verlassen hatten, enthielt ihre rechte Abdomenseite noch etwa 150 g Bauchfett. Bevor sie sich im Oktober wieder ins Winterquartier zurückziehen, legen sie mehr Fettreserven an. Da sie über einen längeren Zeitraum im Frühling/Sommer aktiv sind, wird auch das Restfett aus dem Vorjahr über einen längeren Zeitraum abgebaut (SNYDER et al. 1961).

Das Anlegen der Fettreserven beginnt in mittleren Höhenlagen im Juni, wobei die neuen Fettreserven überwiegend als Unterhautfettdepots in der Bauchhöhle abgelagert werden. Während der Zeit vor dem Wiedereintritt in den Winterschlaf liegen die Fettgehaltsindizes etwas niedriger. Diese niedrigeren Werte lassen sich durch die drastische Aktivitätsabnahme der gemästeten Tiere erklären, aber auch durch die Tatsache, daß noch nicht ganz so »fette« Murmeltiere weiterhin aktiv sind, um sich noch Fettreserven anzulegen und deshalb mit größerer Wahrscheinlichkeit in aufgestellte Fallen geraten. Das gleiche trifft auch für *M. monax* zu und gilt wahrscheinlich für alle Murmeltierarten.

Jahresunterschiede. Eine Gegenüberstellung der Fettindizes für das Bauchfett (d. h. Verhältnis des Fettgewichts zum Gesamtgewicht) bei adulten Grauen Steppenmurmeltieren im Tien-Schan zeigt Abbildung 31. 1952 und 1959 waren die Murmeltiere nicht so fett wie in den Jahren 1953 und 1954. Die längste Spanne mit

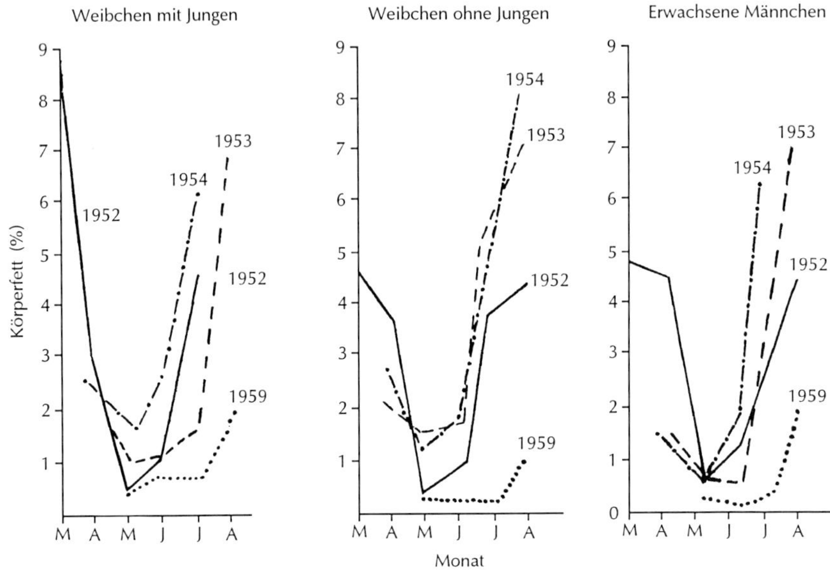

Abb. 31 (oben): Jahresunterschiede im Körperfett (% vom Körpergewicht) von Murmeltieren aus den Terskei-Ala-Tau-Grassteppen. Nach BIBIKOV (1967).

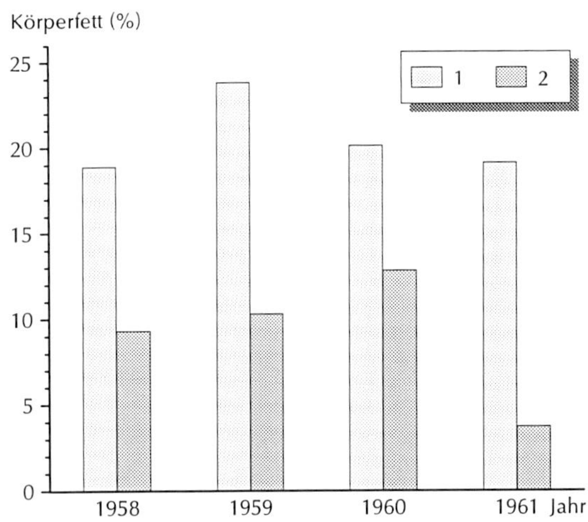

Abb. 32 (links): Fettgehalt (% vom Körpergewicht) von Grauen Steppenmurmeltieren verschiedener Altersstufen vor (1) und nach (2) dem Winterschlaf. Daten aus dem Zentral Tien-Schan, nach BERENDJAEV (1963.)

niedrigen Fettwerten war 1959 (von Mai bis Anfang Juli) und 1952 (Mai bis Juni), also in Jahren, die auf ein weiteres relativ schlechtes Jahr folgten. Der regnerische, kalte Sommer von 1959 hemmte die Aktivität der Murmeltiere so sehr, daß der Fettindex im August nur 2 % erreichte, während er in anderen Jahren zwischen 4 und 7 % schwankte. BERENDJAEV (1963) zeigte für die Murmeltiere des Zentral Tien-Schan jeweiligen Jahresunterschiede im Auf- und Abbau von Fettreserven auf (Abb. 32), indem er die Gesamtfettmengen von erbeuteten Murmeltieren vor und nach dem Winterschlaf verglich. Wie man im Diagramm erkennen kann, war der Winter 1960/61 für die Murmeltiere der härteste Winter; auch die ersten Frühlingswochen waren für die Murmeltiere extrem hart, weil sie nur noch 1/3 ihrer für diese

Gegend normalen Fettreserven besaßen. (Die Fettreserven des Herbstes 1960 unterschieden sich mengenmäßig nicht von denjenigen vorheriger Jahre.)

Altersspezifische Unterschiede lassen sich auch sehr gut bei trächtigen oder säugenden Weibchen und ihren Jungen beobachten, deren Fettakkumulation sich sowohl zeitlich wie umsatzmäßig von derjenigen anderer Tiere deutlich unterscheidet (Abb. 31). Im ersten Monat nach dem Winterschlaf behalten nachwuchslose Weibchen, unter ihnen viele ein- und zweijährige Tiere (die normalerweise nicht so fett wie trächtige Weibchen sind), ihr Bauchfett bis Mitte Juli, das bei Murmeltieren anderer Altersklassen zu diesem Zeitpunkt beinahe völlig aufgebraucht ist.

Nach dem Winterschlaf (im Frühjahr) weisen einjährige Murmeltiere das größte Fettdefizit auf und besitzen dann kaum noch nennenswerte Bauchfettreserven (Unterhautfett fehlt fast völlig), was auch der geringen allgemeinen Fetthaltigkeit bei Jungtieren entspricht. Da die Tiere wachsen und sich entwickeln müssen, legen einjährige Murmeltiere erst relativ spät Fettreserven an und besitzen folglich wenig Fett, wenn sie ins Winterquartier gehen. Einjährige Murmeltiere stellen die gefährdetste Altersklasse dar. Dies wird durch Beobachtungen an Roten Murmeltieren (*M. caudata*) und anderen Arten bestätigt (BIBIKOV & ZHIRNOVA 1952, KIZILOV & BERENDJAEV 1978 u. a.). Andererseits legten einjährige Waldmurmeltiere (*M. monax*) ab Juli Fettreserven an, steigerten diesen Prozeß im Verlauf des Septembers und zogen sich etwa am 1. Oktober in den Winterschlaf zurück. Einjährige, die keine Fettreserven hatten, waren auch noch im Oktober aktiv (SNYDER et al. 1961). Selbstverständlich fällt die Rate dieser Fettspeicherung bei Murmeltieren verschiedenen Alters und Geschlechts jeweils anders aus. Bei adulten Männchen und Weibchen ohne Nachwuchs dauert sie 80 bis 90 Tage (und mehr), bei trächtigen und säugenden Weibchen ist sie auf 60 bis 70 Tage verkürzt, bei Jungtieren sogar noch stärker reduziert.

Im Spätsommer, vor dem Eintritt in den Winterschlaf, schwanken die Fettgehalte bei einzelnen Tieren beträchtlich. Im Frühjahr, wenn die Tiere generell wenig Fett besitzen, fallen auch diese Schwankungen geringer aus. So wogen 68 Waldmurmeltiere aus Pennsylvania (USA) in der letzen Märzhälfte durchschnittlich 3,3 kg (2,4–4,1 kg), während der Mittelwert für 21 Tiere im September bei 5,1 kg (4,0–6,1 kg) lag (SNYDER et al. 1961). Der Anteil an Unterhautfett bei adulten Mongolischen Steppenmurmeltieren machte in der zweiten Augusthälfte (d. h. etwa zwei Wochen vor Beginn des Winterschlafs) 220 g bis 890 g aus. Bis zu 2,3 kg Fett wurde aus Tieren mit einem Gewicht von 5,6 kg gewonnen; demnach bestand der Körper zu 41 % aus Fett. Gleichzeitig lag der durchschnittliche Fettgehalt bei 20 %, bei einigen Tieren, die wenig Fett besaßen, sogar nur bei 10 % des Körpergewichts (BIBIKOV 1957). Der niedrige Fettgehalt einzelner Tiere gilt generell als Beleg einer qualitativ schlechten Ernährung bzw. einer Infektion mit Nematoden oder anderer Krankheiten. Niedrige Fettakkumulationsraten sind auch charakteristisch für Murmeltiere, die in der Nähe von Straßen oder Wiesen leben, wo sie häufig gestört werden.

Die Fettakkumulationsrate wird verlangsamt, bis der Haarwechsel, für den viele Fettreserven aufgezehrt werden, abgeschlossen ist. Wenn dieser vorbei ist und das Wachstum der subadulten Tiere (1 bis 3 Jahre) langsamer wird, nimmt die Fettakkumulationsrate zu. Die Anhäufung von Fettreserven erfolgt bei Roten Murmeltieren, die in Hochgebirgslagen leben, offenbar rascher und intensiver als bei Artgenossen, die in tieferen Lagen des Alai-Tales leben. In den Höhenlagen liegt der tägliche Fettzuwachs bei 25 g, in tieferen Lagen bei 15 g und 12 g pro Tag. Besonders rasch legt das Kappenmurmeltier seine Fettreserven an: Adulte und juvenile Tiere können im Verlauf von 60 Tagen mehr Fett anlagern als andere Murmeltierarten, die länger oberirdisch aktiv sind (80 bis 90 Tage).

Wie schon erwähnt, findet man die höchste Fettakkumulationsrate bei trächtigen und säugenden Weibchen, die aufgrund von Laktation und verschobenem Haarwechsel später beginnen, ihre Fettreserven aufzubauen. Hohe Fettakkumulationsraten findet man normalerweise auch bei ganz jungen Murmeltieren; in mittleren Höhenlagen, beispielsweise im Tien-Schan, beginnt die Fettakkumulation bei dieser Altersklasse erst in der ersten Julihälfte, weil viel Energie für Wachstum, Haarwechsel und das Ersetzen des Milchgebisses verbraucht wird. Tatsächlich sind es nur etwas weniger als 30 Tage, in denen die Jungen ihre Fettakkumulation intensivieren. Bemerkenswert ist auch, daß Jungtiere — insbesondere solche, die in ihrer Entwicklung zurück geblieben sind — in der Lage sind, ihr Wachstum zu unterbrechen und alle Energie darauf zu verwenden, Fettreserven anzuhäufen; auf diese Weise können sie, trotz einer relativ kurzen Vorbereitungszeit für den Winter, genug Energiereserven ansammeln, um ihn erfolgreich zu überstehen. Die Fettreserven der Jungtiere sind nach dem Winterschlaf minimal, weshalb sie als einjährige Tiere im Frühling besonders anfällig gegenüber schlechten Witterungsverhältnissen sind. Die höchste Mortalitätsrate findet sich deshalb auch bei einjährigen Murmeltieren, vor allem in solchen Lebensräumen, die sich im äußersten Norden oder in Hochgebirgslagen befinden.

Die Fähigkeit der Murmeltiere, ihr Gewicht während der kurzen Vorbereitungszeit auf den Winterschlaf praktisch zu verdoppeln (bei adulten Roten Murmeltieren bzw. Grauen Steppenmurmeltieren steigt das Gewicht durchschnittlich von 3–3,5 kg auf 5,5–7 kg an), hängt möglicherweise auch mit der Auswahl der Futterpflanzen zusammen. Murmeltiere fressen gezielt sukkulente Pflanzen, die einen hohen Gehalt leicht verwertbarer Proteine und Kohlehydrate aufweisen. Durch den Verzehr großer Mengen (20–25 % ihres Gewichts) an nährstoffreichem Futter legen die Nager große Fettreserven an. Auffällig ist, daß in den Hochgebirgslagen, wo die oberirdische Aktivität der Murmeltiere besonders kurz ist, die Fettakkumulationsrate am höchsten ausfällt. Diese gesteigerte Rate läßt sich durch den hohen Nährwert der Pflanzen erklären, die den Murmeltieren als Futter dienen.

4.5 Haarwechsel

Der Haarwechsel ist eng mit Aspekten wie Energiehaushalt, Thermoregulation und Winterschlaf verbunden, was an zwei Beispielen verdeutlicht werden soll.

Im Norden des Verbreitungsgebietes sowie in Hochgebirgslagen wächst das neue Haarkleid, bevor das alte verloren gegangen ist. So ist der Körper der Kappenmurmeltiere in Nordjakutien während des Haarwechsels vor Niederschlägen und niedrigen Temperaturen geschützt, weil die Haare in Etappen und zu einem späteren Zeitpunkt als bei anderen Murmeltierarten gewechselt werden. Die letzten Reste des alten Fells werden erst dann ersetzt, nachdem die neuen Haare bereits gewachsen sind und 2/3 oder sogar 3/4 ihrer normalen Länge erreicht haben. In den Hochlagen des Tien-Schans oder Pamirs behalten Graue Steppenmurmeltiere und Rote Murmeltiere ihr altes Fell noch recht lange und erneuern ihn erst kurz vor dem Winterschlaf.

Ein weiteres Beispiel für die Bedeutung des Haarwechsels ist das Phänomen eines Teilhaarausfalls, wobei die Haare auf Rumpf und Schwanz nicht erneuert werden. Dieses Phänomen tritt auch bei amerikanischen Arten auf, seine Ursachen sind allerdings noch nicht geklärt. Der partielle Haarwechsel stellt eine spezielle Maßnahme dar, um Energie zu sparen, damit schneller und mehr Fettreserven gebildet werden können (KAPITONOV 1964). Dieser Teilhaarausfall tritt bei den meisten Arten auf, häufiger jedoch bei solchen, die eine geringere oberirdische Aktivität zeigen. Sehr wahrscheinlich sind der intensive Haarwechsel auf dem größten Teil des Körpers und die rasche Akkumulation der Fettreserven angesichts der Bedingungen eines kurzen Sommers besonders wichtig. Deshalb erfolgt der Haarwechsel von Rumpf und Schwanz der Tiere nur partiell und nicht in jedem Jahr.

Die Berechnungen von KAPITONOV (1964) bestätigen, daß durch einen Teilhaarausfall Energie gespart wird. So wird zum Haarwechsel eines langen Schwanzes (der bei Kappenmurmeltieren durchschnittlich 25 cm lang ist) 4,1mal mehr Energie verbraucht als für den Haarwechsel des gesamten Rückens. Zudem sind Rumpf und Schwanz weniger bedeutende Körperteile und der Rumpf ist durch eine dicke Haut und eine dicke Fettschicht geschützt, die zum Teil die schlechte Isolierung des alten Fells wieder ausgleichen. Was den Energiehaushalt anbelangt, so ist es leicht zu verstehen, warum ein Teilhaarausfall bei Weibchen, die Junge haben und sich auf den Winterschlaf vorbereiten, häufiger vorkommt als bei anderen Murmeltieren.

Die Jungtiere behalten ihr Jugendfell bei (25 % der Felloberfläche). Bei den Jungtieren hat der partielle Haarwechsel eine ähnliche Bedeutung wie bei den Adulten: Es werden Zeit und Energie zugunsten der Fettakkumulation gespart. Besonders die in ihrer körperlichen Entwicklung zurückgeblieben Jungtiere stellen den Haarwechsel ein und beginnen statt dessen, Fettreserven anzulegen. In einigen Fällen erfolgte kein partieller Haarwechsel, und auf den bereits gehaarten Stellen erreichten die Haare nicht ihre volle Länge. Auf diese Weise können sie noch eine normale Fettreserve aufbauen: Zwei Jungtiere, die am 9. Oktober aus ihrem Winterbau ausgegraben wurden, besaßen einen Fettanteil von 25,7 und 27,6 % des Körpergewichts.

Bei subadulten Murmeltieren (ein- bis dreijährige Tiere) gibt es keinen partiellen Haarwechsel; ihre Schwänze sind immer flauschig und glänzen. Dieses Kennzeichen dient übrigens als entscheidendes Merkmal, um geschlechtsreife Tiere von nicht geschlechtsreifen zu unterscheiden.

Die Informationen über Dauer und Intensität des Haarwechsels korrelieren offenbar mit den geographischen Parametern. Je länger sich die Aktivitätsperiode einzelner Murmeltierpopulationen hinzieht, desto länger verläuft auch der Haarwechsel, und die schlechte Fellqualität kann bis zu 3 Monate dauern. Außer bei steppenbewohnenden Bobaks findet man einen ähnlichen Haarwechselverlauf normalerweise auch bei *M. monax*. Nahezu im gesamten Verbreitungsgebiet des Waldmurmeltiers dauert der Haarwechsel bei adulten Tieren von Ende Mai bis September (Hamilton 1934, Davis 1964), bei Jungtieren sogar noch länger. Einige Tiere benötigen für den Haarwechsel allerdings nur 3,5 Wochen.

Mit zunehmender Höhenlage setzt der Haarwechsel später ein, sein Ende unterliegt aber nicht so starken Schwankungen. Insgesamt dauert der Haarwechsel nicht so lange, während ein Teilhaarausfall häufiger wird. Von Altai Murmeltieren, die sich an das mildere Klima Dagestans gewöhnt haben, ist bekannt, daß die zunehmende Jahresaktivität auch von einem Haarwechsel begleitet wird, der etwa einen halben Monat länger dauert (Imshenezkii 1972).

Unter den Murmeltierarten findet man den intensivsten Haarwechsel bei den Kappenmurmeltieren im äußersten Norden des Lenadeltas. Den kürzesten Haarwechsel finden wir hier bei Weibchen mit Nachwuchs, die mit dem Haarwechsel in der zweiten Julihälfte beginnen (Kapitonov 1964). Das neue Haar scheint durch die zunehmend stärker ausfallenden, älteren Haare hindurch. Während das neue Haar auf Kopf und Beinen kaum zu sehen ist, hat es auf dem hinteren Rückenbereich bereits die Hälfte seiner normalen Länge erreicht. Anfang September ist das Fell vollständig erneuert. So verläuft der Haarwechsel bei Kappenmurmeltieren recht rasch ab — knapp 1,5 bis 2 Monate, also gut doppelt so schnell wie bei steppenbewohnenden Populationen. Der Teilhaarausfall kommt in der Regel bei allen Kappenmurmeltieren vor, doch gibt es auch Ausnahmen: So war im Bargusin-Gebirge zu beobachten, daß 28 von 39 Weibchen und 25 von 28 Männchen keinen Teilhaarausfall zeigten (Kapitonov 1964).

Partieller Haarwechsel kommt ähnlich wie bei Kappenmurmeltieren auch bei Gebirgspopulationen des Roten Murmeltiers vor. Von 28 Fellen adulter Murmeltiere aus dem Pamir waren bei der Hälfte der Tiere Schwanz und Rumpf noch stellenweise mit alten Haaren bedeckt. Bei Tieren, die in der Gegend des Fedtschenko-Gletschers gefangen wurden, fanden sich größere Haarbereiche aus altem Fell (u. a. auch auf dem hinteren Rückenbereich). Dieses Phänomen beobachtet man auch beim Menzbiers Murmeltier in den oberen Grenzlagen seines Lebensraumes. Laut Kapitonov (1964) ist Teilhaarausfall für die Grauen Steppenmurmeltiere des Zentral Tien-Schan und Altai (lediglich bei 26 von insgesamt 93 untersuchten Murmeltierbälgen) ungewöhnlich. Allerdings waren wahrscheinlich nicht sehr viele Tiere aus großen Höhen unter den untersuchten Exemplaren, da nach eigenen Beobachtungen die Schwänze von Murmeltieren, die aus dem Zentral Tien-Schan und von den Oberläufen der Flüsse Sarydschas und Naryn (in über 3 000 m üNN) stammten, fast immer einige Flecken mit alten Haaren besaßen.

Leider liegen keine Informationen über Haarwechsel bei amerikanischen Murmeltieren vor, und die von Barash (1989) geäußerte Behauptung, wonach *M. olympus* zweimal das Fell erneuert, bedarf der Überprüfung.

Partieller Haarwechsel ist kein typisches Merkmal bei Murmeltieren der Steppen, obwohl man auch dort Tiere mit Schwänzen fand, die teilweise ihr altes Haarkleid besaßen. Gelegentlich wurde dergleichen in Zentralkasachstan, in den Bergsteppen der Mongolei und in Südsibirien beobachtet. Vermutlich tritt das Phänomen des partiellen Haarwechsels in diesen Gebieten häufiger in Dürrejahren auf.

4.6 Winterschlaf

Etwa 2 bis 3 Wochen bevor sich die Tiere wieder in die Winterbaue zurückziehen, treffen sie auffällige Vorbereitungen für den Winterschlaf; zu diesem Zeitpunkt ist der Haarwechsel abgeschlossen und die Aktivitäten der Tiere nehmen stark ab: Sie werden lethargisch, suchen keine Nahrung mehr und entleeren den Darm. Die Tiere benutzen nur noch einen Eingang zum Winterquartier, weil die übrigen bereits mit Zapfen verschlossen sind. Jetzt wird bei den meisten Tieren der Stoffwechsel drastisch reduziert, und die Mehrheit ist nicht mehr oberirdisch aktiv.

Die allmähliche Vorbereitung auf den Winterschlaf läßt sich einerseits an der Konzentrierung der Murmeltiere — meist Mitglieder einer einzigen Familie — in der Nähe des Winterbaus ablesen (eine Ausnahme bildet das Waldmurmeltier, das allein überwintert). Wann einzelne Murmeltiere den Bau zum Winterschlaf aufsuchen, ist individuell sehr unterschiedlich. Der letzte Zapfen, mit dem der Eingang zum Winterbau verschlossen wird, kann erst dann gesetzt werden, wenn wirklich alle Tiere — einschließlich der noch länger aktiven Jungtiere — sämtliche Vorbereitungen für den Winterschlaf getroffen haben.

Über den Winterschlaf der Murmeltiere, in Abhängigkeit unterschiedlicher Umweltbedingungen, liegen nur sehr wenige Daten vor. In der Natur wurden bisher weder die einzelnen Phasen des Winterschlafs bei Tieren unterschiedlichen Alters und Geschlechts, noch Dauer und Häufigkeit des eigentlichen Winterschlafs untersucht. Auch über das Verhalten eines Murmeltiers, wenn der Boden seines Quartiers durchgefroren ist, sowie über Umfang und Zeitpunkt der Aufzehrung der Fettreserven liegen keine Angaben aus dem Freiland vor.

Zwar spiegelt die Länge des Winterschlafs die Bedingungen in den Lebensräumen einzelner Populationen wider, jedoch handelt es sich dabei nicht um klar abgegrenzte artspezifische Merkmale. So ist zum Beispiel der Bobak knapp sechs Monate auf der Russischen Tiefebene aktiv, jedoch nur vier bis fünf Monate in den ariden Zonen von Kasachstan. Sehr wahrscheinlich kommen artspezifische Anpassungen an eine außerordentlich lange Winterperiode nur beim Jakutischen Kappenmurmeltier — möglicherweise auch bei seinen amerikanischen Verwandten, dem Eisgrauen Murmeltier und dem Alaskamurmeltier — vor, die in einem Klima mit kurzen, frostfreien Sommern leben. Selbst das Bargusin-Kappenmurmeltier aus der Baikalregion, wo das Klima weniger streng als in Jakutien ist, ist nur 4–4,5 Monate aktiv.

Im folgenden sollen die bekannten Tatsachen zum Winterschlaf kurz zusammengefaßt, einige neue Daten ergänzt sowie ein paar Vorschläge und Probleme angemerkt werden. Zunächst soll die Winterschlafperiode in drei aufeinanderfolgende Phasen gegliedert werden; diese unterscheiden sich bezüglich der Bedingungen in der Schlafkammer sowie in Bezug auf Verhalten und Physiologie der gemeinsam überwinternden Tiere.

Die Vorbereitungen auf den Winterschlaf, der Rückzug in den Winterbau sowie die Wartezeit bis zum Erreichen der eigentlichen Lethargiephase dauern insgesamt etwa 2,5 Monate. Darüber hinaus dauert das Beziehen der Winterquartiere bei Europäischen und Mongolischen Steppenmurmeltieren, aber auch bei in Kolonien lebenden Grauen Steppenmurmeltieren, noch einmal 2 bis 3 Wochen (RYABOV 1948, BARASH 1976, BIBIKOV 1989). *M. camtschatica* zieht sich von September bis Anfang Oktober, wenn der erste Schnee liegenbleibt, in den Winterbau zurück (KAPITONOV 1978). In dieser Phase versammeln sich zunächst das dominante Männchen sowie subadulte Familienmitglieder in der Nähe des Winterquartiers. Die Aktivität der Tiere, die ihren Haarwechsel abgeschlossen und genug Fettreserven angelegt haben, nimmt deutlich ab. Diese Verhaltensänderungen korrelieren auch mit einer physiologischen Umstellung des Organismus: Die Körpertemperatur sinkt während der Nacht, der Sauerstoffverbrauch sinkt, das Blut verändert sich, das Gewebe enthält mehr Vitamin A, usw. (zu *bobak*-Unterarten siehe BLIZNETSOV 1966, RYMALOV & MAXIMOV 1992; zu *camtschatica*-Unterarten siehe VASILIEV 1992).

Die Weibchen, die geworfen haben, suchen zusammen mit ihrem Nachwuchs nach Nahrung, die Stoffwechselumstellungen finden bei diesen Tieren erst ein bis vier Wochen später statt, wenn keine anderen Murmeltiere mehr oberirdisch aktiv sind. Der O_2-Verbrauch fällt bei Gelbbäuchigen Murmeltieren nach dem Haarwechsel viel geringer aus als vorher. Aufgrund des gedrosselten Stoffwechsels wird weniger Energie verbraucht und statt dessen Fett in Depots angelegt (ARMITAGE & SALSBURY 1992).

Wenn die Tiere endgültig den Bau beziehen, schwanken die Temperaturen in den Schlafkesseln zwischen 0 und 5 °C in der Dauerfrostbodenzone sowie in Hochgebirgslagen; in tieferen Lagen, wie den Alpen (sehr wahrscheinlich auch in Mittelgebirgslagen und der Steppenzone) liegen sie bei 10 bis 12 °C (ARNOLD et al. 1991). In Jakutien liegt die Temperatur in den Schlafkesseln zu Beginn des Winterschlafs nahe 0 °C und sinkt im Verlauf des Winters auf bis zu −16 °C ab (KAPITONOV 1978).

Erst wenn sich Weibchen und Jungtiere auch wirklich im Winterbau befinden, verschließt ein adultes Murmeltier die letzte offene Röhre mit einem Zapfen. Über das anschließende Verhalten der Tiere kann man nur mutmaßen. Bisher wurden nur wenige Baue ausgegraben, in denen Murmeltiere überwinterten. Während der ersten und letzten Abschnitte des Winterschlafs waren die Tiere in den ausgegrabenen Bauen in der Regel wach und versuchten oft, sich in andere Tunnelröhren einzugraben.

Kappenmurmeltiere, die im Zeitraum Dezember–Februar ausgegraben wurden, erwachten nicht und erfroren (KAPITONOV 1978). Erste erfolgreiche Ausgrabungen machte RYABOV (1948) in Transbaikalien. Er maß auch als erster die Temperatur innerhalb der Winterkammer (diese bewegte sich während des gesamten Winters in der Nähe des Optimums von 5 °C); zudem bestätigte RYABOV, daß der Winterschlaf von Oktober bis November sehr schwach war und die Spermatogenese während der letzten Winterschlafphase im Februar stattfindet. Neuere telemetrische Untersuchungen an überwinternden Alpenmurmeltieren bestätigten RYABOVS frühe Ergebnisse (ARNOLD et al. 1991). Dies betrifft die graduelle Abnahme der Temperatur in der Winterkammer, sowie Halbschlaf und Tiefschlaf während des Winterschlafs. Zweifellos erfolgt der Übergang von der Einschlafphase bis zum tiefen Winterschlaf schrittweise.

Wenn die Winterkammer mit Erde verstopft ist, befinden sich die Murmeltiere in völliger Dunkelheit bei niedrigen Temperaturen, unter Verhältnissen eines erhöhten Feuchtigkeits- und Kohlendioxidgehaltes, wobei gleichzeitig Sauerstoff knapp ist (BIBIKOV 1967). Dunkelheit und niedrige Temperaturen finden die Tiere auch im Sommer ständig vor, die letzten drei Umweltparameter sind für sie jedoch wohl neu und haben große Auswirkungen; schließlich beträgt die Luftmenge im Kessel und den angrenzenden, nicht verstopften Röhren höchstens 1 m^3. Eine einfache Berechnung des von der Murmeltierfamilie benötigten O_2 zeigt, daß sein Vorrat in der Winterkammer (etwa 210 l) nur für ein paar Dutzend Stunden reicht. Sicherlich sinkt der Sauerstoffbedarf nach dem Verschluß der Winterkammer gegenüber den Werten, die man experimentell im Zeitraum vor Beginn des Winterschlafs ermittelt hat, drastisch ab; hierbei verbrauchen adulte Murmeltiere etwa 3 l O_2 pro Std. und Jungtiere etwa 1,5 l O_2 pro Std. — d. h. eine sechsköpfige Familie verbraucht 15 l O_2 pro Std. Während der Sauerstoff in der Winterkammer rasch abnimmt, steigt der Gehalt an CO_2. Im Blut sinkt der Kohlendioxidgehalt, was an den Eintritt in den eigentlichen Winterschlaf gekoppelt ist. Sobald sich die Tiere im Tiefschlaf befinden, pendelt sich der niedrige Metabolismus auf ein normales Niveau ein, da CO_2 in den Boden diffundiert und O_2 wiederum per Diffusion in den Kessel gelangt. Während der Aufwachphase steigt der Kohlendioxidgehalt, wohingegen der Sauerstoffgehalt abnimmt; in der Tiefschlafphase verläuft der Prozeß hingegen genau umgekehrt — d. h. Zunahme des O_2-Gehalts und Abnahme des CO_2-Gehalts (WILLIAMS & RAUSCH 1973).

In einem unserer Versuche wurden jeweils drei Graue Steppenmurmeltiere in Blechkästen von 0,25 m^3 Größe gesetzt, deren Ritzen anschließend sorgfältig mit festem Papier verklebt wurden. Die Kästen wurden daraufhin in einen Keller mit einer Temperatur von 5 bis 10 °C gebracht. In zwei Anfang September durchgeführten Experimenten fanden wir bei der Öffnung der Kästen nach zwei Tagen die Tiere tot vor. Ein ähnliches Experiment im November führte zum Winterschlaf der Tiere. Interessanterweise läßt sich hier anmerken, daß in Gefangenschaft gehaltene Graue Steppenmurmeltiere und Tarbagans Ende Oktober bzw. im November in Winterschlaf verfielen — also ein bis zwei Monate nach dem Zeitpunkt, zu dem sie sich unter natürlichen Bedingungen in den Winterbau zurückgezogen hätten. Diese Tatsache läßt sich nur auf ein schrittweises Einschlafen zurückführen, nicht jedoch auf ein abruptes Erreichen des Tiefschlafs, nachdem der Bau verschlossen wurde. Bereits RADDE (1862, zitiert in BIBIKOV 1967) berichtete, daß der tiefe Winterschlaf bei Tarbagans erst im Zeitraum Dezember–Februar einsetzte. Nach meiner persönlichen Auffassung (BIBIKOV 1967) »sollten die Murmeltiere in den Winterschlaf übertreten, wenn die obersten Erdschichten und Verschlußzapfen durchgefroren sind, so daß die Luftzufuhr in der Winterkammer eingeschränkt ist. Hierdurch tragen sie dazu bei, daß die Luftzusammensetzung im Kessel in gewissem Umfang ausgeglichen ist«. Will man sich das Verhalten in der Kammer während der ersten Winterschlafphase vorstellen, muß man wahrscheinlich davon ausgehen, daß Sauerstoff durch die Erdporen in den Bau diffundiert, während Kohlendioxid vom Erdreich absorbiert wird. Diese Vorgänge spielen sich möglicherweise im Zeitraum zwischen dem Verschließen des Baus und der Durchfrierung des Bodens ab.

Aufgrund der bekannten Beobachtungen kann man unter natürlichen Bedingungen davon ausgehen, daß eine mehr oder weniger ausgedehnte Halbschlafphase (mit häufigen Wachphasen) vor dem eigentlichen Tiefschlaf stattfindet. Dies wird durch

Kapitonov (pers. Mitt.) bestätigt, der einen Winterbau von Kappenmurmeltieren zwei Wochen, nachdem sich die Tiere zurückgezogen hatten, aufgrub. Der Winterschlaf war nicht tief, die Körpertemperatur lag bei 8 bis 9 °C, die Temperatur in der Kammer bei 2 °C. Der Übergang von der aktiven Phase in den eigentlichen Winterschlaf wird als Halbschlaf oder Einschlafphase bezeichnet, während dessen die Tiere bei Störungen leicht aufwachen.

Neuere Versuche bestätigen einen schrittweisen Übergang (von Oktober–November) in den eigentlichen Winterschlaf der Murmeltiere. Bei Versuchen mit *M. b. bobak* nahm die Zahl der Tiere im Tiefschlaf insgesamt zu, einige Tiere waren jedoch wach und wiesen kurzzeitig Körpertemperaturen von 36–38 °C auf. Im Dezember und Anfang Januar befanden sich die meisten Tiere im Tiefschlaf, wachten aber alle 14 bis 28 Tage für ein bis drei Tage auf (Rymalov & Maximov 1992).

In Gefangenschaft gehaltene Kappenmurmeltiere begaben sich 1,5 bis 2 Monate später als in der Natur in die Tiefschlafphase. Im November sanken ihren Körpertemperaturen, der Tiefschlaf dauerte länger, während sich die einzelnen Wachphasen jeweils verkürzten (Vasiliev 1989). Drei Murmeltiere, die sich in einem Freilandgehege befanden, verschlossen ihren Bau, und bereits eine Woche später lag die Temperatur innerhalb der Winterkammer bei 3 bis 4 °C. Anschließend fiel die Temperatur bis auf −1 °C, und die Tiere begannen wahrscheinlich anschließend den Winterschlaf.

Die Tiefschlafphase des Winterschlafs (Abb. 33) nimmt bei Grauen Murmeltieren einen Zeitraum von etwa drei Monaten ein (Dezember bis Ende Februar). Die Tiere befinden sich in dieser Zeit mehrheitlich im Tiefschlaf, der Anteil an halbwachen Tieren ist unbedeutend.

Vom 3. Oktober 1986 bis zum 7. April 1987 wurden bei sechs Winterbauen (in denen sich durchschnittlich sechs Alpenmurmeltiere befanden) Temperaturverhält-

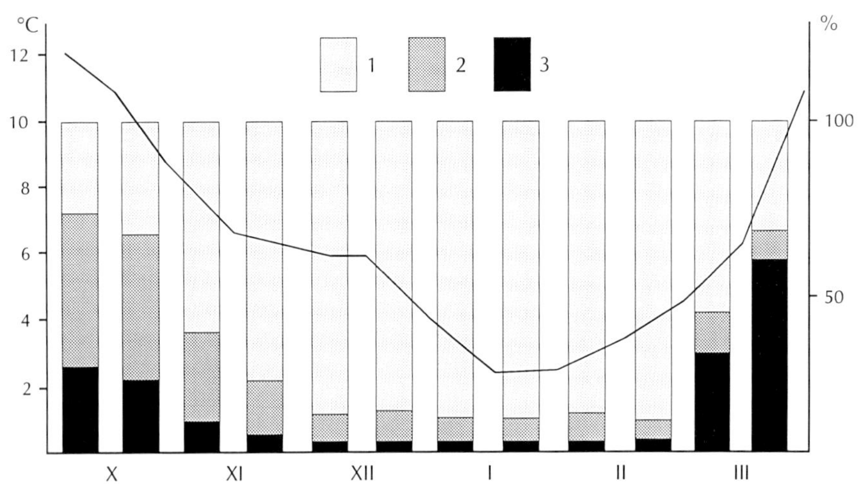

Abb. 33: Winterschlafphasen bei Grauen Murmeltieren unter verschiedenen Temperaturen im Kühlraum (Kurve). 1 – schlafende Tiere; 2 – halbwache Tiere; 3 – wache Tiere. Römische Ziffern = Monate.

nisse und Sauerstoffgehalt in den kesselnahen Baubereichen untersucht (ARNOLD et al. 1991). Obwohl die Kammern in unterschiedlicher Tiefe lagen (1 m bis 3 m) schwankten die Meßergebnisse in den einzelnen Bauen nur geringfügig. Während des Winterschlafs nahm die Temperatur exponentiell ab (von 12 auf 0 °C). Die Autoren bestätigen, daß das Temperaturoptimum für den Winterschlaf bei etwa 5 °C liegt. Die Thermoregulation erfolgt wirtschaftlicher, wenn eine größere Zahl Murmeltiere in einem Kessel überwintert (ARNOLD 1988). Zu einem ähnlichen Ergebnis gelangte man bei Versuchen am Kappenmurmeltier; hier nahm das Gewicht der Tiere während des Winterschlafs um 50 % ab, wenn sie allein überwinterten, jedoch nur um 14 bis 22 %, wenn sie als Gruppe Winterschlaf hielten (VASILIEV 1989).

Von vielen Arten weiß man mittlerweile, daß sie mitten im Winter mehrfach aufwachen. So nahm die Dauer der Einschlafphasen beim Waldmurmeltier von vier bis fünf Tagen am Anfang des Winterschlafs auf 10 bis 12 Tage während der Tiefschlafphase zu. Von den drei bis vier Monaten, die die Tiere im Winterbau verbringen, entfallen zwei Monate auf die Tiefschlafphase (DAVIS 1967b). Kappenmurmeltiere fallen von Februar–März in Tiefschlaf, wenn draußen Temperaturen von −2 bis −3 °C herrschen. Die Schlafphasen hielten zu dieser Zeit länger an als in der Zeit von Dezember bis Januar. Bei adulten Weibchen dauerten sie 15 bis 16,5 Tage, bei Jährlingen 17 Tage und bei jungen Tieren 20,5 bis 22 Tage (VASILIEV 1989).

Bei früheren Beobachtungen wurde mehrfach von Murmeltieren berichtet, die während des Winterschlafs ausgegraben wurden und dann aufwachten; anschließend verließen diese Tiere ihre Schlafkammer und gruben eine der Seitenröhren des Winterbaus auf. Auch Murmeltiere, die in Gefangenschaft gehalten werden, wachen im Winter auf. Von sechs Tarbagans, die monatlich beobachtet wurden, waren fünf an unterschiedlichen Tagen aktiv (NIKEPELOV & PESHKOV 1958). Nach eigenen Beobachtungen verbrachte keines der 52 Grauen Murmeltiere, die wir untersuchten, den Winterschlaf, ohne aufzuwachen. Die meisten Tiere wachten nach einer gewissen Zeit aus dem Winterschlaf auf und verfielen dann wieder in Tiefschlaf (BIBIKOV et al. 1963). Auch beim Alpenmurmeltier gibt es Wachzyklen. Ein Winterschlafexperiment am Waldmurmeltier ergab, daß sich Tiefschlaf- und Wachphasen regelmäßig (im Durchschnitt) alle 12 Tage abwechselten (BAILEY & DAVIS 1965). Während spontaner, zweitägiger Wachphasen wird das meiste Fett aufgezehrt, im Verlauf der Tiefschlafphase jedoch werden die Energiereserven kaum angerührt. Bei Murmeltieren, die im Verlauf ihres Winterschlafs (November bis März) insgesamt 1 245 g an Gewicht verloren, wurden lediglich 16,9 % (210 g) während der Tiefschlafphase abgebaut. Der durchschnittliche Gewichtsverlust während des Winterschlafs (einschließlich der Wachphasen) beläuft sich auf 3 g pro Tag.

In Gegenden mit kurzem Sommer brauchen die Tiere zum Beenden der Tiefschlafphase, für die Paarung sowie für das Auftauchen aus dem Winterbau weniger Zeit. Meist geschieht dies Ende Februar bis März oder von April bis Mai. Dieser Zeitraum ist durch häufigere Aufwachphasen und einen leichten Winterschlaf gekennzeichnet. Geschlechtsreife Weibchen und vor allem Jungtiere bleiben im Tiefschlaf, ihre Körpertemperaturen bewegen sich knapp über 0 °C. An den tiefsten Stellen der Winterquartiere ist der Boden oft gefroren, obwohl die Innentemperatur aufgrund der Wärme, die durch den Stoffwechsel der Murmeltiere gebildet wird, immer in der Nähe des Gefrierpunktes liegt. Für Kammern in freier Natur ist nichts über die Gaszusammensetzung der Luft bekannt, und auch über die Belüftung der Schlafkessel, wenn mindestens ein oder zwei Murmeltiere wach sind, weiß man nichts. Noch unbewiesen ist, ob möglicherweise ein Luftkanal für Außenluft in einer der Eingangsröhren geöffnet wird. Viele Murmeltierarten paaren sich in dieser Zeit, und bei den Männchen läuft verstärkt Spermatogenese ab.

Welche Faktoren den Winterschlaf beenden, ist nach wie vor unbekannt. In dieser Zeit fällt die Temperatur im Winterquartier, schwankt dabei allerdings nicht sehr. In 50 Bauen mit schlafenden Waldmurmeltieren (*M. monax*) lag die Temperatur bei durchschnittlich 2,5 °C (Schwankungsbreite 1,5 bis 5,0 °C), im Schlafnest war sie jedoch immer höher. Dies wird durch die höhere Körpertemperatur der schlafenden Tiere bewirkt, die bei 6 bis 10 °C liegt (BAILEY 1965). Im Winter 1964/65 schliefen offenbar 58 % der Waldmurmeltiere (n = 28), die alle zwei Wochen untersucht wurden, fest — gegenüber 80 bis 100 % schlafender Tiere im Januar und 76 % gegen Ende Februar (DAVIS 1967b). Ähnlich wie Waldmurmeltiere leiten Kappenmurmeltiere das Ende des Winterschlafs ein, indem sie die Dauer der Schlafphasen verkürzen. Bei Versuchen an Adulttieren beobachtete VASILIEV (1989) dieses Phänomen ab Mitte April (der normalen Paarungszeit). Bei Jungtieren wurden die Phasen länger (20 Tage im Mai), und sie wurden erst kurz vor dem Verlassen des Winterbaus Anfang Juni kürzer. Die adulten Tiere verließen den Bau am 12. bzw. 13. Mai, die Jungtiere, die mit ihnen im selben Winterquartier überwintert hatten, erschienen aber erst am 5. und 6. Juni. Neuere Versuche an Gelbbäuchigen Murmeltieren ergaben, daß die adulten Tiere spontan aufwachen, während die Jungen weiterschlafen, bis sie mit Nahrung versorgt werden. Häufig wachen die Tiere auch auf und verhungern schließlich (FRENCH 1990).

Aufwachende Tiere werden ungleichmäßig warm (VASILIEV 1989). Der vordere Körperbereich erwärmt sich rascher, die rektale Temperatur erhöht sich jedoch erst, wenn Stirn- und Interscapularbereich Temperaturen zwischen 27 °C und 28 °C erreicht haben. Vor dem Ansteigen der Körpertemperatur wird intensives Muskelzittern im hinteren Körperbereich beobachtet, das mitunter 10 min anhalten kann. In der ersten Stunde nach dem Aufwachen steigt die Temperatur recht langsam an (0,02 bis 0,04 °C pro min), die Temperatur kann im hinteren Körperbereich sogar um 0,1 bis 0,5 °C fallen. In der zweiten Stunde erwärmt sich der vordere Körperbereich bereits um 0,05 bis 0,15 °C pro min. Im hinteren Körperbereich bleibt die Aufwärmrate konstant oder steigt langsam (0,4 bis 1,3 °C pro Std.). Wenn die Temperatur im Vorderkörper 27,6 bis 35,7 °C erreicht hat, bleibt sie nahezu stabil, die Erwärmungsrate liegt nun bei 0,18 bis 0,2 °C pro min.

Obwohl auf den Energieverbrauch bereits eingegangen wurde, muß er im Zusammenhang mit dem Winterschlaf noch einmal detaillierter besprochen werden. Vor Beginn des Winterschlafs macht der Anteil an Unterhaut- und Bauchfett bei allen untersuchten eurasischen Murmeltieren zwischen 20 und 30 % des Körpergewichtes aus. Lediglich bei den Kappenmurmeltieren Jakutiens machten die Fettreserven etwa 35 % des Gesamtgewichtes aus. Je nach Jahr und Lebensraum variierten bei Roten Murmeltieren, Grauen und Mongolischen Steppenmurmeltieren die gespeicherten Fettmengen recht stark, obgleich die Durchschnittswerte ähnlich ausfielen. Beim Kappenmurmeltier korrelieren die größeren Fettreserven gut mit seinem verlängerten Winterschlaf, aber auch mit seinem höheren Energieverbrauch, den die Art zum Überwintern in tiefgefrorenem Boden benötigt.

Wichtig ist nicht nur, wieviel Fett gebildet wird, sondern auch, wie sich dieses zusammensetzt. Über die Zusammensetzung der Fettsäuren im Murmeltierfett liegen nur unvollständige Informationen vor (KALABUKHOV 1985). Die Anteile an aliphatischen Fettsäuren variieren nicht nur zwischen den einzelnen Jahreszeiten, sondern auch zwischen Murmeltieren aus unterschiedlichen Teilen des Verbreitungsgebietes. Die Anteile an Linolsäure und Linolensäure, zwei besonders wichtigen ungesättigten Fettsäuren, verändern sich im Vergleich zur Ölsäure abrupt. Das Fett des Europäischen Bobaks besitzt folgende Komponenten: Ölsäure (55,3 bis 56,6 %), Palmitinsäure (14,8 bis 15,0 %), Eicosansäure (10,5 bis 10,6 %), Linolsäure (7,7 bis 9,5 %), Palmitoleinsäure (4,4 bis 5,5 %), Stearinsäure (1,7 bis 2,6 %), Heptadecansäure (1,1 bis 1,3 %), Linolensäure (0,8 bis 1,0 %) und Laurinsäure (0,7 bis 0,9 %). Bulgarische Biologen entdeckten, daß die Fettreserven beim Ziesel je nach Lebensraum unterschiedlich ausfallen: Das Fett montaner Tiere enthält mehr Linolensäure als das von Flachlandzieseln (KALABUKHOV 1985). Diese höhenbedingten Unterschiede in der Zusammensetzung der ungesättigten Fettsäuren sind bisher ungeklärt.

Der Fetterstarrungspunkt liegt bei Murmeltieren generell sehr niedrig, insbesondere beim Kappenmurmeltier (−3 bis −7 °C). Das Fett dieser Art besitzt den niedrigsten Schmelzpunkt (6 bis 7 °C), der beim Alpenmurmeltier bei 28,5 °C und beim Bobak bei 34,0 °C liegt. Das Fett der Grauen Steppenmurmeltiere aus dem Aksay-Bergtal (3 000 m üNN) besitzt folgende chemischen Konstanten: spezifisches Gewicht 0,919 — Erstarrungspunkt 6 ± 0,2 °C — Schmelzpunkt 6,5 ± 0,5 °C — Jodzahl 78 ± 1,3 — Säurezahl 2,3 ± 0,08 — Reichert-Meissl-Zahl 0,616 — Polenske-Zahl 0,56. Diese Konstanten unterliegen keinen jahrszeitlichen Schwankungen (BLIZNETSOV 1966).

Landschaftliche Unterschiede spielen nicht nur eine wesentliche Rolle, wieviel Fett das Tier im Herbst angelegt hat, sondern auch, wieviel Fettreserven während des Winterschlafs verbraucht werden. Für Graue Steppenmurmeltiere aus dem Tien-Schan liegen hierzu Informationen vor. Nach dem Erwachen aus dem Winterschlaf macht der Anteil an Unterhaut- und Bauchfett bei Tieren aus der alpinen Zone 9,3 % des Körpergewichts aus, 13,3 % bei Tieren aus der Steppenzone und 26,1 % bei solchen aus der montanen Wald- und Grassteppenzone. Die unterschiedlichen Fettgehalte bei Murmeltieren gegen Ende des Winterschlafs korrelieren zum Teil mit den Herbstwerten. Den Hauptgrund für diesen Verlauf stellen jedoch die unterschiedlichen Bedingungen in verschiedenen Winterquartieren dar, aber auch der unterschiedlich starke Verbrauch der Fettreserven während der ersten Tage nach dem Verlassen des Winterbaus, wenn noch wechselhaftes Frühlingswetter herrscht. Hier werden die restlichen Fettreserven der Hochgebirgsbewohner deutlich mehr beansprucht als die der Mittelgebirgstiere.

Bei *M. monax* wurde der Energieverbrauch aus dem Gewichtsverlust der Tiere ermittelt. Die Murmeltiere wurden in einem dunklen Raum bei 6–1 °C gehalten (BAILEY & DAVIS 1965). Vor Übertritt in die Tiefschlafphase verloren die Tiere durchschnittlich 517,5 g im Verlauf von 25 Tagen, also 20,7 g Gewicht pro Tag. Die Tiefschlafphasen dauerten durchschnittlich 9,8 Tage und wechselten mit kurzen Wachintervallen von durchschnittlich 2,2 Tagen ab. Fett wurde im wesentlichen nur während der Wachphasen aufgezehrt. Schlafende Waldmurmeltiere verloren 3 g pro Tag (einschließlich der Aufwachzeit), was einem 7fach geringeren Bedarf als bei aktiven Tieren entspricht. Insgesamt betrug der Gewichtsverlust 210 g pro Murmeltier im Verlauf eines 70tägigen Winterschlafs. Beim Aufwachen fraßen die Tiere kaum und nahmen während der nächsten 25 Tage weiterhin ab. Der Gesamtgewichtsverlust setzt sich wie folgt zusammen: 517,5 + 210 + 517,5 = 1 245 g; das entspricht 39 % des ursprünglichen Gewichts. Vor Beginn der Tiefschlafphase fanden 41,6 % des Gewichtsverlustes statt, während dieser Phase jedoch nur 16,9 % und 41,6 % bei und nach dem Aufwachen — allerdings bevor die Tiere im März auf Nahrungssuche gingen. Die Berechnungen durch BAILEY & DAVIS (1965) nähern sich den Werten von SNYDER et al. (1961) für das Freiland und sind mit den Daten eurasischer Murmeltiere, wie im folgenden ausgeführt, identisch.

Der Energieverbrauch eurasischer Murmeltiere wird während des Winterschlafs drastisch reduziert. Während ihrer aktiven Phase liegt der Gewichtsverlust bei Murmeltieren, denen keinerlei Nahrung zur Verfügung steht, bei 3,76 % pro Tag. Bei halbwachen Tiere bewegt sich diese Rate zwischen 0,24 und 0,35 %, bei schlafenden Tieren hingegen nur bei 0,02 und 0,12 %. In eigenen Versuchen verloren Graue Steppenmurmeltiere (*M. bobak centralis*) durchschnittlich am Tage 0,09 bis 0,18 % ihres Körpergewichts, was einem absoluten Gewichtsverlust von 1,0 bis 4,2 g am Tag entspricht. Ähnliche Ergebnisse wurden bei Versuchen mit Mongolischen Steppenmurmeltieren (*M. bobak sibirica*) erzielt, wobei die Tiere durchschnittlich 0,11 bis 0,15 % an Gewicht verloren. Der Gewichtsverlust beim Altai Steppenmurmeltier (*M. b. baibacina*) belief sich offenbar auf 0,13 bis 0,35 % pro Tag, liegt also etwas höher als beim Tarbagan (Mongolisches Steppenmurmeltier)

Unter natürlichen Bedingungen macht der Gewichtsverlust Grauer Steppenmurmeltiere im Zeitraum von 195 Tagen (1. September bis 15. März) etwa 20 % des ursprünglichen Körpergewichts aus. Demnach verloren die Tiere täglich etwa 0,1 % ihres Körpergewichts. Dieser Wert korreliert gut mit eigenen experimentellen Daten (0,09 bis 0,18 %).

Die Bedingungen während des Winterschlafs beeinflussen nachhaltig die Rate, mit der Murmeltiere Körpergewicht abbauen. In extrem kalten, schneelosen Wintern können die Temperaturen in den Winterbauen drastisch fallen. Der starke Gewichtsverlust während solcher Winter kann dazu führen, daß die Murmeltiere im folgenden Sommer weniger fruchtbar sind oder auch von Pesterregern heimgesucht werden. Um den Einfluß der Temperatur auf diese Phänomene zu untersuchen, wurden zwischen 1955 und 1958 Versuche zum Energieverbrauch überwinternder Grauer Steppenmurmeltiere durchgeführt, die in der mittleren Waldsteppenregion des Tien-Schan vorkommen (Tab. 5).

Der Gewichtsverlust war am größten, wenn die durchschnittliche Temperatur in der Versuchskammer unstabil und relativ hoch war (8–0,3 °C). Sowohl junge wie alte Tiere sparten bei einer konstant niedrigen Temperatur (−5 °C, im Eiskeller) mehr Fett. Die durchschnittlichen Tages- und 10-Tages-Gewichtsverluste differier-

Tab. 5: Gewichtsverlust bei Grauen Steppenmurmeltieren unter verschiedenen Überwinterungsbedingungen: (I) Zahl der Versuchstiere; (II) durchschnittlicher Gewichtsverlust pro Tag (g); (III) durchschnittlicher 10tägiger Gewichtsverlust in Prozent des ursprünglichen Körpergewichts vor der Tiefschlafphase. Erste Zeile Streuung, zweite Zeile Mittelwerte. Aus BIBIKOV et al. (1963).

Altersstufen d. Murmeltiere	Eiskeller (−5 °C)			Kühlraum (−2 bis +4 °C)			Klimaraum (5 bis 11 °C)		
	I	II	III	I	II	III	I	II	III
Jungtiere	14	0–2,3 1,0	0–2 0,9	6	0,2–10,0 3,6	0,2–5,7 2,2	10	0,6–9,0 2,9	0,6–10,5 3,3
Adulte u. subadulte Tiere	38	1,2–14,6 4,2	1–5 1,8	20	0,1–10,9 4,8	0,1–4,0 1,6	17	1,9–24,3 11,4	0,4–8,0 3,8

ten um den Faktor 2 bis 4. In der wärmeren Klimakammer (5 bis 11 °C) fiel der Gewichtsverlust besonders hoch aus. Die Rate des Energieverbrauchs kann die erfolgreiche Überwinterung einer Murmeltierfamilie entscheidend beeinflussen. Die Intensität der experimentellen Tiefschlafphase korrelierte mit der Umgebungstemperatur. Besonders in der ersten und dritten Winterschlafphase verlief der Tiefschlaf relativ unruhig (Abb. 27, nach eigenen Beobachtungen an Grauen Steppenmurmeltieren [n > 100] im Verlauf von zwei Wintern; BIBIKOV 1967).

Die Daten aus Tabelle 4 und Abbildung 27 lassen den Schluß zu, daß unter günstigen Überwinterungsbedingungen (im Eiskeller) Jungtiere offenbar weniger an Gewicht verlieren als Adulte; Jungtiere schlafen tiefer und wachen seltener auf. Diese Befunde widersprechen der bestehenden Theorie, wonach junge Murmeltiere im Vergleich zu den ausgewachsenen Tieren nicht adaptativ reagieren können. Dieses typische Winterschlafverhalten junger Murmeltiere, die tief schliefen und nur selten erwachten, folglich also auch Energie sparten, wurde von uns eingehend untersucht. Die Jungtiere besitzen kaum Fett, obwohl sie während des gemeinsamen Winterschlafs am längsten im Bau schlafen. Die verkürzte Tiefschlafphase einiger adulter Tiere korrespondiert mit ihrer Fortpflanzungsfähigkeit, die bereits gegen Ende des Winters beginnt (Spermatogenese, Paarung und Trächtigkeit). Darüber hinaus wärmen die Adulttiere das Winterquartier und helfen den Jungen so bei der Überwinterung.

Unsere eigenen Überlegungen (BIBIKOV 1967) über die Bedeutung der gemeinsamen Überwinterung für das Überleben der Jungtiere, die wenig Fettreserven besitzen, werden durch neuere Untersuchungen über das Familien- und Sozialverhalten von bayerischen Alpenmurmeltieren unterstützt (ARNOLD 1990a,b, 1992a, b, ARNOLD et al. 1991). Die Ergebnisse dieser Untersuchungen werden detailliert im Kapitel über das Sozialverhalten (Kap. 5.1) beschrieben. Die Jungen können deshalb besser überleben, weil Eltern und Jährlinge Energiereserven aufzehren, um den Winterbau zu wärmen (dessen Innentemperatur im Frühjahr stark sinkt). Folglich stellen größere Murmeltieransammlungen nicht nur theoretisch einen Evolutionsvorteil dar, um erfolgreich den Winterschlaf zu überstehen, sondern bieten auch praktische Vorteile für das Überleben einzelner Populationen, was bei Schutzmaßnahmen Berücksichtigung finden sollte.

Andere Daten belegen, daß überwinternde Murmeltiere mehrmals aufwachen. Die Tiere können sogar mitten im Winter oberirdisch auftauchen (BANNIKOV 1954). Periodische Wachphasen sind ein sehr bedeutender Bestandteil der Thermoregulation bei Kappenmurmeltieren, die in Dauerfrostgebieten in Nordostjakutien leben. Während des Winterschlafs verlieren sie 42 % ihres Körpergewichts, also mehr als jede andere Murmeltierart. Graue und Mongolische Steppenmurmeltiere, die in Hochgebirgslagen leben, verzehren offenbar auch einen Großteil ihrer Energiereserven.

Der Winterschlaf im Bereich der Dauerfrostböden wurde für Mongolische Steppenmurmeltiere und Kappenmurmeltiere beschrieben. Die Fähigkeit, im Dauerfrostboden (der über einen längeren Zeitraum Temperaturen zwischen 0 °C und −16 °C aufweist) zu überwintern, stellt eine einzigartige Adaptation einiger Murmeltierarten dar. Die physiologischen Vorgänge, die bei Temperaturen unter 0 °C den Winterschlaf steuern, sind bisher kaum bekannt.

Resümee

Oberirdische Aktivität, Energiehaushalt und Winterschlaf der Murmeltiere greifen während des Jahresverlaufes ineinander. Der Jahreszyklus besteht aus zwei Abschnitten, einer kürzeren Aktivitätsphase und einer längeren Winterschlafphase, die meist über die Hälfte des Jahres einnimmt. Der Winterschlaf gliedert sich in drei Phasen: (1) Vorbereitungs- und Eintrittsphase, (2) Tiefschlafphase im Winterquartier sowie (3) Aufwachphase und Verlassen der Schlafkammer. Der dritte Abschnitt ist der kürzeste und dauert nicht länger als einen Monat. Betont werden soll auch, daß der Zeitraum, in dem die Energiereserven gebildet werden, auf die zweite Sommerhälfte beschränkt ist und nur zwei bis drei Monate dauert, die gespeicherten Fettreserven hingegen werden in etwa 3/4 des Jahres — während des Winterschlafs und der aktiven Phase in den ersten Frühlingsmonaten — aufgezehrt.

Oberirdische Aktivität und Winterschlaf variieren zeitlich sehr stark zwischen einzelnen Murmeltierarten, aber auch zwischen geographischen Populationen einer Art. Je kürzer der Sommer, desto länger der Winterschlaf; in solchen Fällen finden Haarwechsel, Wachstum der Jungtiere und Aufbau der Fettreserven beschleunigt statt.

Neuere Informationen liegen zu den abiotischen Bedingungen innerhalb der Winterquartiere, zu Anpassungsmechanismen der Murmeltiere, bestimmte Temperaturen und die Luftzusammensetzung im Bau konstant zu halten, oder über natürliche Unterbrechungen der Tiefschlafphase vor. Doch bleiben weiterhin viele Fragen offen: Wie paaren sich Murmeltiere am Ende des Winterschlafs, obwohl der Sauerstoff knapp ist, oder legen sie Belüftungsschächte in ihren Bauen an? Welche Mechanismen lassen fettreiche, adulte Tiere aufwachen, um mit ihren dann erhöhten Stoffwechseltemperaturen den weiteren Tiefschlaf der Jungen zu gewährleisten? Erfolgen derartige Wachphasen synchronisiert oder eher zufällig?

4.7 Kommunikationsverhalten und Wanderungen

Die Kommunikation erfolgt über Sinnesorgane, Duftdrüsen und Schreie (Pfiffe). Murmeltiere können hervorragend sehen; so erkennen und reagieren sie beispielsweise auf ein weißes Taschentuch in weiter Entfernung, und einen nahenden Menschen machen sie auf 300 bis 400 m aus. Das Gehör ist nicht so gut entwickelt — eine Tatsache, die auch mit der geringen Größe ihrer Außenohren, die kaum aus dem Fell herausragen, zusammenhängt. Allerdings können Murmeltiere die Warnrufe ihrer Artgenossen aus mehreren hundert Metern Entfernung hören. Sie reagieren auch auf die Warnrufe anderer Tiere, so z. B. auf den des Isabellschmätzers *(Oenanthe isabellina)*. Auch ihr Geruchssinn ist nicht sehr gut entwickelt, doch deuten territoriale Duftmarkierungen, die die Tiere mit Hilfe ihrer Wangen- und Analdrüsen abgeben, auf eine große Bedeutung der olfaktorischen Kommunikation für das Sozialleben hin.

Die Rufe der einzelnen Arten werden schrill und laut, wenn Alarmsignale ausgestoßen werden. Im Prinzip darf man diese Rufe nicht als Pfiffe bezeichnen, da weder Zunge noch Lippen an der Lautbildung beteiligt sind. Vielmehr findet diese im Kehlkopf statt, wobei gleichzeitig das Maul weit geöffnet ist. CAHALANE (1947) behauptet, daß der Ruf eines Eisgrauen Murmeltiers an einem windstillen Tag noch in einer Entfernung von einer Meile (1,5 km) gehört wird.

Der Warnruf des Bobaks besteht immer aus zwei Tönen: Adulte Tiere rufen rauher und sonorer, während junge Bobaks ein hohes Pfeifen ausstoßen. Die Jäger Transbaikaliens umschreiben den Ruf Mongolischer Steppenmurmeltiere lautmalerisch mit »chang-chang«, während die Murmeltiere im Tien-Schan und Altai eher Laute wie »kafí-kafí« oder »kupi-kupi« von sich geben. Bei den einzelnen Bobak-Unterarten unterscheiden sich die Schreie kaum voneinander.

Tonbandaufnahmen der Rufe amerikanischer und eurasischer Murmeltiere ermöglichten es, ihre Besonderheiten zu verstehen (WARING 1966, VORONTSOV et al. 1969, NIKOLSKII 1974, 1984). Die Analyse eines Bobakwarnrufs ergab, daß er aus zwei Klangkomponenten besteht, die ein bestimmtes phonetisches Muster ergeben, das Naturbeobachtern jedoch schon vor längerer Zeit aufgefallen war. Die beiden gleichen Klangkomponenten finden sich auch im Ruf eines Grauen Steppenmurmeltiers wieder: Einem hochfrequenten Ton schließt sich eine niedrigfrequente Klangkomponente an, das zeitliche Intervall zwischen beiden Komponenten ist jedoch kürzer als das Intervall des Bobakrufs. Beide Klangkomponenten finden sich auch im Schrei der Mongolischen Murmeltiere oder Tarbagans, in diesem Fall klingt jedoch der niedrigfrequente Ton voller oder überlagert sich zum Teil zeitlich mit der hochfrequenten Klangkomponente (NIKOLSKII 1974).

Die Laute anderer paläarktischer Murmeltiere sind völlig anders. Der Ruf des Menzbiers Murmeltiers ist langgezogen und klagend, er erinnert an den Schrei des Mäusebussards (*Buteo buteo*). Den Ruf des Kappenmurmeltiers charakterisieren zwei Klangkomponenten, deren niedrigfrequente Komponente jedoch nicht so stark wie in der *bobak*-Gruppe ausgedrückt wird. Sehr merkwürdig ruft auch das Rote Murmeltier: Sein Schrei erinnert an das Rufen eines fliegenden Schwarzspechts (»drrü-drrü-drrü«). Die Schreie der Pamir-Population dieses Murmeltiers klingen völlig anders als bei den Roten Murmeltieren im Alai-Gebirge. Ein langer Dauerton und eine geringe Frequenzmodulation unterscheiden den Schrei des Menzbiers Murmeltiers von den Rufmustern innerhalb der Gruppe der eurasischen Murmeltiere. Die gleichen charakteristischen Schreie findet man auch beim Eisgrauen Murmeltier Amerikas. Ein deutlicher Unterschied besteht allerdings in der niedrigfrequenten Klangkomponente, die für das Menzbiers Murmeltier typisch ist. Unter den paläarktischen Arten fehlt sie lediglich in den Schreien der Roten Murmeltiere und Alpenmurmeltiere. Jedoch unterscheidet sich der Schrei der Roten Murmeltiere, wie schon erwähnt, auch sonst stark von dem der übrigen Arten. Das Fehlen der niedrigfrequenten Klangkomponente im Ruf des Alpenmurmeltiers läßt eine Verwandtschaft zu den amerikanischen Arten vermuten (GROMOV et al. 1965, BIBIKOV 1967, VORONTSOV et al. 1969). Wenn sich das Alpenmurmeltier unwohl fühlt, läßt es ein langgezogenes »pschüüüh« erklingen, doch oft hört man auch scharf getrennte Einzeltöne, etwa »wedsch-wedsch-wedsch« (BOPP 1954). Der Ruf des Alpenmurmeltiers unterscheidet sich deutlich vom Ruf des Gelbbäuchigen Murmeltiers.

Waldmurmeltiere schreien laut und scharf, und nur selten handelt es sich um einen zweiteiligen Schrei. Dem Schrei folgt meist ein rascher Triller, ähnlich dem Notschrei von *M. flaviventris* (SETON 1953, GRIZZELL 1955). Die Stimmen anderer amerikanischer Murmeltierarten wurden detailliert untersucht. So schreien einige von ihnen offenbar ähnlich wie das Kappenmurmeltier (RAUSCH & RAUSCH 1971). Ein Kappenmurmeltierschrei wiederum ähnelt zweifellos dem Schrei eines Bobaks, weil er eine niedrigfrequente Klangkomponente enthält. Im Gegensatz zum Bobak verlaufen Frequenzmodulation und hochfrequente Klangkomponente fast symmetrisch, wodurch der Schrei insgesamt an die Stimme des Olympmurmeltiers erinnert.

Trotz einiger Unterschiede in der Stimme besitzen die Murmeltiere der *bobak*-Gruppe auch Gemeinsamkeiten. Besondere Merkmale innerhalb des geographischen Verbreitungsgebiets einer Murmeltiergruppe erlauben es, innerartliche Merkmalsgefälle (Kline) zu erkennen. Aufgrund der charakteristischen Frequenzmodulation steht der Tarbagan dem Grauen Steppenmurmeltier verwandtschaftlich sehr nahe, weil bei beiden Arten der aufsteigende Klangast einen breiteren Frequenzbereich einnimmt als der absteigende Ast. Beim Ruf des Tarbagans fehlt das Zeitintervall immer, wohingegen es beim Grauen Steppenmurmeltier, wenn auch schwächer als beim Bobak, stets vorhanden ist (NIKOLSKII 1984).

Neben Alarmrufen stoßen Murmeltiere auch schrille, klagende Schreie aus, wenn sie in eine Falle geraten sind. Wenn sich ein Murmeltier in eine Fluchtröhre zurückgezogen hat, äußert das verschreckte Tier seinen Unmut durch Klänge wie »cho-cho-cho-cho«, deren Tempo sich zum Ende der Strophe hin steigert (»Unmutsgreinen«). Wenn ein Murmeltier wütend ist oder angegriffen wird, stößt es ähnlich klingende Töne aus: »tschu-tschu-tschu«. Dabei peitscht es heftig mit dem Schwanz. Erregte Murmeltiere knirschen oft mit den Zähnen (»Zähnewetzen«); mitunter geben sie auch leise Töne von sich. Diese klingen bei den einzelnen Murmeltierarten recht ähnlich, obwohl es sicherlich für das menschliche Ohr nicht wahrnehmbare Unterschiede gibt. Diese Klangvielfalt wurde erstmalig für das Alpenmurmeltier beschrieben (KÖNIG 1957), später dann auch für das Gelbbäuchige

Murmeltier, das Olympmurmeltier, das Eisgraue Murmeltier sowie für das Waldmurmeltier (WARING 1966, BARASH 1973a, 1974b, 1989, TAULMAN 1977).

Neben Alarmrufen gibt es auch optische Warnsignale. Man nimmt an, daß akustische Reize allein nicht ausreichen, um die Murmeltiere zu einer wilden Flucht zu veranlassen (MÜNCH 1958); Fluchtverhalten wird also primär durch optische Reize ausgelöst. Während Frequenz und Tonklang eines Rufs die Mitglieder einer Kolonie offenbar alarmiert, bewirkt ein rennendes Murmeltier, das heftig den Schwanz bewegt, eine umgehende Reaktion der Nachbartiere, auch wenn kein akustisches Signal erfolgte. Die Tiere verharren direkt vor dem Eingang des Baus — nur bei unmittelbarer Gefahr fliehen sie in die Röhre — dabei richten sie sich entweder kerzengerade auf, oder sie liegen bäuchlings neben dem Eingang und geben Warnsignale, indem sie in kurzen Intervallen mit dem Schwanz zucken. Dieses Verhalten kommt bei allen Murmeltieren vor und stellt ein Relikt jenes gemeinsamen Vorfahren mit den Eichhörnchen dar, für die das abrupte Zucken mit dem Schwanz ein typisches Verhalten darstellt.

Befinden sich Fluchtröhren in der Nähe, so versuchen bei akuter Gefahr die Murmeltiere unter allen Umständen, diese zu erreichen — selbst wenn der direkte Weg durch das Bein eines Menschen versperrt ist. Einmal hatte ich ein Murmeltier überrascht, das Hals über Kopf in die nächste Fluchtröhre stürzte. Als ich diese erreichte, streckte sich mir die halbe Rückenpartie des Tieres entgegen — die Röhre war zu eng gewesen!

Murmeltiere beobachten praktisch ununterbrochen ihre Umgebung und das Verhalten ihrer Nachbarn. Selbst ein hungriges Murmeltier wird beim Fressen immer wieder wachsam den Kopf heben und seine Umgebung beobachten; im hohen Gras richtet es sich auf den Hinterbeinen auf. Interessanterweise lassen sich rangniedrigere Tiere vom Verhalten der dominanten Murmeltiere leiten (ARMITAGE 1962).

In Ostkalifornien verbrachten Gelbbäuchige Murmeltiere während der Nahrungsaufnahme 10,2 % ihrer Zeit damit, zu sichern. Dieser Wert fiel niedriger aus, wenn die Tiere gruppenweise fraßen. Jährlinge und junge Murmeltiere wendeten mehr Zeit für das Sichern auf als adulte Tiere (CAREY & MOORE 1986). In einer Gelbbauchmurmeltierkolonie stößt normalerweise nur ein einziges Tier einen Alarmschrei aus. Die Tiere klettern gerne auf große Felsbrocken, Baumstümpfe und gefällte Bäume, von wo aus sie sitzend oder liegend Ausschau halten (Abb. 34).

Abb. 34: Unterschiedliche Verhaltensweisen und Veränderungen der Signalfrequenz der ausgestoßenen Rufe (Sonagramme jeweils rechts vom Tier) bei Annäherung einer potentiellen Gefahr (NIKOLSKII 1984).

Murmeltiere, die als erste den Bau verlassen, sind besonders vorsichtig. Sie verharren zunächst längere Zeit im Eingang und lauschen aufmerksam, bis sie vorsichtig den Kopf aus dem Loch strecken. Die nachfolgenden Tiere sind weniger wachsam;

die Tatsache, daß das erste Tier unbehelligt den Bau verlassen hat, dient ihnen wahrscheinlich als Zeichen, daß alles in Ordnung ist.

Laut TARASOV (1961) sind die einzelnen Murmeltierarten unterschiedlich wachsam; dies läßt sich an der Länge der Zeiträume ablesen, die verängstigte Tiere im Bau verbringen, bis sie wieder ans Tageslicht zurückkehren. Bobaks in Transbaikalien sind vorsichtiger als ihre Artgenossen im Tien-Schan, was jedoch auch davon abhängig ist, in welchem Umfang die Tiere verfolgt werden. Nach eigenen Beobachtungen im Pamir-Gebirge sind die dortigen Roten Murmeltiere sehr zutraulich, da sie Menschen bis auf eine Entfernung von 30 bis 50 m an sich heranlassen. In dieser Gegend wurden Rote Murmeltiere zwischen 1960 und 1970 nicht gejagt. Im Alai-Tal sind sie dafür um so argwöhnischer. Ähnliche Situationen findet man bei Populationen anderer Arten; dort, wo die Murmeltiere häufig gestört werden, sind sie zunehmend wachsamer. Je furchtsamer die Tiere sind, desto länger bleiben sie im Bau. Hat ein Murmeltier den Bau gemächlich aufgesucht, wird es bald wieder an der Oberfläche erscheinen; doch wenn es überstürzt eingefahren ist oder im nächstbesten Seitengang abwarten muß, bis die Gefahr vorüber ist, wird das Tier nicht so bald wieder auftauchen. Die Jäger wissen allerdings sehr wohl um diese Verhaltensweisen der Murmeltiere.

Murmeltiere gewöhnen sich leicht an den Menschen und werden vollkommen zahm, wenn man sie als Jungtiere während der ersten Tage fängt, nachdem sie zum ersten Mal den Bau verlassen haben. Ältere Jungtiere lassen sich kaum noch zähmen. Zahme Murmeltiere, die den Winter in Gefangenschaft verbrachten, verwilderten im folgenden Frühjahr; bei Kontakt mit dem Menschen gewannen diese Tiere jedoch ihre alte Zutraulichkeit wieder. Murmeltiere gewöhnen sich rasch an vorbeifahrende Kraftfahrzeuge; obwohl sie sich noch in den Eingangslöchern verstecken, ziehen sie sich nicht sehr weit ins Innere zurück, sondern horchen im oberen Röhrenbereich auf die Geräusche der laufenden Motoren. Sobald die Geräusche verklingen, steckt das Tier seinen Kopf aus dem Eingang — und wird so zur leichten Beute eines Wilderers, der vorsichtig vom abfahrenden Wagen gesprungen ist und sich in der Nähe des Baus versteckt hat. Murmeltiere gewöhnen sich auch an weidendes Vieh und lassen Schafe bis auf wenige Meter, ohne Alarm zu schlagen, an sich herankommen. In der Mongolei nähert sich ein Jäger oft einem Murmeltier auf Schußweite, indem er sich hinter einer Kuhherde an das Tier heranpirscht.

Der Geruchssinn spielt hauptsächlich zur Orientierung in den weitläufigen Tunnelsystemen eine Rolle, in denen die Röhren durch spezielle Drüsensekrete oder bei sozialen Kontakten markiert werden. Dieses Thema wird ausführlich im Kapitel 5 besprochen.

Viele Verhaltensweisen, die der Kommunikation der Tiere innerhalb einer Kolonie dienen, spiegeln die für einen Offenlandbewohner typischen Besonderheiten des Murmeltierverhaltens wider. Murmeltiere benötigen ein uneingeschränktes Sichtfeld — weshalb sie trockene Lebensräume mit normalerweise niedrigem Pflanzenwuchs bevorzugen — und meiden Gelände, die mit Hochstauden und Sträuchern bewachsen sind. Die lokalen Eigenarten der Alarmrufe einzelner Murmeltiere hängen auch davon ab, wie weit die Tiere sehen können. Unerwartete und zunehmende Gefahren verkürzen die Klangintervalle (KAPITONOV & LOBACHEV 1964,

WARING 1966, NIKOLSKII 1974). Wenn extreme Gefahr droht, reagieren die Murmeltiere aller untersuchten Kolonien gleich: Die Tiere stürzen mit einem Schrei, der aus einer Serie rascher, an ein Trillern erinnernder Tonimpulse besteht, in das Eingangsloch (Abb. 34, rechtes Tier).

Bei Murmeltieren, die normalerweise felszerklüftetes Gelände bewohnen, besteht der anfängliche Rhythmus des Warnrufs u. a. aus einer Serie rasch wiederholter Töne. Infolge steiler Felshänge, großer Steine und Geröllhalden ist die optische Verständigung in diesen Lebensräumen behindert. Bei Flachlandbewohnern bestehen die Warnrufe dagegen aus einer Serie von Einzelimpulsen, und bei Murmeltieren, die montane Lebensräume mit nahezu ebenem Geländerelief bewohnen, sogar aus einer Reihe von zwei- und dreifachen Impulsen.

In den Gebieten Transbaikaliens oder Nordkasachstans, wo Naturlandschaften in Ackerland umgewandelt wurden, verloren die Murmeltiere ihr uneingeschränktes Sichtfeld. Als Reaktion darauf zerstörten die Tiere die Pflanzen, indem sie sie entweder niedertraten oder mit Erde bedeckten. Häufiger jedoch verlassen die Tiere einfach das Gebiet oder versuchen auch, weit außerhalb der Felder Nahrung zu suchen. Obwohl Murmeltiere sich meist nur tagsüber optisch verständigen, kann man ihre Schreie bei günstiger Witterung auch bei fortgeschrittener Dämmerung hören. Mitunter wurden in Transbaikalien die Angstschreie der Murmeltiere noch um Mitternacht in der Nähe von Militärbiwaks gehört, im Tien-Schan aber auch in der Nähe lagernder Viehhirten.

Oberirdisch verbringen Murmeltiere die meiste Zeit mit Fressen. Nachdem sie sich vom Bau entfernt haben, beginnen sie mit der Nahrungssuche. Sie verbringen etwa 30 bis 50 % ihrer Zeit mit Sichern. Beim Fressen wandert das Murmeltier langsam vorwärts und dreht dabei den Kopf von einer Seite zur anderen. Von weitem scheinen die Tiere bäuchlings durchs Gelände zu kriechen. Gelegentlich stellen die Tiere ihre Nahrungssuche ein, um statt dessen zu spielen; insbesondere Jungtiere ziehen offenbar das Spielen dem Fressen vor. Die Tiere stehen auf den Hinterbeinen, schieben und packen einander mit den Vorderpfoten oder boxen mit weit geöffnetem Maul. Mitunter ergreifen sie ihre Gegner mit den Zähnen und versuchen, einander zu Fall zu bringen. Wenn ihnen das gelungen ist, kämpfen die Tiere unter lautem Gequieke weiter, wobei sie mit den Hinterfüßen aufeinander eintreten (NOWICKI & ARMITAGE 1979). In den Pausen zwischen Spielen und Fressen liegen die Murmeltiere entweder auf den Erdauswürfen bzw. nahegelegenen Steinen oder aber inspizieren ihr Familienrevier.

FORMOSOV (1929) schildert ausführlich das Verhalten erregter Murmeltiere: »Wenn die Murmeltiere einen Menschen bemerken, eilen sie zu ihren Eingangslöchern; diejenigen Tiere, die ihm am nächsten sind, ziehen sich überhastet in ihre Baue zurück, während Tiere in größerer Entfernung am Eingang ihrer Baue verharren. Die Murmeltiere, die am weitesten entfernt sind, bilden einen Beobachtungsring. Für gewöhnlich verlagert sich dieser Ring, sobald sich der Mensch bewegt; sein Durchmesser kann — je nachdem, wie ängstlich die Tiere dieser Kolonie sind — zwischen 150 bis 200 Schritte und sogar bis zu 500 Schritte groß sein.«

Auffällig ist auch, daß die optische und akustische Kommunikation plötzlich in ihrer Häufigkeit abnimmt, wenn weniger Tiere da sind (zum Beispiel während einer Jagd). Die Murmeltiere werden dann sehr vorsichtig. Wenn sie von weitem einen Menschen sehen, suchen die Tiere ihren Bau auf, ohne einen Warnruf von sich zu geben. Um die Tiere auszumachen, mußten wir einen Hund mitnehmen. Als dieser in das Sichtfeld der Koloniebewohner geriet, erstarrten die verbleibenden Tiere und begannen, Schreie auszustoßen. In den Gegenden der Mongolei, wo Murmeltiere gejagt werden, sind die Tiere sehr scheu; sie rufen selten und sind meist unauffällig. Bei Verhaltensbeobachtungen an lokalen Murmeltieren sahen wir, wie sich die Tiere, die einer großen, auf einem Hügelgelände lebenden Population angehörten, still in ihre Baue zurückzogen, nachdem sie ein herannahendes Auto gehört hatten. Das zurückhaltende Wesen der Murmeltiere, die in Gegenden mit intensiver Jagd leben, führt TARASOV (1961) auf eine direkte Selektion zurück, weil »übereifrige Rufer« ihren Einsatz häufiger mit dem Leben bezahlen.

Wanderungen. Obgleich Murmeltiere stark an ihren Bau gebunden sind, sind sie dennoch recht mobile Tiere. Bei der Nahrungssuche durchstreifen sie ihr gesamtes Territorium, doch können sie auch größere Wanderungen durchführen. Regelmäßige Wanderungen vom Winterbau in einen Sommerbau kommen normalerweise nur bei montanen Arten vor. Berichte über derartige Wanderungen liegen aus Nordamerika vor. Wanderungen zwischen den jeweiligen Erdbauen finden innerhalb der gesamten Population statt, doch legen die Tiere dabei meist nur kurze Strecken — einige Dutzend Meter, seltener 200 bis 300 m — zurück.

Das Abwandern subadulter oder adulter Murmeltiere aus ihrem Geburtsgebiet findet bei den meisten eurasischen Gebirgsarten statt, nachdem die Tiere zwei bis drei Mal, evtl. auch vier Mal, gemeinsam mit den Eltern überwintert haben (siehe auch Kap. 4.3). Für das Mongolische Steppenmurmeltier aus dem Changai sowie für das Asiatische Bergmurmeltier liegen Daten vor, wonach sich diese Tiere erst 1 bis 3 Jahre nach der Geschlechtsreife erstmalig fortpflanzen (TARASOV 1950, BIBIKOV 1968). Bei den amerikanischen Murmeltierarten hingegen wandert *M. monax* als Jungtier und *M. flaviventris* als Jährling ab. Demnach pflanzen sie sich bereits fort, nachdem sie einmal bzw. überhaupt nicht im elterlichen Bau überwintert haben (SNYDER & CHRISTIAN 1960, ARMITAGE 1962, ARMITAGE & DOWNHOWER 1974, WEBB 1981). Im Verlauf der letzten Jahre haben Forschungen bestätigt, daß — im Gegensatz zu den beiden o.g. Arten — alle übrigen Murmeltierarten (einschließlich des Alaskamurmeltiers) nur in Ausnahmefällen abwandern, bevor sie nicht drei Jahre oder älter sind. Bei Eisgrauen Murmeltieren verlassen die Jungtiere zwar das elterliche Familienterritorium, doch lassen sie sich nach Möglichkeit in einem Randbereich dieses Gebietes nieder, meist nicht mehr als 300 m vom Heimatrevier entfernt. Bei einer Population im Tien-Schan, deren Mitglieder mit Ohrmarken gekennzeichnet waren, wurden etwa 5 % der abgewanderten zwei- bis dreijährigen Tiere in 1,0 bis 4,5 km Entfernung von ihrem Heimatrevier wieder eingefangen (Abb. 35).

Die Ausbreitungsrichtung adulter Murmeltiere variiert stark und hängt von vielerlei Faktoren ab, wie z. B. Siedlungstyp, Populationsdichte und -struktur oder Anzahl der nutzbaren Winter- und Sommerbaue im Umfeld der Tiere. In jüngster Zeit wurde die Ausbreitung Gelbbäuchiger Murmeltiere mit Hilfe von verschiedenen Markierungsmethoden und Radiotelemetrie untersucht (VAN VUREN 1990, ARMITAGE 1991). Die Ursachen der Abwanderungen wurden detailliert beschrieben

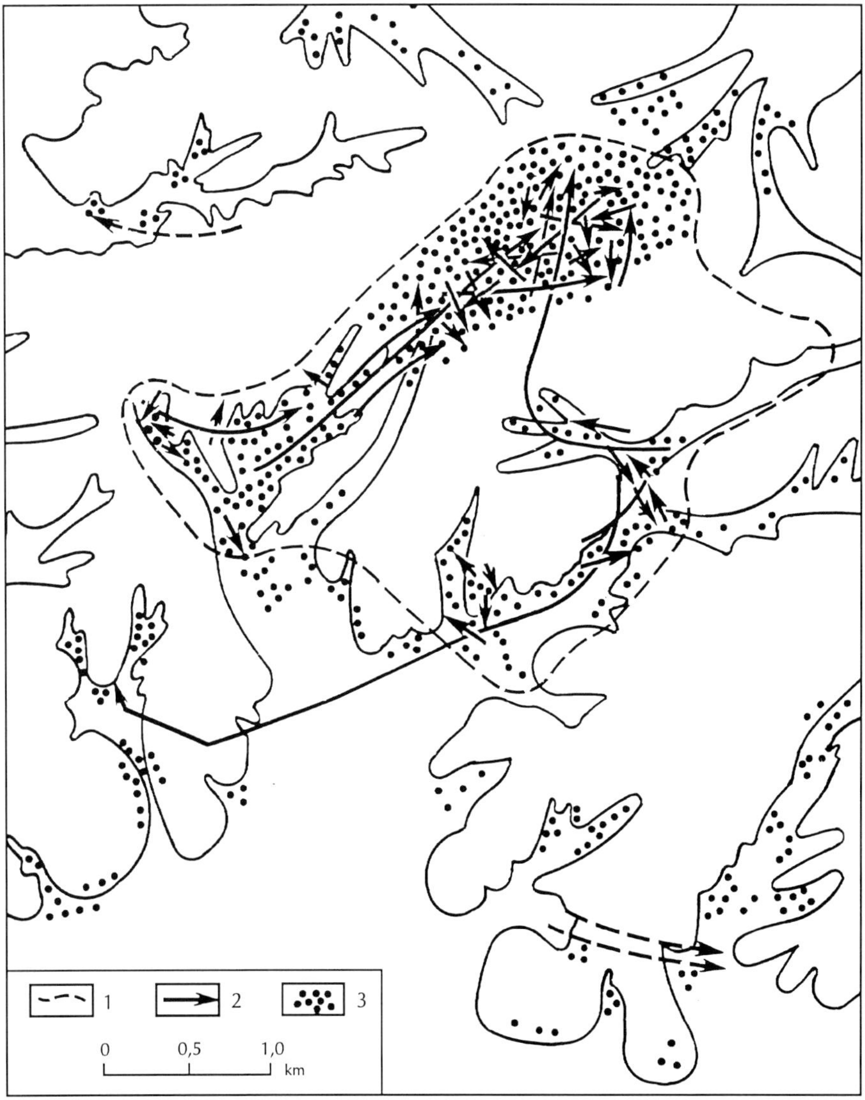

Abb. 35: Ausbreitung markierter Grauer Steppenmurmeltiere in der Waldsteppenzone des Kuluktau (Tien-Schan): 1 – Grenze der Ausbreitung der markierten Tiere; 2 – Verlauf der Ausbreitungswege; 3 – Murmeltiersiedlungen.

(siehe auch Kap. 5). An dieser Stelle soll lediglich die berechtigte Kritik WEBBS (1981) an der Argumentation BARASHS (1973b, 1974a) zitiert werden; dieser hatte einerseits das Abwandern relativ junger *M. flaviventris* aus niedrigen Höhenlagen mit der längeren Vegetationsperiode in Verbindung gebracht, zum anderen die Ausbreitung älterer Jungtiere von hochmontan lebenden *M. caligata* mit der entsprechend verkürzten Vegetationsperiode begründet. WEBB (1981), der sich der Meinung von ARMITAGE (1962), DOWNHOWER & ARMITAGE (1981) und anderen anschließt, erachtet die Rolle sozialer und ökologischer Faktoren als wesentlicher. Er erwähnt, daß sich Alttiere gegenüber Jährlingen feindselig verhalten. Ein ähnliches Verhalten gegen Jungtiere wurde bei isolierten Murmeltierpopulationen beobachtet (die vom Siedlungstyp entsprechend der Terminologie russischer Zoologen dem Herdtyp zugerechnet werden). In Gebieten mit dichteren Murmeltiersiedlungen räumen die Tiere das Familienrevier, ohne daß es zu aggressiven Handlungen kommt, wie man sie normalerweise bei isolierten Kolonien antrifft.

Nahrungsbedingte Wanderungen. Im Changai (Mongolei) werden vertikale Wanderungen der Murmeltiere durch den Vegetationsverlauf und Nahrungsmangel in den tiefer liegenden semiariden Bergzonen ausgelöst. Nach TARASOV (1950) wurde im ersten Untersuchungsjahr die größte Populationsdichte (4–5 Tiere/ha) in schmalen Bergtälern registriert. Auf den Bergkuppen der Almen lebten nur wenige Murmeltiere (< 1 Tier/ha). Im zweiten Jahr nahm die Zahl der Murmeltiere in den Tälern infolge einer Dürre signifikant ab, während die Populationsdichte auf den Almen auf 2–3 Tiere/ha anstieg. Das folgende Jahr brachte Frühsommerregen und heftige Niederschläge, so daß die Talwiesen bereits Anfang Mai voll ergrünt waren, während zur gleichen Zeit in den oberen Höhenlagen weiterhin niedrige Temperaturen herrschten und das Pflanzenwachstum noch nicht begonnen hatte. Folglich wanderten die Murmeltiere 2 bis 3 km talabwärts.

IOFF et al. (1951) und andere Naturbeobachter beschrieben für Murmeltiere aus Westsibirien, Transbaikalien und dem Tien-Schan besonders Veränderungen innerhalb der Familienreviere und Wanderungen zu Bauen mit unterschiedlichen Ernährungspotentialen. Nach eigenen Beobachtungen wanderten Tien-Schan-Murmeltiere im Frühjahr 1952 und 1953 in die semiariden Vorgebirge aus. Da die oberen Schluchtbereiche und Hochplateaus lange Zeit unter einer dichten Schneedecke lagen, gab es hier praktisch keine für die Tiere verfügbaren Futterpflanzen. Mitunter legten die Murmeltiere bei ihren Wanderungen Strecken von über 0,5 km zurück; dabei sah es so aus, als ob die Tiere zwei Aktionsräume besäßen: ein im Frühling und Herbst genutztes Revier, in dem auch der Winterbau liegt, sowie ein Sommerrevier, das sich im Vorgebirge befindet.

CAREY (1985) untersuchte in den Gebirgen Ostkaliforniens (in einer Höhe von 3 650 m üNN) die Weideplätze Gelbbäuchiger Murmeltiere. Das gesamte Territorium der Kolonie war in elf Abschnitte aufgeteilt, die sich im Pflanzenbewuchs, in der Dichte der Grasschicht und in der Entfernung zum Bau voneinander unterschieden. Weidende Tiere wurden im 15minütigen Abstand von einem 5,5 m hohen Aussitz aus registriert. Eine komplexe Analyse — die auf der Korrelation zwischen Dauer des Freßvorgangs pro Abschnitt und typischen Geländeparametern basiert — ergab, in welchem Umfang die Weideflächen genutzt wurden. Lediglich fünf der elf Abschnitte wurden häufiger aufgesucht. Diese bevorzugten Abschnitte enthielten mehr Biomasse an Futterpflanzen und lagen näher an den Familienbauen, so daß weidende Murmeltiere bei Bedrohung durch Beutegreifer eine bessere Fluchtmöglichkeit besaßen.

Zur Zeit stützen neue Fakten die These, wonach nahrungsbedingte Murmeltierwanderungen in den Höhenlagen des Tien-Schan weniger durch Dürre ausgelöst werden, wie TARASOV (1950) für Murmeltiere im Changai zeigen konnte, sondern daß der eigentliche Auslöser Feuchtigkeit bei niedrigen Temperaturen ist. In solchen Fällen werden die Tiere infolge eines eingeschränkten Pflanzenwuchses und häufiger Schneefälle zum Abwandern gezwungen. Ein vermehrtes Abwandern mongolischer Murmeltiere und die damit verbundene akute Ausbreitung von Tierpathogenen wurde nach extremen Niederschlägen in den montanen Grassteppen des Hantais beobachtet (LIPAEV 1967).

Wanderungen infolge veränderter Populationsdichten. In die entvölkerten Höhenlagen des Tien-Schan wandern regelmäßig Murmeltiere aus den stets besiedelten Almen ein. Murmeltierpopulationen der Steppe werden wiederum durch die Pest oder eine Vielzahl von Beutgreifern dezimiert. Infolge dieser Entvölkerung entstehen Freiräume für neue Siedler (IOFF et al. 1951). Murmeltiere verlassen oft die oberen Randbereiche ihres Verbreitungsgebietes oder wandern von semiariden Hochlandplateaus in die von den Lebensumständen her günstigere Grassteppe ab (BANNIKOV 1954, BIBIKOV 1967).

Im Verlauf von Untersuchungen an Mongolischen und Grauen Steppenmurmeltierpopulationen stellten wir fest, daß die verwaisten Reviere von Tieren der Randzonen besiedelt wurden. Die Murmeltiere, die im Kern des Gebietes überlebt haben, befanden sich ebenfalls konstant auf Wanderschaft. Zwar nahm im folgenden Jahr die Zahl der bewohnten Familienbaue noch ab, doch stieg die Anzahl der Gesamtbewohner, weil viele Tiere das Gebiet wiederbesiedelt hatten und neue Familien entstanden waren (BIBIKOV & ZHIRNOVA 1956). Die Wanderungen dauerten in den Folgejahren an und führten an Stellen, wo sich Kolonien gebildet hatten, zu größeren Murmeltieransammlungen (POLE 1974). Durch Kartierung der Murmeltiervorkommen und Markierung einzelner Tiere mit Ohrmarken oder radioaktiven Isotopen konnte ein beachtliches Datenmaterial über die Wanderungen von Grauen Steppenmurmeltieren gewonnen werden. In Gebieten mit niedriger Populationsdichte fanden mehr Kontakte innerhalb einer Population statt als bei höherer Dichte (Tab. 6).

Tab. 6: Kontakte zwischen Tien-Schan-Murmeltieren bei verschiedenen Populationsdichten. Nach BERENDJAEVA et al. (1966).

Dichte (Tiere pro km^2)	Zahl der mark. Tiere	Anzahl der gefangenen Murmeltiere		Anzahl der gesammelten Flöhe		Anteil der markierten Flöhe (%)
		gesamt	mit mark. Flöhen	gesamt	markiert	
20– 30	2	15	3	26	8	30,7
60–100	8	74	4	153	11	7,2

Mit Hilfe von markierten Ektoparasiten (Flöhe) läßt sich sehr gut die Beweglichkeit der einzelnen Murmeltiere in den Kolonien untersuchen. In Gebieten mit niedriger Populationsdichte fand sich ein hoher Anteil markierter Flöhe. Markierte Flöhe fanden sich nach 30 Tagen in 360 m Entfernung vom Ort der Markierung. In Gebieten mit einer hohen Populationsdichte lag der Anteil an markierten Flöhe bei nur einem Viertel der anderen Gebiete, und Kontakte zwischen den Murmeltieren fanden dementsprechend seltener statt. Ein niedriger Kontakt bei hoher Populationsdichte entsteht, wenn die meisten Baue bewohnt sind und wenig ausgedehnte Wanderungen unternommen werden. Wanderungen fanden hauptsächlich innerhalb des Familienreviers statt. Häufige Kontakte bei niedriger Populationsdichte ergeben sich, wenn infolge der geringen Pro-Kopf-Zahl der Murmeltiere viele Baue leer stehen; diese werden dann von Murmeltieren besucht, die in der Kammer vorhandene Flöhe markieren oder dort möglicherweise bereits markierte Flöhe zurücklassen.

In den Jahren 1956/57 wurden die Wanderungen Grauer Steppenmurmeltiere untersucht; hierzu wurden die Tiere in zwei Gebieten, die in einer teilweise bewaldeten Steppenzone lagen, mit Hilfe von Ohrmarken gekennzeichnet. Insgesamt wurden 841 Murmeltiere und markiert. Im Verlauf der beiden Folgejahre wurden 1 849 Murmeltiere in beiden wie auch in angrenzenden Gebieten gefangen und untersucht. Während dieser vier Jahre wurden 320 markierte Tiere ein oder mehrere Male gefangen (38 % aller markierten Murmeltiere). Von den markierten Tieren wurden 20 % zwei Mal, 4 % drei Mal und 1 % vier Mal gefangen. Obwohl sie mehrfach in Fallen gerieten und sich dabei oft die Gliedmaßen verletzten, verließen die Tiere in der Regel die Kolonie nicht.

Die Mehrzahl der markierten Murmeltiere (61 %) wurden in weniger als 100 m Entfernung von der Markierungsstelle gefangen. Darüber hinaus schwankten die Entfernungen, die von den Murmeltieren zurückgelegt wurden, je nach Alter und Geschlecht (Tab. 7).

Tab. 7: Zurückgelegte Strecken markierter Grauer Steppenmurmeltiere unterschiedlichen Alters und Geschlechts. Nach BIBIKOV et al. (1961).

Geschlecht und Alter	Zahl der wiedergef. Tiere	Prozentsatz von Tieren, die in jede Richtung wandern (Entfernung in Metern)			
		über 0–100	101–300	300–1000	1000
Jungtiere	30	80,0	13,3	6,7	–
Weibchen mit Nachwuchs	48	75,0	20,8	4,2	–
Ein- bis Zweijährige	34	73,5	8,8	17,7	–
Weibchen ohne Nachwuchs	50	52,0	24,0	12,0	12,0
Adulte Männchen	110	50,0	30,0	18,2	1,8
Gesamt (%)	272	61,0	23,0	13,0	3,0

Weibchen mit Nachwuchs sowie Jungmurmeltiere sind besonders standorttreu. Meist wurden sie in weniger als 100 m Entfernung von der Stelle gefangen, wo sie schon einmal gefangen wurden; diese befand sich stets innerhalb der Grenzen des Familienreviers. Andere alters- bzw. geschlechtsspezifische Unterschiede bei adulten Murmeltieren sind weniger intensiv an die Standorttreue gekoppelt: 18 bis 24 % der Tiere wanderten weiter als 300 m. Weibchen ohne Nachwuchs und adulte Männchen wanderten viel eher aus dem Markierungsgelände ab. Manche dieser Wanderungen zogen sich über Strecken von 1 bis 4,5 km hin. Derartige Entfernungen wurden von 3 % der wieder gefangenen Murmeltiere zurückgelegt. Obwohl fünf Tiere ihre Ohrmarken verloren haben, besaßen sie eine eindeutige Kerbe am Ohr, so daß man sie identifizieren konnte.

Von 1966 bis 1970 wurde die gleiche Markierungsmethode an Murmeltieren aus den Höhenlagen des Zentral Tien-Schans (3 200 bis 3 400 m üNN) angewendet. Anders als in der montanen Waldsteppe im Nordosten des Tien-Schans, wo Siedlungen vom Schluchttyp vorherrschen, waren die Siedlungen dieser Murmeltiere über ein hügeliges, steppenbedecktes Tal zerstreut (Steppentyp). In den Jahren 1966/67 war der Murmeltierbestand drastisch dezimiert worden. Im Sommer 1968 wurden auf einer Fläche von knapp 20 km^2 — vor allem entlang der Grenzen dieses schwach besiedelten Gebietes — 421 Murmeltiere gefangen und markiert. 1969 wurden alle Baue in einem Teilbereich des Markierungsgebietes untersucht und insgesamt 180 Murmeltiere gefangen, darunter 31 markierte Tiere (7,3 % aller markierten Tiere des Gebietes). 1970 wurde das gesamte Gelände einschließlich der angrenzenden Gebiete untersucht, wobei 958 Tiere gefangen wurden, unter denen sich 51 markierte Murmeltiere befanden (12,1 %). In beiden Jahren wurden insgesamt 82 markierte Tiere wiedergefangen (das entspricht 19,4 % aller markierten Murmeltiere). Im ersten Jahr gingen 13 % der Ohrmarken verloren. Etwa 70 % der wiedergefangenen markierten Murmeltiere waren ihrem Bau treu geblieben oder hatten sich nicht weiter als 300 m von ihm entfernt. Adulte Männchen (unbestimmten Alters) sowie zwei- bis dreijährige geschlechtsreife Tiere (Männchen wie Weibchen) wurden im Verhältnis zu anderen Murmeltiergruppen häufiger gefangen.

Beim Vergleich der Murmeltierwanderungen in den mittleren und höheren Lagen des Tien-Schans fällt auf, daß ausgedehnte Wanderungen auf hochmontanen Steppen häufiger stattfinden. Offensichtlich kommen die Wanderungen infolge zunehmender Mobilität der Tiere nach Rückgang der Populationen zustande. So wanderten markierte *M. baibacina* aus Sinkiang 750 bis 900 m weit an Orte mit niedriger Populationsdichte (CAO & ZHA 1982).

Echte Emigrationen, also Auswanderungen aus dem Familienterritorium, sind für gewöhnlich durch lange Wanderungen charakterisiert. Schon im vergangenen Jahrhundert waren Abwanderungen von Bobaks aus den Steppen des Bezirks Orenburg bekannt (ZARUDNY 1897). Die Tiere verließen ihre angestammten Standorte und wanderten viele Kilometer weit, um neue Kolonien zu gründen. Auswanderungen bei Mongolischen Steppenmurmeltieren erfolgten auch in Transbaikalien. In den 50er Jahren durchquerten alljährlich etwa 1 000 bis 1 500 Tarbagans den Grenzstreifen zwischen der Mongolei und Südosttransbaikalien, wobei man im Schnitt etwa 9 Tiere/km antraf (TARASOV et al. 1963).

Bei eigenen Beobachtungen an Grauen Steppenmurmeltieren im Zentral Tien-Schan wurden zwei Mal wandernde Murmeltiere im Kegen-Tal in der Nähe von alten Grabhügeln angetroffen, eines der Tiere wurde fast direkt neben einem solchen Hügel gefunden. Es gab ehemalige Murmeltierröhren, wobei jedes Loch Spuren enthielt, die auf einen vorübergehenden Aufenthalt von Murmeltieren schließen ließen. Bei genauerer Untersuchung stellten wir fest, daß die Löcher in den Grabhügeln als eine Art Herberge für Murmeltiere dienten. Auf ihrem Weg vom Ketmen-Gebirge in den östlichen Teil des Terskei-Ala-Tau — und wieder zurück — durchwanderten Dutzende von Murmeltieren dieses Tal (BIBIKOV 1962).

Im Tien-Schan wurden oft Auswanderungen von Grauen Steppenmurmeltieren beobachtet. Im Juli sahen wir, wie ein adultes Murmeltier den Tschu durchschwamm. Da es in unmittelbarer Nähe keine Murmeltierbaue gab, mußte es sich bei diesem Tier um einen Emigranten handeln. Bergsteiger berichteten uns, im Quellbereich des Inyltscheks, am Fuß des Chan-Tengri-Gebirges, zwischen Gletschern und Felsgeröll Murmeltiere angetroffen zu haben. Spuren im Schlamm oder Schnee von Gebirgspässen, die ein Flußtal mit dem anderen verbinden, bezeugten diese ausgedehnten Wanderungen der Murmeltiere.

Eine ähnliche Wanderroute wurde zwischen dem südlichen Changai und den Ausläufern des Mongolischen Alataus gefunden. Dort fanden sich am Oberlauf des Tasyn Gol zunächst sehr konzentrierte Tarbagansiedlungen, später dann solche vom Herdtyp, über eine weite Entfernung nach Süden. 1978 befanden sich diese Kolonien auf kleinen Hügeln entlang des Tasyn Gol, die von Ulsijt südwärts in Richtung Uschugijn-Nuru reichten. In den oberen Höhenlagen dieser Berge, die nur 35 km vom Baga-Bodd-Gebirge entfernt liegen, siedeln die Murmeltiere in relativ konzentrierten Kolonien auf dem Hochplateau (2 000 m üNN). Ihre Dichte ist in dieser Region gering (30 Tiere/km^2), doch da ihr Verbreitungsgebiet beinahe 50 km lang ist, ist die gesamte Populationsdichte wahrscheinlich recht hoch. Infolge der Ausrichtung des Gebietes nach Süden sowie der unwirtlichen angrenzenden Gebiete müssen die Murmeltiere in Jahren mit wiederholter Dürre auswandern. Zahlreiche Kolonien, die sich auf isolierten Hügeln inmitten einer ariden, meist geröllbedeckten Steppenzone befinden, dienen den wandernden Tarbagans als Etappenziele, wo sie sich erholen können; die Hügel sind Vegetationsoasen aus Süßgräsern und anderen Kräutern, die aus der einheitlichen Steppenvegetation, bestehend aus Sauergräsern und *Salsola*-Arten, herausragen.

Am 2. Juni 1978 fanden wir eine solche vorübergehende Murmeltierbehausung, als wir am Fuß des heiligen Berges Chatyn-Suudal, dessen ebenmäßiger Kegel 100 bis 150 m aufragt und der einen Durchmesser von fast 500 m besitzt, unser Nachtlager aufschlugen. Auf einem kaum erkennbaren Sattel, der dicht mit Vegetation überwuchert war, befanden sich mehrere Baue mit geringem Erdauswurf. In einem der Baue versteckte sich ein Murmeltier, als es uns bemerkt hatte. Obwohl wir Anzeichen für siedelnde Tiere fanden (die Eingänge waren gesäubert, es gab mehr oder weniger frische Kotreste), dürfte es sich nicht um eine dauerhafte Kolonie gehandelt haben; dazu waren die Baue zu provisorisch angelegt und die Nahrungssituation unzureichend.

Resümee

Optische, akustische und olfaktorische Verständigung spielen eine bedeutende Rolle im Leben der Murmeltiere, die Familien- und Kolonietiere sind. Alarmrufe, die am besten untersuchten Formen der Kommunikation, variieren stark zwischen den einzelnen Arten, aber auch zwischen geographisch unterschiedlichen Populationen. Sie können zur Unterscheidung einzelner Murmeltierformen herangezogen werden, charakterisieren aber auch Beziehungen zwischen verschiedenen Gruppen. Darüber hinaus werden die Murmeltierrufe durch bestimmte Umweltparameter geprägt. Die Art und Weise, wie die Verständigung unter den Murmeltieren abläuft, hängt eng mit den territorialen Strukturen ihrer Siedlungen zusammen, und ihre Mechanismen spielen eine wichtige Rolle für den Erhalt und das Funktionieren einer Murmeltierpopulation.

Individuelle Wanderungen finden sowohl zwischen einzelnen Familienverbänden statt, wie auch über längere Distanzen, womit der genetische Austausch zwischen verschiedenen Populationen gewährleistet wird. Unterschiedliche Umweltbedingungen auf Hochgebirgspässen oder öden Bergkuppen, auf denen vereinzelte Murmeltiersiedlungen vorkommen, führen immer wieder zu Aus- und Zuwanderungen von Tieren.

5 Sozialverhalten, Aufbau der Populationen, Fortpflanzung und Fortpflanzungsstrategien

5.1 Soziale Wechselwirkungen und Verhaltensweisen bei Murmeltieren

Einen Überblick über das Sozialverhalten von Murmeltieren gibt BARASH (1974a, b, 1989). Der Autor verglich solitär lebende Waldmurmeltiere, die sehr aggressiv sind, mit Olympmurmeltieren und Eisgrauen Murmeltieren, die beide das am höchsten entwickelte Sozialverhalten zeigen, sowie mit Gelbbäuchigen Murmeltieren, die einen Zwischenstatus besitzen. Ökologische Unterschiede zwischen diesen Arten korrelieren mit der Dauer der Vegetationsperiode, die in den Lebensräumen von *M. olympus* sehr kurz ausfällt (40 bis 70 Tage), im Verbreitungsgebiet von *M. monax* hingegen bis zu fünf oder mehr Monate, also wesentlich länger dauert (BARASH 1974a). Die soziale Struktur ähnelt bei anderen amerikanischen Arten wohl eher dem von *M. olympus*.

Über die sozialen Wechselwirkungen zwischen eurasischen Murmeltieren ist wenig bekannt, obwohl man sicherlich davon ausgehen kann, daß bei ihnen aggressionsfreie, freundliche Verhaltensweisen überwiegen. Dieser Zusammenhalt bewirkt, daß es innerhalb einer Familiengruppe fast nie zu Konflikten kommt, weshalb die Jungen lange in den Familienverbänden verbleiben.

Ein friedfertiges Verhalten gegenüber Familienmitgliedern findet man vor allem bei den sehr sozial lebenden Olymp- und Eisgrauen Murmeltieren. Allerdings wurde auch schon früher das Sozialverhalten Gelbbäuchiger Murmeltiere in Langzeitstudien untersucht (ARMITAGE 1962, 1965, 1991, NOWICKI & ARMITAGE 1979). Dabei wurden friedfertige und aggressive Verhaltensformen sowie das Spiel-, Sexual- und Markierungsverhalten der Tiere beobachtet. In diesen Untersuchungen wurde auch auf die Bedeutung der Wechselwirkungen zwischen friedlichem und aggressivem Verhalten für den Erhalt von Mutterfamilien hingewiesen, jedoch sind diese Wechselwirkungen genau so wichtig für die Integrierung der Jungen in den Familienverband oder für deren Abwandern aus der Familie (DOWNHOWER & ARMITAGE 1981, ARMITAGE 1984).

In Europa und Asien wurde das Sozialverhalten beim Alpenmurmeltier (KÖNIG 1957, MÜNCH 1958, ARNOLD 1990a, b, ARNOLD et al. 1991), beim Menzbiers Murmeltier sowie beim Bobak untersucht. Bei Menzbiers Murmeltieren wurde recht selten aggressives Verhalten festgestellt. Im Naturschutzgebiet Tschatkal wurden 16 Familien (darunter 37 markierte Tiere) drei Jahre lang beobachtet. Konfliktsituationen ergaben sich meist dann, wenn das dominante Männchen gestorben, krank oder längere Zeit abwesend war und ein fremdes Tier versuchte, den Zerfall des Familienverbandes auszunutzen (MASHKIN 1983). Die Standorttiere äußerten ihre Ablehnung gegen den Eindringling, indem sie ihn mit Gebärden bedrohten und wegjagten, wobei sich das fremde Murmeltier jeweils immer zurückzog. Friedliches Verhalten äußert sich innerhalb einer Menzbiers Murmeltierfamilie in Form von Begrüßungen, engen Kontakten, Haarpflege und durch Anschmiegen (Abb. 36A). Bei der Begrüßung beschnüffelt ein Tier die Körperbereiche des anderen, an denen Duftdrüsen vorkommen (Wange, Hals und Anogenitalbereich). Dieses Beschnüffeln erfolgt oft gegenseitig.

Begrüßt werden meist ranghöhere Tiere — so werden Jährlinge und Adulte durch die Jungtiere, die Zwei- bis Dreijährigen sowie ältere Tiere wiederum durch Jährlinge begrüßt. Das begrüßende Murmeltier nähert sich mit erhobenem Schwanz und beschnüffelt Wangen und Postorbitalbereich des anderen Tieres, woraufhin dieses das gleiche Verhalten äußert. In diesem Moment sind die Schwanzspitzen beider Tiere gesenkt, ihre Schwänze durchgebogen. Am häufigsten kommen Nase-an-Nase-Kontakte vor. Innerhalb einer Familiengruppe beschnüffeln sich die Tiere selten im Anogenitalbereich (nur etwa 2 % der gesamten Kontakte innerhalb des Familienverbandes). Morgens finden sich diejenigen Menzbiers Murmeltiere, die während der Nacht in unterschiedlichen Bauen geschlafen haben, beim dominanten Männchen ein, das sie durch Beschnüffeln und Nasenreiben begrüßen; anschließend begeben sich die rangniedrigeren Murmeltiere in andere Bereiche des Familienterritoriums (MASHKIN 1983).

Im Frühjahr finden die häufigsten Kontakte unter Jährlingen statt (39,3 % aller Kontakte innerhalb der Familiengruppe), gefolgt von adulten Männchen (22,7 %), Zweijährigen (21,2 %) sowie Weibchen (16,8 %). Wenn sich die Familie in der Nähe des Winterbaus trifft, werden die Kontakte seltener, je näher der Winterschlaf rückt. Auch für andere Arten wurden abnehmende Kontakthäufigkeiten im Zeitraum Juni bis August gemeldet. So nahm bei *M. olympus* die Zahl der Begrüßungen pro Individuum und Stunde bei Männchen und Weibchen unterschiedlicher Altersstufen signifikant ab. Ganz anders sah es bei Jungtieren aus, die sich im August sogar noch häufiger begrüßten (BARASH 1989).

Soziale Fellpflege hat innerhalb einer Familie von Menzbiers Murmeltieren weniger etwas mit einer sozialen Hierarchie zu tun; vielmehr wird sie meist von ganz jungen Tieren und Jungtieren initiiert, die nicht älter als zwei Jahre sind. Murmeltiere pflegen das Fell und beknabbern einander sanft, wobei sie an der Schnauze beginnen und sich dann in Richtung Hals, Flanken und Rücken weiterbewegen (Abb. 36A: 1–4). Die Weibchen pflegen oft ihre Jungen, adulte Männchen tun dies nicht. Kasachische Steppenmurmeltiere (*M. bobak schaganensis*) putzen oft das eigene Fell und wechseln dann zum Haarkleid des Partners; dieser lehnt eine solche Behandlung niemals ab. Bei Jungtieren beginnt das gegenseitige Putzen spielerisch (Abb. 36A: 5–10), während adulte Tiere nach der Pflege mitunter nahe beieinander liegen (Abb. 36A: 11), wobei ein Tier seinen Kopf auf den Rücken des anderen legt (SHUBIN 1988). Bei europäischen Steppenmurmeltieren gehört das Pflegen von Haaren und Haut ebenfalls zum Komfortverhalten. Ein sitzendes Tier kann sich mit der Hinterpfote nahezu an allen Körperstellen kratzen oder sein Fell in recht komplizierten Stellungen lecken. Soziale Fellpflege findet wie das Begrüßen frühmorgens statt, bevor die Tiere auf Nahrungssuche gehen, sowie unmittelbar danach (SEMIKHATOVA & PYLAEVA 1983).

Murmeltiere kommen oft in der Nähe des Baueingangs zusammen und verbringen längere Zeit, indem sie eng nebeneinander liegen (Abb. 36A: 12–13). Diese engen Körperkontakte (»Ankuscheln«) fördern den Zusammenhalt innerhalb einer Familiengruppe. Ein solches Verhalten wird zu Beginn des Frühjahrs sowie kurz vor dem Winterschlaf beobachtet, wobei die Alttiere mit ihrem Nachwuchs, der sich aus vier bis sechs Tieren unterschiedlichen Alters zusammensetzt, gemeinsam 1 bis 1,5 Stunden auf den Erdauswürfen in der Nähe des Baus liegen.

Die relative Bedeutung verschiedener Formen des Sozialverhaltens für den innerfamiliären Zusammenhalt läßt sich am Beispiel einer Familie Kasachischer Steppenmurmeltiere verdeutlichen: Von insgesamt 3 723 Kontakten entfielen 2 460 (66,1 %) auf Begrüßungen, 799 (21,4 %) auf soziale Fellpflege und 464 (12,5 %) auf Aneinanderschmiegen (SHUBIN 1988). Diese Verhaltensformen fördern insgesamt den Zusammenhalt und die soziale Bindung unter nahe verwandten Individuen, die gemeinsam den Winterschlaf verbringen; außerdem garantieren sie, daß sich verwandte Tiere wiedererkennen (BARASH 1973, ARMITAGE 1973, 1977). Nach Auffassung des Autors ließe sich die Beobachtung, wonach zufällig zusammengesetzte Murmeltierpaare keinen Nachwuchs bekommen, evtl. aufgrund nicht vorhandener wichtiger Verhaltensformen erklären, die den Zusammenhalt fördern.

Auf die Besonderheiten des nicht-aggressiven Verhaltens, das spielende Murmeltiere zeigen, soll an dieser Stelle nicht eingegangen werden. Das Spielverhalten wurde eingehend an beinahe allen amerikanischen Murmeltierarten untersucht (ARMITAGE 1962, JAMIESON & ARMITAGE 1987, BARASH 1989). Ein Überblick über aggressive Verhaltensäußerungen wird anschließend gegeben. In der Reihenfolge abnehmender Aggressivität stehen folgende Murmeltierarten: Waldmurmeltier, Gelbbäuchiges Murmeltier, Olympmurmeltier und Eisgraues Murmeltier. In den Familien der letzten drei Arten werden die Jungtiere normalerweise nicht aus dem Familienterritorium vertrieben. Bei Gelbbäuchigen Murmeltieren läuft das Sozialverhalten innerhalb nah verwandter Tiere vorwiegend freundlich ab, während man sich gegen entfernt verwandte oder fremde Tiere meist aggressiv zeigt (ARMITAGE 1986b, 1991, ARMITAGE & JOHNS 1982).

Aggressives Verhalten unter Familienmitgliedern wurde bei keiner europäischen oder asiatischen Murmeltierart beschrieben. Die selten vorkommenden Konflikte ergeben sich normalerweise in Folge eines Unfalls, z. B. nach Tod eines Weibchens oder dominanten Männchens; sie können aber auch auftreten, wenn die Familie aus anderen Gründen auseinanderbricht. Informationen über Polygamie bei eurasischen Murmeltieren liegen nicht vor; vielmehr trifft man bei fast allen paläarktischen Murmeltierarten auf monogames Verhalten sowie friedliche Koexistenz innerhalb gemeinsam überwinternder Familiengruppen. Das Sozialverhalten zwischen einzelnen Familiengruppen, das aus der gemeinsamen Verteidigung des Familienterritoriums gegen Eindringlinge besteht, unterscheidet sich von innerfamiliären Verhaltensweisen. Nach MASHKIN (1983) manifestiert sich das territoriale Verhalten bei Menzbiers Murmeltieren nach zwei Monaten, nachdem die Tiere den Winterbau verlassen haben. Das dominante Männchen nimmt oft am Rande des Familienterritoriums eine drohende Haltung ein: Seine Beine sind gestreckt, sein Körper erhoben, der Rücken ist gekrümmt, der Schwanz wird gegen den Rücken gepreßt, und der Kopf wird zum Boden gesenkt (Abb. 36B: 3). Die Bewegungen des Standortmännchens werden gespannter, wenn es sich seinem Rivalen nähert und ihm die rechte oder linke Flanke präsentiert. Der Eindringling nimmt normalerweise die gleiche Haltung ein, wobei er sich nicht von der Stelle rührt oder sich langsam an den Rand des Gebietes zurückzieht, wobei er jedoch seine Drohhaltung beibehält. Das seßhafte Männchen kommt bis auf eine Entfernung von 20 bis 30 cm heran, schlägt mit den Zähnen aufeinander und schreitet auf den Hinterbeinen auf den Gegner zu, der weiter zurückweicht. Wird ein Eindringling mitten im Familienterritorium gesichtet, so greift das seßhafte Männchen sofort an und verjagt das flüchtende Tier. Danach hinterläßt das Männchen Duftmarkierungen am Rande seines Territoriums sowie an allen nahegelegenen Bauen.

Kontakte unter gleichrangigen Kasachischen Steppenmurmeltieren sind immer von Drohgebärden begleitet (SHUBIN 1988). Die Grenzlinien zwischen einzelnen Familienterritorien lassen sich leicht anhand der beobachteten Konflikte zwischen adulten seßhaften Männchen ausmachen. Die Rivalen bewegen sich langsam parallel zueinander oder gar aufeinander zu. Ihr Körper ist angespannt, die Pfoten sind weit auseinandergestellt, die Haare gesträubt, und der Schwanz ist sichelförmig gekrümmt (Abb. 36B: 1). Während er sich dem Gegner nähert, verfällt dieser Bobak in eine aufrechte Drohhaltung, wobei er dem anderen seine Flanke präsentiert (Abb. 36B: 5). Gelegentlich streichen sich die Murmeltiere mit ihren Vorderpfoten von den Ohren bis zur Nase über die Schnauze und schlagen die Zähne aufeinander. Während einer solchen Auseinandersetzung kratzen die Tiere nicht selten einen Graben aus, wobei sie die Erde kräftig mit den Schneidezähnen durchwühlen; anschließend markieren sie die Gräben an den Rändern mit ihren Wangendrüsen.

Wenn der Eindringling in die Mitte des Familienterritoriums oder gar in den Familienbau eindringt, steigern sich die Drohgebärden. Die Widersacher richten sich auf, umschlingen Oberkörper und Hals des anderen mit den Vorderpfoten (Abb. 36B: 7–9) und versuchen, ihn niederzuwerfen. Schließlich stürzen beide mit ineinander verhakten Schneidezähnen nieder und rollen, sich gegenseitig beißend, über den Boden (Abb. 36B: 12). Der Verlierer reißt sich los und flieht, oder er bleibt regungslos am Boden liegen.

Seßhafte Männchen verhalten sich gegenüber jedem Neuankömmling in ihrem Revier aggressiv. Adulte Weibchen können andere Weibchen oder gleichaltrige bzw. jüngere Männchen vertreiben. Häufig wurden auch Bobaks beobachtet, die fremde Tiere des jeweils anderen Geschlechts verfolgten. Jungtiere kümmern sich meist nicht darum, in wessen Revier sie sich gerade aufhalten; sie fliehen vor jedem Fremden, der sich ihnen nähert, ohne Drohgebärden zu äußern. Es kommt aber auch zu freundlichen Interaktionen zwischen Jungen und einem fremden Tier. Zweijährige Tiere verhalten sich anders. So verließ ein zweijähriges Männchen sein Familienterritorium fast täglich (SHUBIN 1988) und wurde zweimal in über einem Kilometer Entfernung von diesem gesichtet. Das Tier wurde wiederum von dominanten Männchen anderer Territorien, sobald es sie betrat, gejagt. Ein zweijähriges Weibchen wurde auf ähnlichen Streifzügen beobachtet; diese fanden jedoch nur selten statt und führten nicht weiter als 200–300 m. Begegnungen zwischen Zweijährigen und gleichaltrigen Murmeltieren aus benachbarten Familien verliefen friedlich.

Abb. 36A: Friedliche Verhaltensformen beim Menzbiers Murmeltier. Diese entsprechen grundsätzlich auch denjenigen anderer Murmeltierarten. 1 und 2: Ein Murmeltier säubert das Fell eines anderen. 3: Zwei Murmeltiere stehen in verschiedenen Positionen nebeneinander, das eine Tier putzt das andere. 4: Zwei Jungtiere putzen schnüffelnd das Fell eines größeren, älteren Murmeltiers. 5–9: Das Spielverhalten der Murmeltiere besteht aus Ringkämpfen (5–8) und Zupacken (9). 10: Ein Murmeltier nähert sich einem anderen und fordert es durch einen Nasenstüber zum Weiterspielen auf. 11: Ein Murmeltier legt den Kopf auf den Rücken eines anderen, nachdem sie gegenseitige soziale Fellpflege betrieben haben. 12: Jungtiere versuchen, die Aufmerksamkeit eines Adulttieres zu erlangen, das auf »Wachposten« steht. 13: Eine Begrüßungsszene. 14: Ein Murmeltier untersucht einen Artgenossen.

Abb. 36B: Aggressive Verhaltensformen beim Menzbiers Murmeltier. Auch diese entsprechen im wesentlichen denen anderer Murmeltierarten. 1, 2: Ein territoriales ♂ nähert sich einem Eindringling. 3: Ein territoriales ♂ in Drohhaltung. 4: Eine aufrechte Drohhaltung. 5: Aufrechte Drohhaltung zweier ♂, die einander ihre Flanken zukehren. 6: Ein ♂ inspiziert schnüffelnd die Wangen des Gegners, um anschließend zurückzuschnellen und mit erhobenem Schwanz in eine Drohhaltung zu verfallen. 7–9: Die beiden adulten ♂ richten sich auf, legen dem Gegner jeweils die Vorderpfoten auf die Brust und versuchen, den anderen niederzuwerfen. 10: Sprungbereit verharren zwei einzelne ♂ und warten auf die nächste Bewegung des Gegners. 11: Ein Tier tritt nach dem anderen. 12: Bei diesem Ringkampf versuchen beide ♂, den Gegner zu beißen. 13: Das ♂ links nähert sich in aggressiver Haltung dem Tier rechts, das eine unterwürfige Haltung eingenommen hat. 14: Konfliktabläufe: beide Tiere links in Drohhaltung; in der Mitte drückt ein dominantes Tier seine Vorderbeine auf den Rücken des unterwürfigen Gegners; rechts nehmen beide Murmeltiere »Demutshaltungen« ein. 15, 16: Tier in Wachposition. (Alle Zeichnungen von KOLESNIKOV; nach veröffentl. Fotografien von MASHKIN & BATURIN 1993; ergänz. Verhaltensbeschreibung durch ARMITAGE).

Abb. 37: Bobak-Familie bei Beunruhigung in Beobachtungsstellung (oben) und kurz vor dem Aufsuchen des Baus (unten). Fotos: G. VAKHTINA.

Adulte Männchen verhalten sich häufiger aggressiv als Weibchen (im Durchschnitt um den Faktor 4,4). Jährlinge, aber auch ein zweijähriges Weibchen, wurden bei Begegnungen mit Fremden verscheucht. 1982 führte das adulte Männchen im Familienterritorium N2 97,3 % aller erfolgreichen aggressiven Kontakte (n = 37) durch, während der Anteil des Weibchens nur bei 2,7 % lag. 1983 erfolgten 60,5 % aller erfolgreichen aggressiven Wechselwirkungen durch ein adultes Männchen, 34,2 % gingen auf ein zweijähriges Männchen zurück und 5,3 % auf ein adultes Weibchen (SHUBIN 1988). Demnach werden Familienreviere primär von adulten Männchen verteidigt. Subadulten Männchen und adulten Weibchen gelingt es trotz ihres aggressiven Verhaltens nicht immer, den Eindringling zu vertreiben. Wenn

Abb. 38: Verschiedene Szenen der Fellpflege bei Bobaks, die vor allem am Morgen vor und nach der ersten Nahrungsaufnahme stattfindet. Fotos: G. VAKHTINA.

daher das dominante Männchen fehlt oder verletzt ist, kann es passieren, daß das Revier neu aufgeteilt wird.

Bei eigenen Beobachtungen an Grauen Steppenmurmeltieren im Tien-Schan konnten zwischen Mitgliedern benachbarter Familien keine Konflikte beobachtet werden. Im Hochsommer halten sich die Tiere in den Sommerbauen auf, so daß das Familienterritorium von ein- bis dreijährigen Murmeltieren relativ frei betreten werden kann. Zu Beginn des Frühjahrs sowie am Anfang der Winterschlafperiode

erfolgt keine aktive Verteidigung des Familienterritoriums durch adulte dominante Tiere, da diese anderweitig aktiv sind. Beim Kontakt mit Murmeltieren aus anderen Familien, möglicherweise auch aus einer anderen Kolonie, begrüßen sich die Tiere meist durch Nasenreiben. Danach setzen sie friedlich ihren Weg fort, wobei der Eindringling als erster geht. Die intensivsten Begegnungen finden sehr wahrscheinlich in Baunähe statt. Der helle Nasenfleck hebt sich deutlich vom dunklen Hintergrund der Röhre ab — z. B. beim Alpenmurmeltier und den meisten amerikanischen Murmeltierarten, wie *M. caligata* (siehe auch Titelbild).

Diesem Fleck soll eine spezielle Signalfunktion zur Erkennung anderer Artgenossen zukommen, er wird von PSENNER (1956) analog zum »Spiegel« mancher Huftiere (Reh) und Vögel als »Nasenspiegel« bezeichnet. Beim Verlassen der Röhre stecken Murmeltiere meist zuerst nur ihren Kopf heraus. Die dunkle Hintergrundfärbung (»Mütze«) der Augen- und Schnauzenpartie erleichtert wahrscheinlich die Erkennung durch Artgenossen, dient aber auch zur Tarnung der Tiere gegen den dunklen Hintergrund des Baueingangs.

Abb. 39: Einzelne oder mehrerer Mitglieder einer Bobak-Familie in Beobachtungspositionen. Fotos: G. VAKHTINA.

Die Verhaltensweisen zwischen Murmeltieren benachbarter Familiengruppen unterscheiden sich sehr stark von dem Verhalten, das gegenüber völlig fremden Tieren an den Tag gelegt wird (siehe Kap. 5.2). Treffen Mitglieder zweier räumlich auseinanderliegender Gruppen aufeinander, so endet diese Begegnung normalerweise damit, daß der Eindringling rasch die Flucht ergreift. Gelingt ihm das nicht, kann ein Streit ausbrechen, wobei der Eindringling vertrieben wird. Fremde Murmeltiere fallen leicht auf — allein schon durch ihre Unsicherheit auf fremdem Terrain sowie durch ihre angespannte Haltung, wenn sie sich einem fremden Bau nähern.

Großflächige und kleinräumige Kartierungen sowie Erhebungen von Siedlungen eurasischer Murmeltiere ergaben, daß die Populationsdichten bei Mongolischen und Grauen Steppenmurmeltieren niemals Werte erreichen, die eine Verknappung der Nahrungspflanzen auslösen, da die Tiere keine großen Mengen an Primärproduzenten vertilgen (siehe Kap. 4.2). Außerdem verhindern bestimmte Verhaltensweisen eine Überpopulation. Sehr wahrscheinlich hängt die Populationsdichte eher von Anzahl und Zustand der Baue (vor allem der Winterquartiere, ANDERSEN et al. 1976, HOLMES 1984b) als von einem verknappten Nahrungsangebot ab (TARASOV 1961). Das Gebiet, das von einer Murmeltiergruppe besiedelt wird, besteht für gewöhnlich aus mehreren Teillebensräumen unterschiedlicher Qualität. Eine zunehmende Populationsdichte sowie Veränderungen im Sozialverhalten der Murmeltiere zwingen diese dazu, sich auch in ungünstigeren Abschnitten ihres Siedlungsgebietes niederzulassen. In qualitativ besseren Lebensräumen beziehen die Neuankömmlinge bevorzugt aufgegebene Familienbaue (IOFF et al. 1951, BIBIKOV & ZHIRNOVA 1956).

Die Stabilität einer Familie wird durch die Art und Weise ihres Sozialverhaltens bestimmt. Neugruppierungen innerhalb der Familie infolge sozialer Wechselwirkungen wurden bei Murmeltierpopulationen im Tien-Schan beobachtet (BERENDJAEV & KULIKOVA 1965). Im Frühjahr verließen zwei adulte Murmeltiere den Winterbau und begaben sich ins Sommerquartier, wo vier Junge geboren wurden. Im folgenden Winter verbrachten alle Murmeltiere (mit Ausnahme eines Jungen, das gestorben war) den Winterschlaf gemeinsam in einem Bau. Im nächsten Sommer hielten sich alle Tiere im selben Revier auf, das Weibchen warf jedoch nicht. Die Murmeltiere überwinterten erneut gemeinsam im selben Bau. Im darauf folgenden Frühling verließ das trächtige Weibchen die Familiengruppe und wanderte in eine andere, 500 m entfernte Kolonie ab (der es früher möglicherweise angehört hatte). Die Jungen wurden hier geboren und überwinterten gemeinsam mit ihrer Mutter und den fremden Murmeltieren. Nachdem das erste Weibchen abgewandert war, verblieben ein adultes Männchen, ein zweijähriges Weibchen und zwei seiner Geschwister im Familienterritorium. Das junge Weibchen warf vier Junge. Das adulte Männchen versuchte nun fortwährend, diese zu vertreiben, während ihre Mutter sie gegen seine Zugriffe schützte. Trotz der Konflikte innerhalb der Familiengruppe überwinterten die Tiere gemeinsam.

Innerfamiliäre Neugruppierungen beschränken sich meist nur auf das Leben im Sommerbau und werden durch Veränderungen in den Beziehungen der Tiere untereinander bestimmt. Bekannt ist, daß sich trächtige Weibchen unmittelbar nach

Verlassen des Winterquartiers absondern. Sie beziehen oft einen der Sommerbaue, der dann zur Kinderstube wird. Junge werden mitunter auch im Winterbau zur Welt gebracht, insbesondere bei Bobaks, die in Steppenregionen wohnen. Allerdings beziehen Weibchen und Nachwuchs nicht den eigentlichen Winterschlafkessel, sondern eher eine andere Kammer des Baus. Wenn es in einer Familiengruppe zwei trächtige Weibchen gibt (wie in der obigen Situation beschrieben), wird eines das Familienterritorium verlassen.

Beim Alpenmurmeltier trennt sich das adulte Männchen vom Weibchen und seinem Nachwuchs und verbringt den Sommer für sich allein. Das Gleiche beobachtet man bei Eisgrauen Murmeltieren für die Periode, in der die Jungen geboren und aufgezogen werden. In anderen Fällen lebte das Weibchen, getrennt von seinem übrigen Nachwuchs, nur mit dem Männchen und dem diesjährigen Wurf zusammen. Sobald die Jungen aus dem Bau kamen, lebten nahezu alle Familienmitglieder wieder in einem Bau zusammen.

Alte Familien verändern ihre Zusammensetzung und bilden neue Gruppen. Dieses besondere Sozialverhalten ist offenbar ein typisches Merkmal für die in Familien und Kolonien lebenden Murmeltiere. Während einer Saison verließen 16 von 79 Tieren (etwa 20 %) vom Frühjahr bis Sommer das Familienterritorium. Einige ließen sich in den Revieren anderer Familiengruppen nieder (wie im Fall des o.g. trächtigen Weibchens). Im selben Zeitraum wurden vier adulte Murmeltiere von anderen seßhaften Tieren aufgenommen. Im Verlauf von zwei Sommern lösten sich in einem der beiden Gebiete vier von zehn Familienverbänden auf. Im ersten Sommer schlossen sich zwei Familien zusammen, und im zweiten Sommer wechselte ein Weibchen zur anderen Familiengruppe über. Beide Familien lösten sich auf, nachdem einige Tiere gestorben waren und die übrigen ihre Aktionsräume verlassen hatten.

Die Spannung bei innerfamiliären Neugruppierungen fällt je nach Zahl der Tiere in Relation zu den vorhandenen Bauen mal mehr oder mal weniger stark aus. Wenn die Anzahl der Murmeltiere infolge von Nahrungsmangel und Seuchen zurückgegangen ist, fallen diese Neugruppierungen besonders deutlich auf (BIBIKOV & ZHIRNOVA 1956). Bei hohen Populationsdichten findet man in den Familien vornehmlich Verhaltensweisen, die derartige Neugruppierungen fördern. Die meisten Baue sind besetzt, so daß die Tiere an ungeeignetere Stellen gedrängt oder sogar aus der Siedlung vertrieben werden. Auswanderungswellen dieser Art sorgten dafür, daß sich Bobaks zwischen 1960 bis 1980 in Europa wieder ausbreiten konnten.

Demnach hängt das Verhalten aller Murmeltierarten (mit Ausnahme des amerikanischen *M. monax*, zu einem gewissen Grad auch das von *M. flaviventris*) mit der gemeinsamen Nutzung ihres Siedlungsgebietes zusammen — im Gegensatz zu den Zieseln, die streng solitär leben. Auf diesen Punkt soll im Abschnitt über Fortpflanzungsstrategie näher eingegangen werden. Wie bereits erwähnt, sind Murmeltiere soziale Wesen, die in Kolonien leben und sich meist friedfertig verhalten. Allerdings darf man dabei aggressive Begegnungen zwischen Mitgliedern verschiedener Kolonien bzw. den Angehörigen unterschiedlicher Familienterritorien innerhalb einer Siedlung nicht außer Acht lassen.

»Daß aggressive Verhaltensweisen bei Murmeltieren tatsächlich existieren, beweisen einige interessante neue Fakten. Diese wurden bei dem Versuch ermittelt,

Gruppen mit unnatürlich hoher Populationsdichte künstlich in einem Testgebiet anzusiedeln. Hierzu wurden Eisgraue Murmeltiere außerhalb des Testgebietes eingefangen, markiert und in der Nähe eines der verlassenen Baue wieder ausgesetzt. Im Hochsommer waren insgesamt über 20 Tiere innerhalb des Versuchsgeländes ausgesetzt worden. Anschließend konnte beobachtet werden, daß sich die seßhaften Tiere sofort auf die Eindringlinge stürzten, wodurch Kämpfe ausbrachen und die Neuankömmlinge gezwungen wurden, das Gebiet innerhalb der ersten Tage zu verlassen« (TARASOV 1961, S. 242).

Zu den wichtigsten Bestandteilen des Sozialverhaltens der Murmeltiere als territoriale Tiere gehört das Markieren des Familienreviers. Dieses Markieren ist für alle Murmeltiere typisch, wie sich indirekt über die vorhandenen Wangen- und Analdrüsen, welche das hierfür erforderliche Duftsekret produzieren, beweisen läßt. Alpenmurmeltiere wie auch Murmeltiere aus Zentralasien markieren ihr Territorium, indem sie die Wangen gegen den Boden reiben und dabei Sekrettropfen aus den Wangendrüsen absetzen. Diese Markierungen werden oft erneuert. Weibchen besitzen ebenfalls diese Drüsen, doch markieren sie das Revier nicht so häufig wie die Männchen. Jungtiere beginnen etwa im Alter von vier Monaten mit dem Markieren (PSENNER 1956).

Graue Steppenmurmeltiere und Tarbagans hinterlassen Duftmarken an den Wänden der Bauröhren, meist in der Nähe des Eingangs. Der markante Geruch eines Murmeltierbaus wird durch diese Duftmarken verursacht. Ein Bau wird immer markiert und genau wie exponierte Aussichtspunkte (Beobachtungssteine) und Wechsel beschützt. Anhand der außerhalb des Baus liegenden Kotstellen der Murmeltiere kann man im wesentlichen erkennen, ob hier Tiere leben oder nicht. Solche Kotstellen befinden sich meist in flachen Senken neben dem Eingang zum Bau oder in der Nähe eines Aussichtspunktes.

Duftmarken und ihre Funktion sind am besten beim Menzbiers Murmeltier untersucht (MASHKIN 1983, MASHKIN & BATURIN 1993). Urin, Fäzes und die Sekrete der Duftdrüsen — Wangen- und Analdrüsen sowie der Drüsen in den Maulwinkeln (Buccaldrüsen) und an der Nasenspitze — liefern die einzelnen Geruchskomponenten. Die Wangendrüsen (Postorbitaldrüsen) befinden sich hinter den Augen auf beiden Seiten des Kopfes. Sie sind im Alter von zwei Jahren vollständig ausgebildet und produzieren in Frühjahr und Frühsommer das meiste Sekret. Die Analdrüsen sondern ein weißliches, dickes Sekret ab, das durchdringend riecht. Die Sekretion findet von den ersten Lebenstagen an statt — genau wie in den Drüsen auf der Nasenspitze.

Folgende Formen der Markierung wurden beim Menzbiers Murmeltier beobachtet: Gelegentliche Markierungen, demonstrative Markierungen, Markierungen der Wechsel sowie Markierungen auf fremdem Territorium (MASHKIN 1983). Das Tier kann die Sekrete der Wangendrüse auf den eigenen Körper, auf den des Partners oder auf umherliegende Gegenstände schmieren. Dadurch können typische »Familiendüfte« entstehen, die den Verband zusammenhalten. Dieser Geruch trägt möglicherweise dazu bei, innerfamiliäre Spannungen abzubauen, und erleichtert es den ansässigen Tieren, einen fremden Artgenossen zu erkennen. Das Markieren von Objekten innerhalb des Familienterritoriums und entlang seiner Grenzlinien fördert die intensive Nutzung von Weideland, Bauen usw. durch die Murmeltiere, insbesondere durch junge Tiere. Die Wechsel mit ihren sporadischen Markierungen dienen als Kommunikationsmittel und schränken Begegnungen zwischen Tieren unterschiedlicher Familien ein. Territoriales Markieren ist mitunter von aggressiven Handlungen begleitet, wodurch sich letztlich die Grenzen zwischen benachbarten Familienrevieren verschieben können.

Markierungsverhalten spielt eine bedeutende Rolle im Sozialverhalten der Menzbiers Murmeltiere und fördert eine optimale Verteilung der Familienreviere. Am häufigsten markieren die Tiere im Frühjahr und Frühsommer (nach der Schneeschmelze), wobei sie alle Steinblöcke und die teilweise noch vereisten Eingänge markieren. Zu dieser Zeit ist das markierte Areal ca. 30 bis 40 % größer als das tatsächlich im Sommer von der Familie bewohnte Gebiet. Weil der Boden zu dieser Zeit teilweise noch gefroren ist, suchen Murmeltiere aus verschiedenen Familien auf engstem Terrain gemeinsam nach Nahrung, ohne daß es dabei zu aggressiven Handlungen kommt. Sobald aber die Grenzen zwischen den Familienrevieren feststehen, treten aggressive Verhaltensweisen auf, bei denen Territorien oder Baue verteidigt werden. Die Reviere benachbarter Familien überlappen selten. In der Folgezeit halten sich die Tiere in der Nähe ihres Winterbaus auf. An der Markierung des Territoriums sind vor allem zweijährige Tiere und ältere Adulte beteiligt; dabei setzen adulte Männchen und Zweijährige hauptsächlich am Rande des Reviers ihre Duftmarken ab, während die Weibchen meist das Innere des Familienterritoriums markieren.

Im Sozialverhalten des Menzbiers Murmeltiers wurden weder dominante noch Unterwerfungsgesten beobachtet. Verhaltensunterschiede charakterisieren nicht den sozialen Rang eines Tieres, sondern seine Funktionen innerhalb des Familienverbandes. Zweijährige und ältere Murmeltiere sind für den Schutz des Familienreviers zuständig. Jungtiere und Jährlinge verhalten sich nicht aggressiv gegen Fremde, gehen aber auch von sich aus keine Kontakte mit ihnen ein. Wenn ältere Tiere anwesend sind, vertreibt ein Jährling auch schon mal einen Eindringling. Allerdings muß man dieses Verhalten eher als Nachahmung denn als tatsächliche Aggressionshandlung werten. Der Mangel an Aggressivität wird am Verhalten der Tiere beim Fressen und Ruhen deutlich. Gemeinsames, geruhsames Sonnenbaden und zahlreiche, gegenseitige soziale Kontakte weisen auf den hohen Zusammenhalt der Tiere innerhalb eines Familienverbandes hin (MASHKIN 1983).

Zum Markieren verwenden Bobaks die gleichen Drüsen wie das Menzbiers Murmeltier und andere Murmeltierarten (SHUBIN 1988). In den meisten Fällen beschnüffelt das Tier den Gegenstand, der markiert werden soll, und reibt dann seine Wange dagegen. Mitunter werden auch Sekrettropfen aus Nasen-, Speichel und Buccaldrüsen hinterlassen. Weitere Markierungen erfolgen in Form kleiner Vertiefungen (Rillen), welche die Tiere in den Boden graben, sowie durch Harn- und Kotspuren. Zwischen 1982 und 1984 wurden 2 312 Markierungen gefunden, davon stammten 60,3 % aus Sekreten der Wangendrüsen, 31,1 % waren gegrabene Rillen und 8,6 % Murmeltierkot.

Kasachische Steppenmurmeltiere hinterlassen ihre Markierungen auf Erdhügeln, die sich in der Nähe ihrer Baue, Beobachtungsposten und Wechsel befinden. Wenn ein Murmeltier einen fremden Artgenossen erspäht, markiert es jeden beliebigen Gegenstand auf dem Boden. Adulte Männchen markieren das Revier häufiger als die anderen Tiere (68,3 % bis 94,6 % der Markierungen verschiedener Familien stammen von adulten Männchen). Etwa 10 % der Duftmarken wurden von Weibchen und Zweijährigen abgesetzt, und nur eine einzige Markierung stammte von einem Jährling. Bei adulten Bobaks ist die Markierungshäufigkeit positiv mit einer aggressiven Verhaltensweise korreliert

SHUBIN (1988) beobachtete drei Jahre lang das Sozialverhalten von Murmeltieren aus verschiedenen Familien. Auf diese Weise konnte er einige charakteristische Merkmale herausfinden, wie das Abwandern der Jungen und die Gründung neuer Familien ablaufen. SHUBIN geht davon aus, daß es neben den tatsächlichen Emigranten einige potentiell wanderfreudige Tiere gibt, die als erste jede Gelegenheit nutzen, um ein neues Paar zu bilden oder in einen fremden Familienverband überzuwechseln. Hauptsächlich handelt es sich dabei um zwei- bis dreijährige Tiere bzw. ältere Murmeltiere ohne Nachwuchs. Zuwanderungen fremder Murmeltiere werden in erster Linie durch zerbrochene Familiengruppen begünstigt. Zunächst besetzt ein Männchen ein bestimmtes Territorium, ihm folgen Weibchen, die sich niederlassen, so daß nach einer Weile eine neue Familie entsteht. Die Mitglieder der alten Familiengruppe können in die neue Familie einbezogen oder aber vertrieben werden. In solchen Fällen werden sie selbst zu Emigranten.

Das Markieren über Duftmarken ist auch an Alpenmurmeltieren, die im italienischen Nationalpark Gran Paradiso leben, untersucht worden. Die Ergebnisse zeigen, daß ein Markierungsverhalten in 97,35 % der Fälle zu beobachten war, wenn die Tiere sich innerhalb eines 25 m breiten Streifens zur Reviergrenze aufhielten. Ferner gab es keine geschlechtsspezifischen Unterschiede im Markierungsverhalten von Männchen und Weibchen; beide Geschlechter markierten gleich intensiv (LENTI, pers. Mitt.).

5.2 Aufbau der Population

Bei Murmeltieren hängt die Populationsstruktur zum einen von der räumlichen Verteilung der Siedlungen ab, zum andern aber auch von demographischen Faktoren.

Die Familie bildet die Basiseinheit jeglicher räumlichen Gruppierung; bei Murmeltieren fallen unter den Begriff »Familie« normalerweise »eine Gruppe verwandter Tiere, die gemeinsam überwintern«. In der Literatur finden sich allerdings auch noch andere Definitionen dieses Begriffs. Demnach können Mitglieder einer Familie in verschiedenen Bauen überwintern, teilen sich allerdings dasselbe Familienrevier — wie beispielsweise *M. bobak centralis* (MIKHAILYUTA 1988). Eine Familie besteht aus einem dominanten Männchen und mehreren ortstreuen Weibchen, die jeweils unterschiedliche soziale Ränge einnehmen, sowie deren Nachwuchs (ARMITAGE 1962, BARASH 1989 u. a.). Bei Gelbbäuchigen Murmeltieren findet man typischerweise die »Mutterfamilie«, die aus einem Muttertier, ihren Töchtern oder Wurfschwestern besteht. Auf mehrere dieser Mutterfamilien kommt ein adultes Männchen. Wenn sich in einem Gebiet mehrere Mutterfamilien zusammen mit einem oder mehreren territorialen Männchen aufhalten, wird die Population als Kolonie bezeichnet (Armitage 1986b, 1991). Kapitonov (1960) betrachtet beispielsweise mehrere einzelne Familien von *M. camtschatica bungei*, die im Abstand von einigen Kilometern von einander entfernt leben, als »Siedlungen« (siehe auch Kap. 2).

Die Grundprinzipien der Verbreitung und Siedlungsformen der Murmeltiere wurden bereits oben besprochen. An dieser Stelle sollen die speziellen Grundlagen für ihr Territorialverhalten diskutiert werden, welches sich auf die Verteidigung der Bausysteme und Weidegründe innerhalb des Familienreviers bezieht.

Alle Murmeltiere verteidigen in unterschiedlichem Ausmaß ihr Familienterritorium. Diese Familienreviere sind von ihren Eigenschaften her sehr variabel, weil sie zum Teil völlig verschiedene Lebensbedingungen bieten und in ganz unterschiedlichen Landschaftsformen liegen. Die Form der Reviere ist sehr unregelmäßig, meist handelt es sich um ± runde Gebiete von 0,5 bis 4–5 ha Fläche, auf denen je eine Familie lebt. Montane eurasische Arten leben meist in mehreren Bauen mit hohem Erdauswurfhügel, während die steppenbewohnenden Bobaks oft nur einen einzigen Bau benutzen. Dies ist ein signifikanter Unterschied zwischen Berg- und Flachlandformen.

Strukturell unterscheidet sich das Familienrevier bei Mongolischen Steppenmurmeltieren und Kappenmurmeltieren, wahrscheinlich auch bei Alaskamurmeltieren und Gelbbäuchigen Murmeltieren, kaum vom Familienterritorium der oben beschriebenen montanen mittelasiatischen Art: Während des gesamten Jahres nutzen die Tiere Baue für unterschiedliche Zwecke und wandern von einem Teil ihres Gebietes in einen anderen. In Jakutien (Kapitonov 1960) sowie in manchen Gegenden des Tien-Schan (Chekalin 1965) können sich die Reviere ausdehnen, weil die Tiere im Rahmen jahreszeitlicher Wanderungen vom gemeinsam genutzten Winterbau in Gebiete wandern, die zwischen 0,5 und 1 km davon entfernt liegen. In solchen Fällen zerfällt das von einer Familie bewohnte Gebiet in zwei Teile — (1) in den Bereich des Winterbaus und (2) in ein Territorium mit Sommerweide und Sommerbauen. Derartige Wanderungen unternehmen die Menzbiers Murmeltiere im Karschantau-Gebirge in Jahren mit großer Dürre oder starker Beweidung durch Hausvieh.

Unterschiede in Form und Fläche eines Familienreviers sind eher landschaftsabhängig als artbedingt. Generell sind Familienreviere, die sich in Siedlungen vom Schluchttyp befinden, kompakter (d. h. kleinflächiger) und verlaufen geradlinig über die Berghänge. In manchen Landschaften fällt es direkt auf, daß die Anzahl der Angehörigen einer Familie und die Fläche des bewohnten Territoriums voneinander abhängen; allerdings fällt einem Tier aus einer Großfamilie proportional weniger Platz zu als einem Murmeltier aus kleinen Familiengruppen. Im allgemeinen schwankt die Fläche, die jedem einzelnen Tier zukommt, zwischen 0,1 bis 3 ha. An Orten, wo die bewohnbare Fläche zwar gering, die Lebensbedingungen ansonsten jedoch günstig waren, kamen auf einem Hektar oftmals 10 bis 15 Murmeltiere vor. Ich könnte mehrere Beispiele von Familien Grauer Steppenmurmeltiere geben, die kleine Reviere bewohnten, wobei ich mir sicher bin, daß die Struktur ihrer Territorien über mehrere Jahre hinweg stabil war.

Die Zahl der Tiere in verschiedenen Familien schwankt von Jahr zu Jahr, doch verläuft die Neuverteilung der Reviere wohl langsamer. Die Wahrscheinlichkeit, ein Familienrevier zu vergrößern, ist relativ gering, weil die angrenzenden Gebiete meist von anderen Familien bewohnt sind. Angesichts der Langlebigkeit der Murmeltiere und der Stabilität des Kerngebiets ihrer Familienreviere muß man davon ausgehen, daß Familien ihr Territorium nur vergrößern können, indem sie Baue anderer Familiengruppen, deren Individuendichte abgenommen hat, besetzen.

Allerdings führt eine Zunahme der Populationsdichte nicht automatisch zu einer Erweiterung des Familienreviers. Die Reviere besitzen meist ein großes Potential an Ressourcen, so daß selbst eine Nahrungsverknappung nicht zum Abwandern der Tiere führen muß. Normalerweise hat ein langsames Wachstum der Population eine steigende Individuendichte zur Folge, die nur aufgrund einer intensiveren Nutzung des Familienreviers möglich ist. Das Abwandern wird in erster Linie durch den Sexualtrieb sowie durch aggressives Verhalten der Tiere untereinander ausgelöst.

In einer dreijährigen Studie an Mongolischen Steppenmurmeltieren im Bezirk Tuwa, in der Nähe der russisch-mongolischen Grenze, beobachtete SUNTSOV (1981) Veränderungen in der Struktur ihrer Familienreviere. Dabei wurden insgesamt 140 Tiere untersucht, die mit Hilfe von Ohrmarken und Farbe markiert wurden. Die Tiere lebten in 19 bis 25 Familiengruppen und zwei unterschiedlichen Siedlungsformen. Einige Winterbaue wurden nicht in jedem Jahr genutzt. In Gegenden mit kompakten Siedlungen wurden schätzungsweise 8 % der Baue alljährlich gewechselt, während der Anteil dieser Baue in Siedlungen vom Schluchttyp bei etwa 21 % lag — d. h. Winterbaue wurden hier etwa 2,5 Mal häufiger gewechselt.

Je nach Zusammensetzung einer Familie verändern sich auch Form und Verlauf ihres Reviers. Familie 3 besaß z. B. das kleinste Territorium (etwa 0,7 ha) im Jahre 1977, als sie nur aus den Elternteilen und zwei Jährlingen bestand. Im folgenden Jahr suchte die Familie auf einem größeren Gebiet nach Nahrung, so daß ihre Revierfläche auf bis zu 3 ha anstieg. 1979 zogen die mittlerweile zweijährigen Subadulten fort, so daß nur je ein adultes Männchen und Weibchen zurückblieben und die Revierfläche wieder auf 2 ha zurückging.

Familienreviere können sich auch verändern, wenn eine neue Familie an ihren Rändern entsteht. Dies geschah z. B. im Falle der Familie 4, die 1977 aus drei adulten Tieren bestand und ein Gebiet von schätzungsweise 4 ha kontrollierte. 1978 lebten das Männchen, das Weibchen und ihre einjährigen Nachkommen in einem Teil des Territoriums, während sich am Rand des ehemaligen Familienreviers ein Männchen und ein Weibchen aus dem Nachbargebiet niederließen.

Anhand von Daten wie Anzahl der Tiere pro Familie, Dauer ihres Bestehens und Veränderungen ihrer Struktur unterschied SUNTSOV (1981) zwei Formen des Familienreviers: Instabile Reviere, die durch eine kleine Individuenzahl, eine kurze Bestehensdauer und häufige Strukturveränderungen gekennzeichnet sind, sowie stabile Reviere, die sich durch größere Konstanz und weniger Veränderungen auszeichnen. Komplexe stabile Familienterritorien kommen nur in kompakten Siedlungen (Schluchttyp) vor, wo sie bis zu 36 % aller Reviere ausmachen. Stabile Familiengruppen leben in Gebieten mit einem eher aufgelockerten Mesorelief und einer abwechslungsreichen Vegetation. Abbildung 40 zeigt Mesorelief und Pflanzenzusammensetzung in stabilen (a) und instabilen Familienrevieren (b und c).

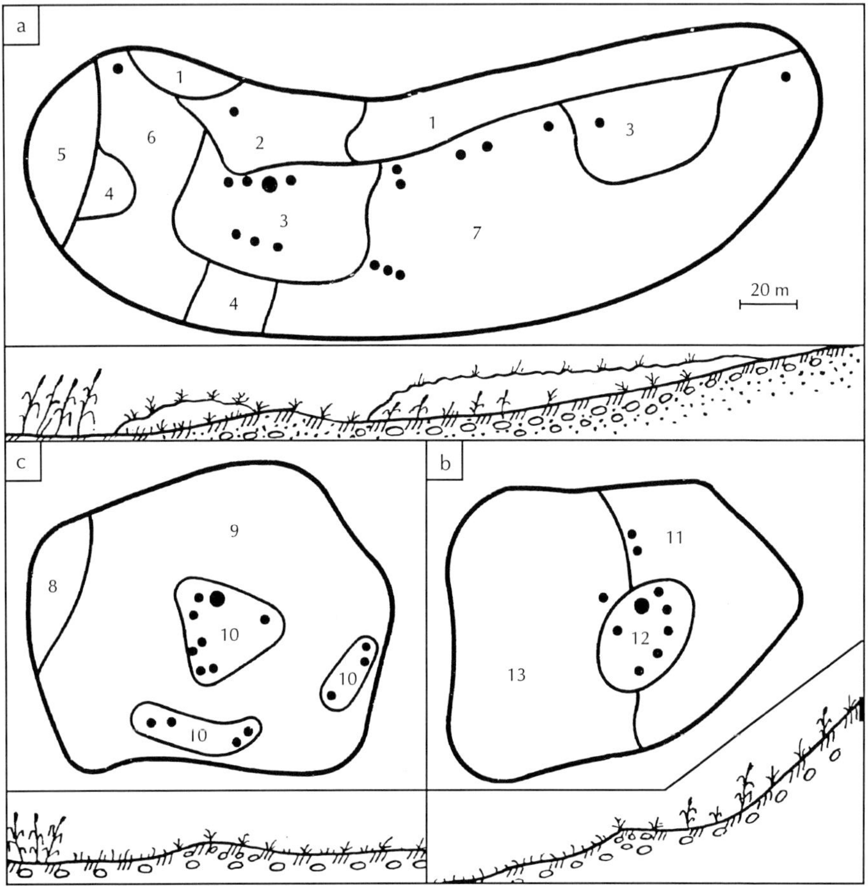

Abb. 40: Mesorelief und Vegetation in Familienrevieren des Mongolischen Steppenmurmeltiers. Stabile (a) und instabile (b, c) Reviere. Schwarze Punkte – Erdauswürfe vor Murmeltierbauen, 1 – Felsen, 2 – Abgesenktes Relief mit reichhaltiger Vegetation, 3, 10, 12 – Kerngebiete der Familienreviere mit zahlreichen Erdauswürfen vor den Murmeltierbauen; die anderen Ziffern bezeichnen Teilreviere und ihre Grenzen. Nach SUNTSOV (1981).

Zum ersten Gebiet gehört eine Geröllhalde, die von Senken durchzogen ist, in denen Schneeverwehungen entstehen können. Diese schmelzen im Sommer und sammeln Wasser, so daß hier selbst bei Dürre Pflanzen wachsen können. In stabilen Revieren wachsen 35 bis 62 Pflanzenarten, während auf instabilen Flächen nur 12 bis 22 Arten vorkommen.

Die Theorie, wonach die von Murmeltieren besiedelten Gebiete qualitative Unterschiede aufweisen, war bereits in den 40er und 50er Jahren aufgestellt worden. So begannen in Gegenden, wo Murmeltiere im Rahmen der Pestbekämpfung ausgerottet wurden, die übriggebliebenen Tiere, nachdem sie ihre alten Nachbarn nicht mehr antrafen, deren verlassene Baue aufzusuchen oder freizulegen. Die Reviere einzelner Tiere vergrößerten sich um ein Vielfaches. Parallel zu dieser Umverteilung der optimalen Siedlungsräume bildeten sich neue, zumeist große und stabile Familiengruppen (BIBIKOV & ZHIRNOVA 1956).

In allen Bergregionen finden sich ausgeprägte Qualitätsunterschiede in den Familienrevieren. Normalerweise eignen sich die Randzonen nicht besonders zur Besiedlung, während im Inneren der Gebiete konstant günstige Lebensbedingungen herrschen — u. a. ein tiefgründiger Boden, in dem die Tiere gut ihre Winterquartiere anlegen können. Schon vor längerer Zeit wurden die Qualitäten der Baue und des Weidelandes als entscheidende Kriterien für das Familienrevier herausgestellt (IOFF et al. 1951). ARNOLD et al. (1991) untersuchten vor kurzem die Qualitätsunterschiede einzelner Familienreviere des Alpenmurmeltiers; sie wiesen darauf hin, daß die Anzahl der überwinternden Tiere über das Überleben der Jungtiere entscheidet. Wahrscheinlich sind auch bei *M. flaviventris* Qualitätsunterschiede innerhalb der Familienreviere dafür verantwortlich, daß die Tiere sowohl ein unterschiedliches Sozialverhalten zeigen als auch in verschiedenen Höhenlagen und Siedlungsformen leben (Kernsiedlung, Randzonensiedlung, isolierte Kolonie usw.; ARMITAGE 1962, 1975, 1988, SVENDSEN 1974, WEBB 1981, BARASH 1989).

Bei Beobachtungen an Mongolischen Steppenmurmeltieren im Bezirk Tuwa traten keine Störungen stabiler Familiengruppen bzw. Umwandlungen in instabile auf. Die Stabilität einer Familie wird durch regelmäßiges Abwandern nachgeborener Tiere bzw. Einwandern von Murmeltieren aus der Nachbarschaft gewährleistet. Während dieser Untersuchung wurde auch niemals beobachtet, daß sich instabile Familien in komplexe, stabile Verbände umwandelten (SUNTSOV 1981).

Offenbar finden sich auch bei anderen Murmeltierarten ähnliche Formen der Familienverbände. Am Oberlauf des Naryn (Zentral Tien-Schan) existierten innerhalb einer Siedlung Grauer Steppenmurmeltiere einerseits Großfamilien, die meist auf den besten Stellen des Geländes wohnten und sehr komplexe Winterbaue besiedelten; andererseits gab es aber auch kleine Familien, die aus maximal sieben Individuen bestanden (MIKHAILYUTA & KULIKOVA 1969). Die Autoren stellten fest, daß die besten Reviere oftmals von jungen, erst vor kurzem entstandenen Familien besetzt waren. Nach Untersuchungen von MIKHAILYUTAS (1991) werden diese optimalen Reviere vorrangig von großen, stabilen Familien besiedelt (53,8 % gegenüber 18,7 % auf schlechterem Gelände). Im Siedlungsgebiet der Kappenmurmeltiere des Bargusin-Gebirges, wo es generell nur wenig Territorien mit guten Lebensbedingungen gibt, fanden sich unter den Familiengruppen vornehmlich alte, lang ansässige Familien, die aus 10 bis 19 Tieren unterschiedlichen Alters bestanden (ZHAROV 1975). Bei der jakutischen Kappenmurmeltierunterart hingegen, der aufgrund des Dauerfrostbodens noch weniger Reviere mit optimalen Bedingungen zur Verfügung stehen, kommen durchschnittlich nicht mehr als sechs Tiere pro Bau vor (KAPITONOV 1960). Die aus einzelnen Familien bestehenden Kolonien sind mosaikartig über das Gelände verstreut und liegen meist einige Kilometer auseinander.

Beim Roten Murmeltier finden nur selten Umgruppierungen statt. Über einen Beobachtungszeitraum von vier Jahren wurden nur acht Fälle (17,4 %) registriert. Familien alpiner Populationen (ab 3 000 m üNN) zeichneten sich durch eine größere Stabilität aus als Familienverbände subalpiner und submontaner Populationen (bis

2 500 m üNN), wo sich innerhalb der gleichen Zeit 25 % der beobachteten Familien aufgelöst hatten (KIZILOV & BERENDJAEV 1983). Hauptursache für die Auflösungen war der Tod adulter Murmeltiere, seltener aggressives Verhalten. Tote oder abgewanderte Tiere werden oft durch subadulte Tiere aus derselben Familie oder anderen benachbarten Familien ersetzt. Anders kann es aussehen, wenn das einzige adulte Männchen die Familie verläßt. Aufgelöste Familienverbände können durch kleinere neue Familien ersetzt werden. Nach eigenen Beobachtungen entstanden so aus einem Familienverband neun Familien, die vor dem Winterschlaf aus drei bis fünf Einzeltieren bestanden.

Die Altersstruktur einer Familie setzt sich aus mehreren Generationen zusammen. Meist machen Jungtiere und Subadulte (bis zwei Jahre) 46 bis 70 % der Familienmitglieder aus, die übrigen Tiere sind adult. Je höher das besiedelte Gebiet liegt, desto größer ist der Anteil an nicht geschlechtsreifen Murmeltieren. Bei Höhenlagen von 2 000 bis 3 500 m steigt er von 46,1 % auf 65 %. Diese Relation hängt vermutlich mit einer Abnahme der Fortpflanzungsrate und einer späteren Geschlechtsreife von *M. caudata* im alpinen Bereich zusammen (KIZILOV & BERENDJAEV 1978).

Die Territorialstruktur nearktischer Murmeltiere weicht von dem oben beschriebenen Schema asiatischer Populationen ab. Waldmurmeltiere leben in Einzelrevieren und sind aggressiv. Die einzelnen Tiere leben in weit zerstreuten Populationen, innerhalb deren Gebiete Wanderungen und Kontakte der Tiere vorkommen können. Die Populationen erstrecken sich meist über mehrere Hektar große Flächen, wobei die Dichte der Winterbaue bei 0,77 Baue/ha liegen kann (DE VOS & GILLESPIE 1960). Dominante Gelbbäuchige Murmeltiermännchen sind polygyn. Dominante Weibchen, untergeordnete nicht geschlechtsreife Weibchen bzw. Weibchen ohne Nachwuchs sowie Tiere, die sich nur vorübergehend im Gebiet aufhalten, sind zudem auf recht komplizierte Weise über die Fläche einer Kolonie verteilt; meist bilden sich sogenannte Mutterfamilien (ARMITAGE 1962, 1974, 1977, 1992, WEBB 1981). Murmeltiere, die nicht in Kolonien leben, bilden Rand- oder Satellitengruppen, die im Prinzip den instabilen Familiengruppen der Mongolischen bzw. Grauen Steppenmurmeltieren entsprechen. Die Kolonien sind relativ stabil und liegen vor allem in günstigen Lebensräumen.

Eine ähnliche Theorie bezüglich der Qualitätsunterschiede einzelner Abschnitte von Murmeltiersiedlungen im Terskei-Ala-Tau stellte CHEKALIN (1965) auf. Er unterscheidet dabei einen Kernbereich mit optimalen Bedingungen, der durch eine »Komplexe Siedlung« charakterisiert ist, sowie einen Peripheriebereich mit schwankenden Lebensbedingungen. Der Kernbereich besteht aus Gebieten mit mehreren unterschiedlich genutzten Bauen (Winterbau, Sommerbau); hier sind die Lebensbedingungen gleichmäßig gut. In der Peripherie (den oberen und unteren Grenzbereichen des Verbreitungsgebietes) schwankt die Witterung beträchtlich, und die Lebensbedingungen sind suboptimal.

Die Unterschiede zwischen stabilen und instabilen Familienrevieren werden anhand des prozentualen Verhältnisses von Tieren unterschiedlichen Alters und Geschlechts deutlich (Tab. 8). In den weniger günstigen Familienterritorien leben deutlich mehr potentielle Abwanderer (ledige bzw. nicht geschlechtsreife Tiere), was die Instabilität dieser Populationen erklärt.

Tab. 8: Das prozentuale Verhältnis von Tieren unterschiedlichen Alters und Geschlechts (Jungtiere nicht mitgerechnet) in Familienrevieren zweier verschiedener Siedlungsformen. * Ledige Zwei- bis Dreijährige werden den Gruppen der Männchen bzw. ledigen Weibchen zugerechnet.

Murmeltiergruppen*	Individuenanteil (%) in Revieren v. unterschiedl. Siedlungstyp	
	Stabil	Instabil
Adulte Männchen	33	47
Ledige Weibchen	25	29
Weibchen mit Nachwuchs	42	24

Unter einer Kolonie versteht man eine dem Familienrevier übergeordnete Struktureinheit, die sich zerstreut — mitunter aber auch durchgängig — über ein größeres Gebiet erstreckt und in der sich verwandte Tiere aufhalten. Die Existenz solcher Gruppierungen, die über akustische und visuelle Kommunikation zusammengehalten werden, ist bereits bei verschiedenen Murmeltierarten aufgezeigt worden (IOFF et al. 1951, NAUMOV 1954, ARMITAGE 1962, BRONSON 1964). Ihre Grenzlinien und ökologische Bedeutung wurden allerdings noch nicht näher untersucht.

Inwieweit eine Kolonie zerstreut ist, hängt vom Aufbau der Landschaft, insbesondere jedoch vom Siedlungstypus ab. Wenn die Tiere in Siedlungen vom Herdtyp leben, bilden die einzelnen Familiengruppen kleine lokale Kolonien; dies findet man bei Kappenmurmeltieren sowie bei allen anderen montanen Murmeltierarten (Abb. 42). Kolonien vom Schluchttyp hingegen ziehen sich an Tal- oder Schluchthängen entlang. Natürliche Begrenzungen (Felsblöcke, Sumpfgebiete, usw.) können eine Kolonie trennen. Viel schwieriger lassen sich die Grenzverläufe der Murmeltierkolonien in Siedlungsformen vom Steppentyp bestimmen, wo die Tiere homogen verteilt leben. Die Zahl der Tiere innerhalb einer Kolonie schwankt beträchtlich. Im Tien-Schan besteht sie in der Regel aus einigen Dutzend bis ein paar Hundert Familien. Die Fläche einer Kolonie nimmt nicht mehr als 2 bis 5 km^2 ein, normalerweise liegt sie bei mehreren Dutzend Hektar.

Verwandtschaftsverhältnisse wurden auch zur Definition einer Kolonie verwendet. An dieser Fragestellung wird gegenwärtig noch geforscht. So gibt es viele indirekte Beweise, daß die Tiere aus dem elterlichen Territorium in ein neues Gebiet abwandern, ohne den Bereich der Kolonie zu verlassen. Anhand von markierten Murmeltieren wurde ermittelt, daß die Tiere nach dem Verlassen des Familienreviers mehrheitlich nicht weiter als 300 m (innerhalb des Koloniegebietes) wegzogen.

Der Begriff »Siedlung« ist — ähnlich wie der Begriff »Population« — nicht speziell definiert und wird von verschiedenen Autoren unterschiedlich verwendet. Mitunter wird er erweitert — beispielsweise als »lokale Population«, worunter man eine territoriale Gruppe versteht, die größer als eine Kolonie ist und Mitglieder verschiedener Kolonien innerhalb relativ deutlich abgrenzbarer Siedlungen vereinigt. Im Vergleich zu den Kontakten zwischen Tieren benachbarter Populationen kommen Begegnungen zwischen den Mitgliedern lokaler Populationen häufiger vor. Zu der Population werden auch Bewohner unterschiedlicher Lebensräume gerechnet, die aus zwei sich nicht entsprechenden und asynchron verändernden Teilen bestehen — einem relativ konstanten, stabilen Bereich sowie einem sich rasch verändernden, instabilen Teil (Abb. 41).

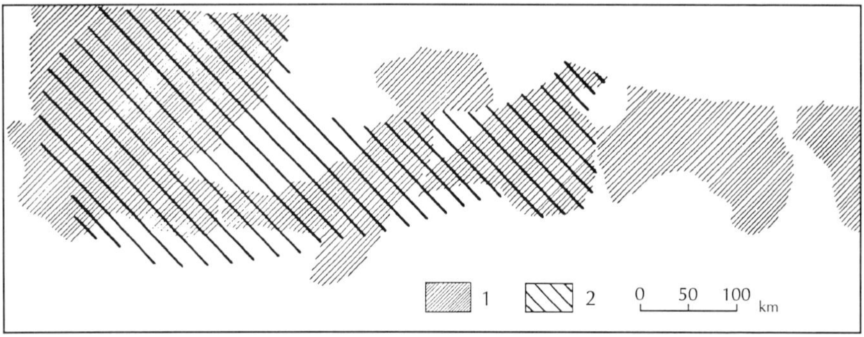

Abb. 41: Vergrößerte Familienreviere innerhalb einer Population Grauer Steppenmurmeltiere mit verringerter Individuendichte: 1 – Familienreviere in einer ungestörten Population; 2 – Territorium einer Familie mit reduzierter Populationsdichte.

Ein ökologisch bedeutsames Zentrum einer lokalen Population des Grauen Steppenmurmeltieres befindet sich im Malji-Kokpak-Tal, wo in den 50er Jahren verschiedene Pestepidemien auftraten. Beim Versuch, die Seuchen einzudämmen, wurden die Murmeltiere stark dezimiert. Das Kernstück der Population besteht aus Familienrevieren, die sich, dem Verlauf des Haupttals und seiner Seitenschluchten folgend, gürtelförmig ausbreiteten. Die Lebensbedingungen sind hier für die Tiere ausgezeichnet und die Erdauswürfe dementsprechend hoch. An dieser Stelle befindet sich der stabilste Teil der Population, der sich von dem Schwund rascher erholte als die übrigen. Nachdem die Populationsdichte zurückgegangen war, verblieben keine Murmeltiere in diesen Familienterritorien. Die instabilen Teile der Population leben hingegen im Peripheriebereich der Siedlung auf weniger günstigem Terrain (oberer subalpiner Bereich und unterer Trockensteppenbereich) (Abb. 43).

Die lokalen Populationen einer jeden Kolonie befinden sich auf qualitativ unterschiedlichem Gelände und sind über das gesamte Gebiet (Täler und Schluchten) hinweg verteilt. An allen Stellen findet man stabile und instabile Populationen nebeneinander. Klimaschwankungen (feucht-kühle Witterung in einem Jahr, Dürreperioden in anderen Jahren) sorgen vorübergehend für günstigere Bedingungen in den tieferen Trockensteppenbereichen, dann wieder für ein besseres Leben in den oberen Almenlagen (den Randbereichen der Siedlung). Günstige Lebensbedingungen in dem einen oder anderen Bereich fördern die Emigration der Tiere und erhöhen die Populationsdichte insgesamt, weil eine stärkere Vermehrung stattfindet.

Mitte der 40er Jahre schnellte die Zahl der Murmeltiere im unteren Flußtalbereich des Kokpaktals selbst in instabilen lokalen Populationen hoch; in den Vorgebirgen der Trockensteppen erreichten die Tiere Dichten von 300 bis sogar 400 Individuen/km^2. Nach einigen niederschlagsreichen Jahren Ende der 40er Jahre fiel auf, daß lokale Populationen unter diesen Bedingungen bis in die unteren Bereiche des Territoriums vorgedrungen waren und sich dort aufgrund einer gestiegenen Individuendichte durchgängig ausgebreitet hatten (Abb. 43). In den folgenden Dürre-

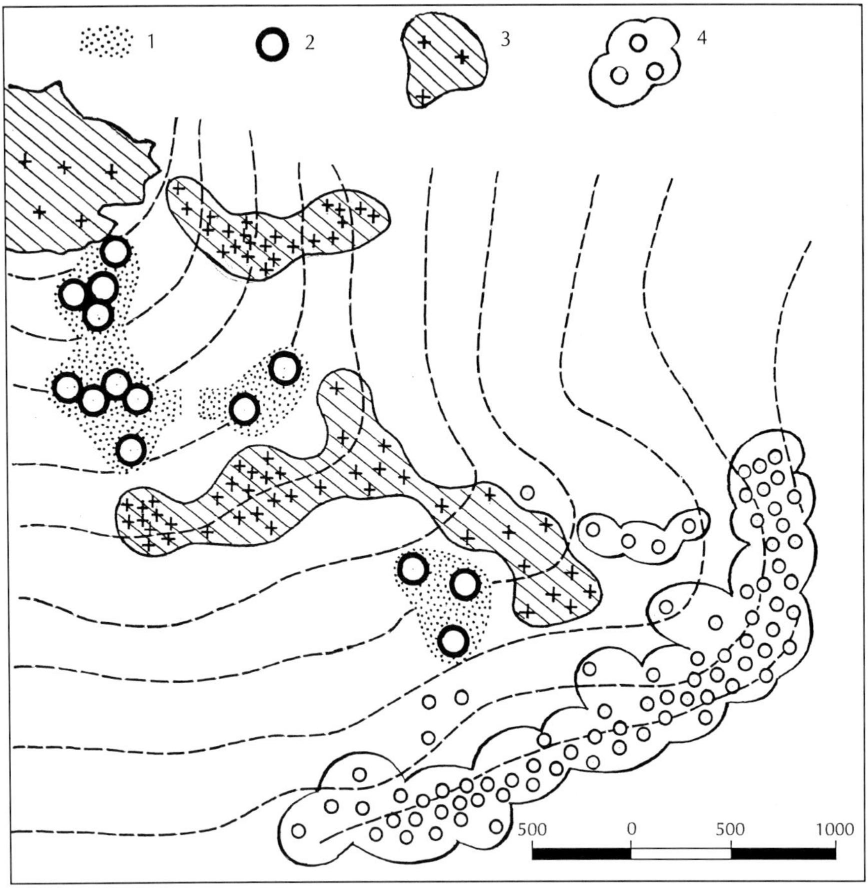

Abb. 42: Topographie einer Alpenmurmeltierkolonie: 1 – Territorium, das von den Mitgliedern der Kolonie genutzt wird; 2 – Familienrevier; 3 – Felsen; 4 – Wald. Nach HUBER (1965).

jahren wanderten vermehrt Murmeltiere ab, wodurch sich wiederum die Pest stärker ausbreitete.

Der Zusammenhang zwischen Pestepidemien, die Rote Murmeltiere und Graue Steppenmurmeltiere heimsuchen, und Dürrezeiten, in denen Nahrungsmangel herrscht und die Tiere abwandern müssen, wurde schon vor längerem erkannt. Seuchenherde dieser Krankheit finden sich bei Mongolischen Steppenmurmeltieren vor allem in den Randzonen ihrer Verbreitungsgebiete (BANNIKOV 1954); dort sind optimale Reviere von einem Kranz weniger optimaler Lebensräume umgeben, so daß konstant Tiere aus den schlechteren Gebieten in die kleineren, jedoch stabileren Zonen mit besseren Lebensbedingungen abwandern.

In den 50er und 60er Jahren kamen Pestepidemien nicht nur auf den montanen und hochmontanen Steppen, sondern auch auf den kühleren Matten des Tien-Schan sowie in den Grassteppen des Hantai vor. Diese Landschaftsformen sind vorwie-

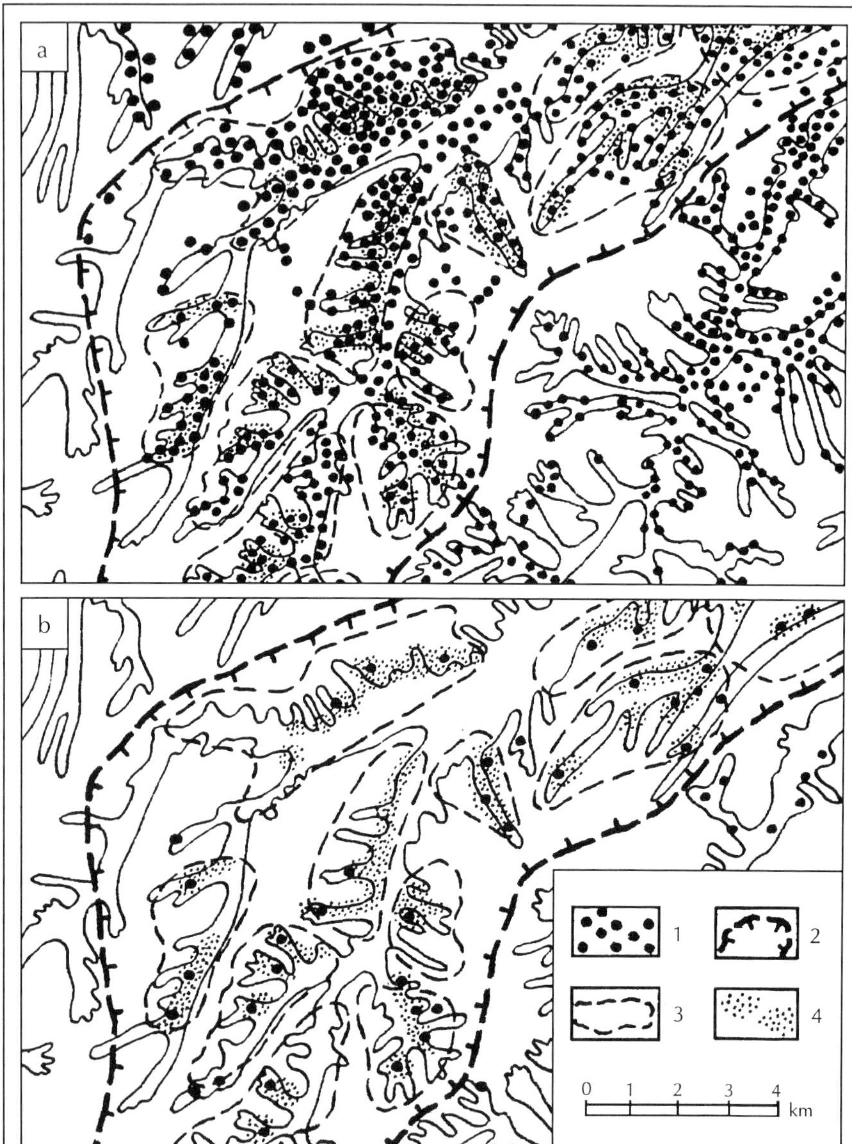

Abb. 43: Eine lokale Population Grauer Steppenmurmeltiere im Malji-Kokpak-Tal zu Zeiten unterschiedlicher Individuendichte. a – Gesättigte Population; b – Reduzierte Population; 1 – Murmeltierfamilien; 2 – Grenzverlauf des Kernbereichs der lokalen Population; 3 – Grenzlinie einer Kolonie; 4 – Bereich mit überwiegend stabilen Familienrevieren.

gend durch Flächen mit instabilen Lebensbedingungen gekennzeichnet; stabile Familienreviere finden sich hier nur mosaikartig zerstreut. In Kaltgebieten und

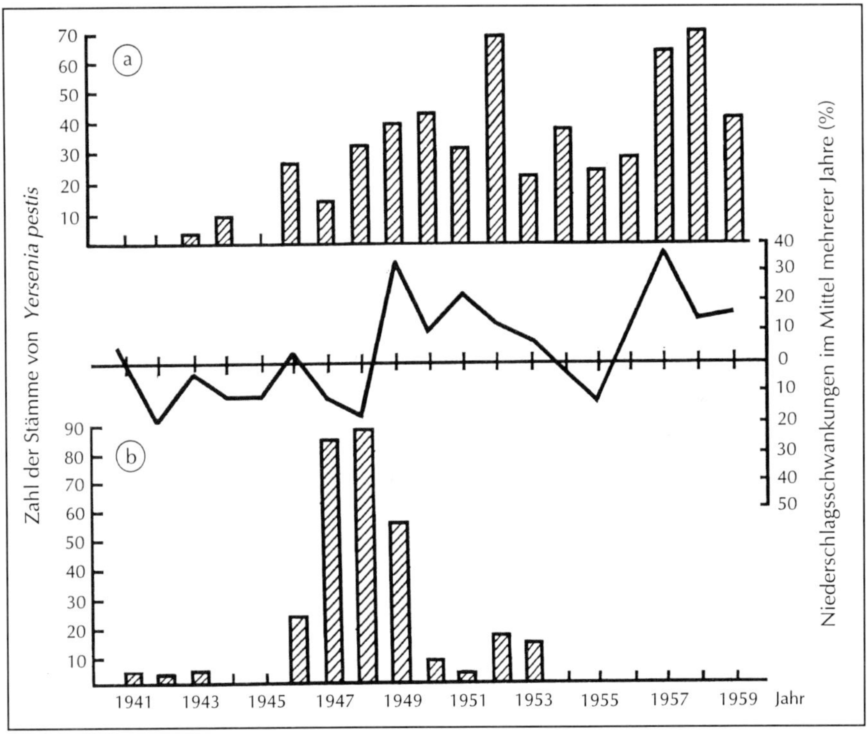

Abb. 44: Häufigkeit von Pestepidemien in kalten Almlagen (a) und alpinen Trockensteppenzonen (b) im Tien-Schan, ausgedrückt in Anzahl der auf Murmeltieren gefundenen Stämme von *Yersinia pestis*, dem Überträger der Beulenpest.

Trockensteppen sind es jeweils unterschiedliche Witterungsbedingungen, die das Aufflackern der Pest stimulieren (Abb. 44). Die Murmeltierpest tritt gehäuft in kalten Jahren mit außerordentlich hohen Niederschlagsmengen (dichter Schneefall) auf. In solchen Jahren beginnt die Vegetationsperiode später, die alpine Krautvegetation wird vom Schnee erdrückt, so daß die Murmeltiere abmagern und versuchen, in Gegenden mit besseren Lebensbedingungen abzuwandern. Auf diese Art und Weise begegnen sich die Tiere häufiger, ähnlich wie in Trockengebieten zu Dürrezeiten.

Lokale Populationen bilden geographische Populationen, deren Verbreitung entscheidend durch landschaftliche Parameter geprägt wird. Im Vergleich zu lokalen Populationen sind geographische Populationen stärker voneinander getrennt, und in ihrer Gesamtheit bilden sie die Population einer Art bzw. Unterart. Geographische Populationen sind deutlich voneinander unabhängig und unterscheiden sich nicht nur in biologischer, sondern oft auch in morphologischer Hinsicht. Ihre Lebensräume fallen größenmäßig sehr unterschiedlich aus. Im Vergleich zu anderen Säugetieren kann sich eine geographische Murmeltierpopulation über mehrere Hundert Quadratkilometer erstrecken, in der zonalen Steppe sogar über Tausende von Quadratkilometern.

Über die geographische Populationsstruktur amerikanischer Murmeltiere liegen keine Veröffentlichungen vor.

Die räumliche Verteilung des Menzbiers Murmeltiers ist unter den mittelasiatischen Murmeltierpopulationen am einfachsten: Sie besteht aus zwei geographisch und morphologisch unterschiedlichen Populationen, der Tallass- und der Tschatkala-Population, die beide den Rang einer Unterart einnehmen.

Komplizierter sieht es beim Roten Murmeltier aus, da man trotz einiger Informationen weder morphologische noch ökologisch-physiologische Unterschiede zwischen den Populationen eindeutig bestimmen kann. So unterscheiden sich Rote Murmeltiere in einzelnen Teilen ihres Verbreitungsgebietes z. B. in der Form des Penisknochens (Baculum oder Os penis), bezüglich Färbung und Größe, in der jahreszeitlichen Ernährungsweise, im Ruf und in einigen anderen Merkmalen voneinander. Tiere aus dem Hissargebirge sind größer als solche aus dem Ostpamir (CHERVJAKOVA 1980). Die adulten Tiere unterscheiden sich im Gewicht um bis zu 0,3 kg und in der Länge um 5 bis 13 mm. Die Schädel und die Molaren beider Murmeltierpopulationen differieren in ihrer Breite.

Die Beschreibung verschiedener geographischer Populationen innerhalb des Verbreitungsgebiet des Grauen Steppenmurmeltiers ist nicht abgeschlossen; das gegenwärtige Datenmaterial läßt sich allerdings zur Abschätzung der Jagdbestände und zur Analyse natürlicher Pestherde auswerten. Neuere morphologische Informationen, insbesondere Strukturuntersuchungen des Penisknochens (POLE & BIBIKOV 1992, POLE & ZVEREV 1993), unterstützen die Hypothese einer territorialen Verbreitung dieser Murmeltierpopulationen. Um morphologische Besonderheiten bei Murmeltieren aus unterschiedlichen Regionen herauszufinden, wurden mehrere Gruppen Grauer Steppenmurmeltiere aus dem Zentral Tien-Schan (n = 1 014), die der gleichen Altersstufe angehörten, miteinander verglichen. Eine Gruppe stammte aus der mittleren Zone (2 000–2600 m üNN), zwei weitere Gruppen kamen aus dem alpinen Bereich, nämlich dem Kokschar-Tal (2 800–3 100 m üNN) und dem Werhne Naryn-Tal (3 800–4 000 m üNN). Zwei Gruppen stammten aus der subalpinen Zone, allerdings aus unterschiedlichen geographischen Gebieten, während zwei weitere Gruppen, die in unterschiedlichen Höhenlagen und 100 km voneinander entfernt lebten, ebenfalls aus einer alpinen Population kamen.

Die Murmeltiere aus alpinen Zonen unterscheiden sich in Bezug auf Gewicht, Condylobasallänge, Breite der Molaren sowie Gewicht des Unterkiefers deutlich von Tieren, die in subalpinen Zonen leben. Je höher die Tiere leben, desto größer werden sie (CHERVJAKOVA 1980). Diese Studie bestätigt, daß tatsächlich Unterschiede zwischen Grauen Steppenmurmeltieren, die innerhalb einer Zone, jedoch in verschiedenen geographischen Regionen leben, sowie zwischen Tieren einer alpinen Zone, die jedoch aus unterschiedlichen Höhenlagen stammen, bestehen. Darüber hinaus verglich man Murmeltiere aus subalpinen Populationen, die im Flußtal des Malji Kokpak (2 700 bis 3 200 m üNN) leben; dabei handelte es sich um lokale Populationen bzw. Teile solcher Populationen. Messungen der oben erwähnten Merkmale ergaben unter den Tieren keine Unterschiede.

Aufgrund statistisch signifikanter Unterschiede der Merkmale, die man bei den unterschiedlichen Murmeltierpopulationen miteinander verglichen hat, können diese Populationen verschiedenen Kategorien zugeordnet werden. Räumlich getrennte Gruppen, die deutliche morphologische Unterschiede aufweisen, werden einer geographischen Population zugerechnet, während Gruppen, die sich morphologisch ähnlich sind und nah beieinander leben, in die Kategorie einer lokalen Population fallen.

Die demographischen Strukturen amerikanischer Murmeltiere basieren auf Untersuchungen an lokalen Populationen; z. B. wurde diejenige des Gelbbäuchigen Murmeltiers in Colorado untersucht (ARMITAGE & DOWNHOWER 1974). Beim Verhältnis der Geschlechter überwiegen bei den adulten Tieren die Weibchen, während das Geschlechterverhältnis junger Tiere ausgeglichen (1 : 1) ist. Sämtliche adulten Männchen waren in die Gruppe, in der sie sich fortpflanzten, eingewandert, wohingegen die Weibchen überwiegend ortstreue Tiere ihrer lokalen Population waren.

Von Februar 1957 bis Mai 1959 (in erster Linie in den Monaten Mai–Juni) wurde die Struktur einer Waldmurmeltierpopulation untersucht, wozu 1 150 Tiere gefangen bzw. abgeschossen wurden (SNYDER & CHRISTIAN 1960, SNYDER 1962). Unter den untersuchten Tieren befanden sich 172 männliche Jungtiere, 215 weibliche Jungtiere, 313 subadulte und adulte Männchen sowie 377 subadulte und adulte Weibchen.

Aus einer Population Grauer Steppenmurmeltiere im Terskei Ala-Tau (Tab. 9) wurden fast alle Tiere (90 %) gefangen. Das Geschlechterverhältnis junger Tiere war nahezu ausgeglichen, während bei den zwei- bis dreijährigen Subadulten die Männchen überwogen. Dieses Zahlenverhältnis widerspricht der herkömmlichen Ansicht, wonach der Anteil der Männchen in älteren Altersgruppen aufgrund einer höheren Aktivität der Tiere und einer dementsprechend gesteigerten Mortalität zurückgeht. Bei Gelbbäuchigen Murmeltieren sterben mehr Männchen als Weibchen im ersten Lebensjahr (SCHWARTZ et al. 1994), während bei männlichen Olympmurmeltieren die Mortalität im zweiten Jahr sowie in allen höheren Lebensjahren höher liegt als bei ihren Weibchen (BARASH 1973a). Bisher wurde kein Gelbbäuchiges Murmeltiermännchen älter als neun Jahre, während einige Weibchen sogar 15 Jahre alt wurden.

In Gebieten, wo nur ein Teil der Tiere gefangen wurde, fanden sich in der Altersklasse der Zwei- bis Dreijährigen mehr Männchen, bei den Adulten hingegen mehr Weibchen. Das Geschlechterverhältnis verändert sich offenbar im oder nach dem ersten Lebensjahr, die Gründe für den höheren Anteil an Männchen sind allerdings unbekannt.

Das Geschlechterverhältnis innerhalb einer verringerten Population Grauer Steppenmurmeltiere zeigt Tabelle 9. Innerhalb dieser Population verändert sich das Geschlechterverhältnis deutlich — ein Trend, der in verschiedenen Gebieten und Jahren anhält. In den jüngeren Altersklassen (Jungtiere und Jährlinge) gibt es etwa gleich viele Männchen und Weibchen. Bei den Zwei- bis Dreijährigen geht der Anteil an männlichen Tieren auf 30 bis 40 % zurück und ist auch bei adulten Tieren erkennbar geringer. Dieser Rückgang beruht auf dem verstärkten Wandertrieb der Männchen, die passende Gelegenheiten suchen, um eine neue Familie zu gründen, und die sich anderswo niederlassen wollen.

Geschlechterverhältnis und Alterszusammensetzung mongolischer Steppenmurmeltiere wurden anhand von Daten untersucht, die während einer umfassenden

Tab. 9: Geschlechterverhältnis bei Grauen Steppenmurmeltieren verschiedener Altersklassen in der Waldsteppenzone des Tien-Schans. Nach BIBIKOV (1967).

	Jungtiere		Jährlinge		2- bis 3jährige		Adulte	
	n ♂/♀	% ♂	n ♂/♀	% ♂	n ♂/♀	% ♂	n ♂/♀	% ♂
Alle Tiere gefangen	414/394 809	51,2	232/241 473	49,0	259/224 483	53,6	1017/ 872 1889	53,8
Tiere z. T. gefangen	101/101 202	50,0	100/80 180	55,6	125/84 209	59,8	337/402 739	45,6

Tab. 10: Geschlechterverhältnis einer Population Grauer Steppenmurmeltiere aus verschiedenen Jahren. n = Anzahl der Tiere.

	Jungtiere		Jährlinge		2- bis 3jährige		Adulte	
Jahr	n ♂/♀	% ♂	n ♂/♀	% ♂	n ♂/♀	% ♂	n ♂/♀	% ♂
1958	107/122 229	46,7	11/10 21	52,4	30/71 101	29,7	161/195 356	45,2
1959	93/106 199	46,7	7/4 11	–	4/7 11	–	58/57 135	43,0
1960	49/66 115	42,6	10/10 20	50,0	3/7 10	–	31/40 71	43,7
1969	115/106 221	52,0	10/11 21	47,6	37/54 91	40,7	121/128 249	48,6
Summe	364/400 764	47,6	38/35 73	52,1	74/139 213	34,7	371/451 822	45,1

biologischen Expedition gesammelt wurden, aber auch anhand der Daten von 1 191 Tieren, die V. K. POPOV zu einem früheren Zeitpunkt in Transbaikalien gesammelt hatte. Das restliche Probenmaterial stammt aus drei Bezirken (Aimaks) in der Mongolei und wurde jeweils in den Monaten August bis September gesammelt (1979 in Arachangai, 1980 und 1982 in Hantai sowie 1981 in Uwerchangai).

Die Proben wurden gezielt entnommen. In Transbaikalien wurden die Murmeltiere normalerweise im Rahmen von Pestbekämpfungsmaßnahmen aus zwei bis drei Sommermonaten gefangen; die Tiere, die von professionellen Pelzhändlern erbeutet wurden, stammen aus einem Zeitraum von drei bis fünf Tagen (Tab. 11).

Sehr wahrscheinlich waren die Murmeltierpopulationen in Transbaikalien in den Jahren 1938/39 stabil, weil sie in dieser Zeit nicht gejagt wurden. In der Mongolei wurden die Murmeltiere dagegen bejagt; in der Regel handelt es sich dabei um größere Tiere mit dichtem Fell, so daß im mongolischen Probenmaterial junge Tiere meist fehlen. Bei den erbeuteten Tieren aus Uwerchangai sowie Hantai (hier nur aus dem Jahr 1982) finden sich deutlich weniger Jährlinge als Zweijährige. Möglicherweise liegt dies an der niedrigen Fortpflanzungsrate im Jahre 1981. Fünfjährige

Tab. 11: Alterszusammensetzung bei Populationen Mongolischer Steppenmurmeltiere aus Transbaikalien und der Mongolei. Nach BIBIKOV (1989).

Gebiet		Alter									
		0+	1+	2+	3+	4+	5+	6+	7+	8+	9+
Transbaikalien	♂	8	39	18	15	16	5	6	2	1	–
	♀	15	24	20	16	8	7	1	2	–	–
Arachangai	♂	4	35	26	18	15	16	4	1	–	–
	♀	2	14	22	15	13	8	1	1	–	–
Hantai	♂	3	28	26	9	4	2	–	–	–	–
	♀	–	34	24	20	5	–	–	–	–	–
Uwerchangai (1982)	♂	8	22	25	28	18	8	–	–	–	–
	♀	4	11	27	18	21	2	–	–	–	–
Hantai (1982)	♂	9	16	39	18	10	6	4	–	–	–
	♀	1	22	22	24	5	2	2	–	–	–

und ältere Murmeltiere werden selten erlegt, weil ihre Anzahl in den Jagdgebieten relativ klein ist. Außerdem sind ältere Tiere, welche die Jagd überlebt haben, scheuer.

Informationen über demographische Strukturen anderer Murmeltierarten sind sehr lückenhaft. Im Grunde genommen handelt es sich dabei immer nur um eine Momentaufnahme. So befanden sich unter 276 *M. bobak schaganensis,* die von Mai bis August 1957 gefangen wurden, 35,5 % Jungtiere, 28,0 % Ein- bis Zweijährige, 19,6 % Dreijährige sowie 17,9 % adulte Tiere. Unter den ganz jungen Tieren lag das Geschlechterverhältnis bei schätzungsweise 1:1, während bei den Ein- bis Zweijährigen die Männchen überwogen (SHUBIN 1988). Noch bruchstückhafter ist das Datenmaterial über die Demographie von Kappenmurmeltieren und Menzbiers Murmeltieren. In Jakutien waren 47 % von 119 untersuchten Individuen Männchen. In einem Fall, wo man fünf Familien vollständig eingefangen hatte, ergab sich ein ausgewogenes Geschlechterverhältnis (KAPITONOV 1978). In einem anderen Beispiel ergaben sich für 195 Menzbiers Murmeltiere (MASHKIN 1981) folgende Altersklassen: 26,4 % Jungtiere, 28,5 % Ein- bis Zweijährige sowie 45,1 % Adulte (unter den adulten Murmeltieren stellten die Drei- bis Fünfjährigen 58,0 %, die Sechs- bis Neunjährigen 23,6 % und Tiere, die älter als zehn Jahre waren, 18,4 %). Unter den jüngeren Tieren überwogen die Weibchen (1:1,3), während es unter den älteren Tieren mehr Männchen gab (1:0,6), was eher für eine weniger dicht besiedelte Population charakteristisch ist.

Abschließend sollen noch einmal die drei Formen der Populationsstruktur bei Murmeltieren aufgezählt werden: (1) Die gesättigte Population mit hoher Bestandsdichte, wobei sämtliche Familienreviere (dauerhaft optimale wie weniger günstige) besiedelt werden. (2) Die ungesättigte Population mit einer allgemein durchschnittlichen Bestandsdichte, wobei alle dauerhaft optimalen Familienreviere sowie einige suboptimale Territorien besiedelt werden. (3) Die reduzierte oder verringerte Population mit geringer adulter und hoher juveniler Individuenzahl, wobei selbst optimale Familienreviere größtenteils nicht besetzt sind (die Population wurde meist infolge von Pestbekämpfungsmaßnahmen dezimiert.) Normalerweise sind die Übergänge zu den einzelnen Populationstypen fließend. Trotzdem gibt es räumliche und demographische Unterschiede, die eine derartige Klassifizierung rechtfertigen.

Mit Hinblick auf die drei oben genannten Formen soll nun die Populationsstruktur Grauer Steppenmurmeltiere besprochen werden (Abb. 45). Obgleich sehr viele Tiere untersucht wurden (4 500 Individuen in drei Gebieten), läßt sich aufgrund der Ergebnisse nur eine vorläufige Aussage treffen.

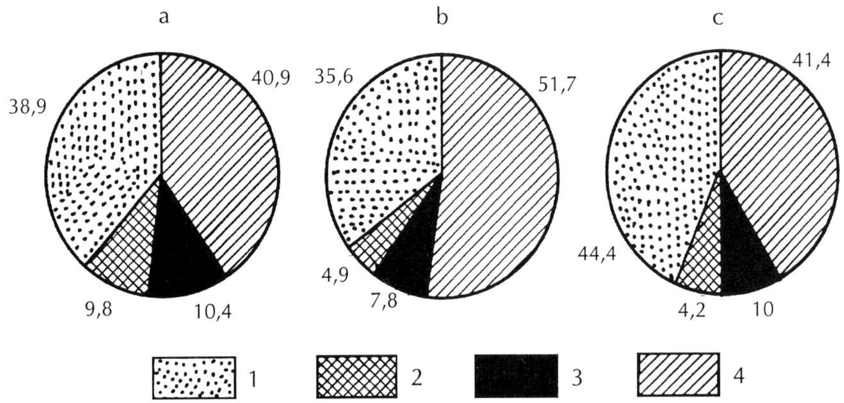

Abb. 45: Alterszusammensetzung verschiedener Populationen Grauer Steppenmurmeltiere mit unterschiedlicher Individuendichte. a – Gesättigte Population (Kuluktau, n = 533); b – Ungesättigte Population (Kokpak, n = 2 138); c – Reduzierte Population (Kokpak, n = 1 721); 1 – Jungtiere; 2 – Jährlinge; 3 – Zwei- bis Dreijährige; 4 – Adulte.

Eine Population vom gesättigte Typ (Abb. 45a) weist einen großen Anteil sich nicht fortpflanzender subadulter Tiere (> 20%) und eine relativ kleine Zahl an Jungtieren auf. Bei Gesamtfängen wäre der Anteil der subadulten Tiere geringer, weil bei Teilfängen Juvenile überwiegen. Der Adultanteil der Population ist relativ hoch. Bei ungesättigten Populationen (Abb. 45b) nimmt die Zahl der nicht fortpflanzungsfähigen Tiere (Jährlinge, Zwei- bis Dreijährige) deutlich ab, und adulte Murmeltiere bilden den größten Anteil. Je nachdem, aus welchen Gründen die Dichte dieser Population abnimmt, fällt möglicherweise auch ihre Struktur anders aus. In der reduzierten Population (Abb. 45c) ist ein Übergewicht an juvenilen Murmeltieren festzustellen, da hier die Fortpflanzungs- und die Überlebensrate höher liegt als in den anderen beiden Populationstypen. Diese explosionsartige Vermehrung setzt eine Umgruppierung der Murmeltiere voraus, die etwa ein bis zwei Jahre nach der Reduzierung einsetzt.

Die Dynamik in der Altersstruktur Grauer Steppenmurmeltiere wurde von 1958 bis 1964 bei einer reduzierten Population untersucht, die in der alpinen Zone des Tien-Schan lebt (Abb. 46). Vorab soll darauf hingewiesen werden, daß die Alterszusam-

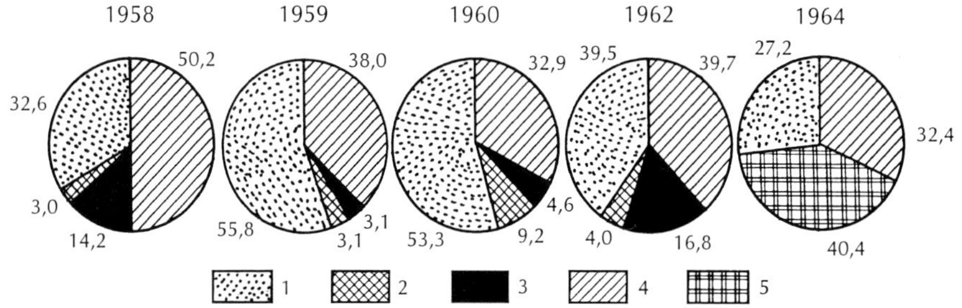

Abb. 46: Alterszusammensetzung einer reduzierten Population Grauer Steppenmurmeltiere im Kokschar-Tal von 1958 bis 1964. 1 – Juvenile Tiere; 2 – Jährlinge; 3 – Zwei- bis Dreijährige; 4 – Adulte; 5 – Nicht fortpflanzungsfähige Tiere (1964 wurden die Daten der Ein- bis Dreijährigen zusammengefaßt).

mensetzung dieser Population während der ersten fünf Jahre konstant blieb. Nachdem 1958 die meisten Tiere ausgerottet waren, nahm im darauffolgenden Jahr der Anteil der juvenilen Murmeltiere infolge einer gesteigerten Fortpflanzungsrate drastisch zu; hingegen fiel der Anteil an älteren, subadulten Tieren gering aus, weil ihre Mortalitätsrate hoch war und sie öfters auswanderten, um eigene Familien zu gründen. Im dritten Jahr (1960) gab es in der Population weiterhin vor allem Jungtiere. Der Anteil subadulter Murmeltiere blieb ebenfalls unbedeutend gering, obwohl er im Vergleich zum Vorjahr etwas höher ausfiel. Der Anteil an adulten Tieren sank auf 1/3, weil die Zahl der Juvenilen angestiegen war.

Nachdem man 1962 erneut Pestbekämpfungsmaßnahmen durchgeführt hatte, in deren Verlauf Murmeltiere bejagt wurden, veränderte sich die Populationsstruktur geringfügig. 1962 sah das Geschlechterverhältnis innerhalb der Population fast genauso aus wie im Jahre 1958 (nach der ersten Bekämpfungswelle). Somit waren die Altersklassen wieder wie am Anfang verteilt; der Hauptunterschied bestand jedoch darin, daß es 1962 weniger adulte Tiere gab. Zu Beginn der Saison wurde die Jagd auf die Tiere eingestellt, und die verbleibenden Murmeltiere konnten sich wieder neu organisieren; dies schlug sich 1962 in einer höheren Zahl der Jungen nieder (gegenüber 1958) und folglich in einer prozentual geringeren Zahl adulter Tiere.

Die bedeutendsten Veränderungen traten 1964 auf. In der Murmeltierpopulation am Kokschar stieg nun die Zahl der nicht geschlechtsreifen Tiere an, während diejenige der Subadulten zurückging. Die Populationsstruktur näherte sich der gesättigten Form. Die Fortpflanzungsrate ging zurück, weil die Zahl der Adulten anteilmäßig abgenommen hatte.

Obwohl wir nur wenig über die Wechselwirkungen zwischen Fortpflanzung und Mortalität bei Murmeltieren wissen, demonstrieren die Beispiele dennoch die enge Verknüpfung der beiden Parameter.

Populationsstrukturen verschiedener Murmeltierarten. Nachfolgend sollen einige Aspekte in gesättigten Populationen vom Waldmurmeltier, Menzbiers Murmeltier, Kappenmurmeltier und Eisgrauem Murmeltier betrachtet werden. Das Datenmaterial für die beiden letztgenannten Arten ist allerdings sehr lückenhaft.

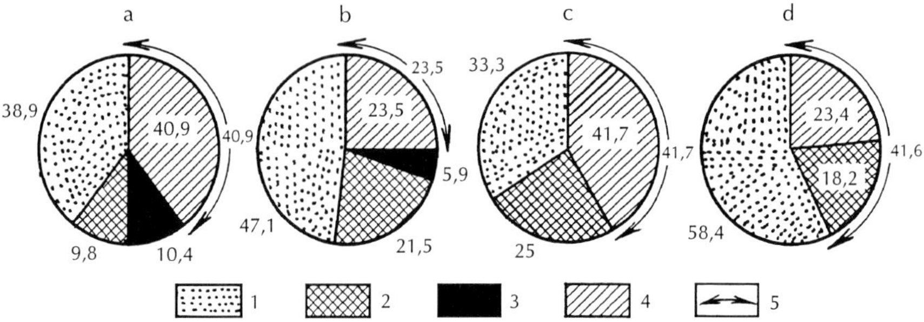

Abb. 47: Alterszusammensetzung von gesättigten Populationen verschiedener Murmeltierarten: a – Eisgraues Murmeltier; b – Kappenmurmeltier; c – Menzbiers Murmeltier; d – Waldmurmeltier (20 – 40 % der Weibchen mit Nachwuchs); 1 – Juvenile Tiere; 2 – Jährlinge; 3 – Zwei- bis Dreijährige; 4 – Adulte; 5 – bezeichnet geschlechtsreifen Teil der Population. Nach BIBIKOV (1967).

Das Geschlechterverhältnis der fortpflanzungsfähigen Tiere ist — mit Ausnahme des Kappenmurmeltieres — bei allen Arten ungefähr gleich; adulte Tiere machen etwa 40 % der Population aus (Abb. 47). Als nicht geschlechtsreife Tiere fanden sich beim Waldmurmeltier nur juvenile und teilweise auch Jährlinge, beim Menzbiers Murmeltier juvenile und ein- bis zweijährige Tiere sowie bei Kappenmurmeltier und Eisgrauem Murmeltier Drei- bis Vierjährige. Je höher der Anteil an nicht geschlechtsreifen Murmeltieren ausfiel, desto stärker nimmt der Anteil an ganz jungen Tieren ab, welcher bei Menzbiers Murmeltier und Eisgrauem Murmeltier sogar äußerst niedrig ist. Den höchsten Prozentsatz an Jungtieren findet man in Kappen- und Waldmurmeltierpopulationen, weil hier sehr viele Alttiere sterben.

Aufgrund zahlreicher neuerer Informationen über verschiedene Murmeltierarten (einschließlich der nearktischen Arten) werden sicherlich bald genauere Aussagen über die Zusammensetzung von Populationen gemacht werden können. So liegt das Geschlechterverhältnis von geschlechtsreifen Gelbbäuchigen Murmeltieren auf Seiten der Weibchen, Jährlinge und viele Zweijährige pflanzen sich nicht fort (SCHWARTZ et al. 1994), und der Anteil an juvenilen Tieren schwankt zwischen 21,4 und 49,4 % (SCHWARTZ & ARMITAGE 1994).

5.3 Fortpflanzung, Aufzucht der Jungen und Mortalität

Im Verlauf der letzten Jahrzehnte ist der Wissenszuwachs über die Fortpflanzung von Murmeltieren stetig gestiegen. Viele Ergebnisse wurden durch Untersuchungen des Sozialverhaltens gewonnen.

Die Altersbestimmung von einzelnen Murmeltieren erfuhr Fortschritte durch die Untersuchung der Schichtstrukturen von Knochen und Zähnen. Auch an lebenden Tieren kann heute eine Altersbestimmung durchgeführt werden; darüber hinaus hat man in letzter Zeit Zusammenhänge zwischen der Fortpflanzung und Faktoren wie Populationsdichte, Alterszusammensetzung, Umwelt und Klimaschwankungen bei vielen Murmeltierarten erkannt.

Erreichen der Geschlechtsreife. Murmeltiere pflanzen sich für gewöhnlich nicht vor dem 2. Lebensjahr fort. Bei *M. monax*, das sich von allen übrigen Murmeltierarten unterscheidet, beginnen 10 bis 25 % der Weibchen und 33 bis 50 % der Männchen (SNYDER & CHRISTIAN 1960) nach dem ersten Winterschlaf mit der Fortpflanzung. Meist dauert das Erreichen der Geschlechtsreife zwei Jahre, so daß die Murmeltiere in ihrem dritten Sommer mit der Fortpflanzung beginnen. In den 50er Jahren wurde die These aufgestellt, paläarktische Murmeltiere vermehrten sich nicht vor dem 3. Lebensjahr. Beobachtungen an in Gefangenschaft gehaltenen Tieren zeigten, daß die Tiere meist im Frühling erstmalig kopulieren und die Weibchen anschließend 31–34 Tage tragen (HOYT & HOYT 1950, PSENNER 1956).

Daß sich Murmeltiere erst sehr spät zum ersten Mal fortpflanzen, fiel bereits den Jägern in der Mongolei auf. Jäger aus dem Changai unterscheiden folgende Altersgruppen: Ganz junge Tiere, Jährlinge, Zweijährige, adulte Männchen (»burtsch«) und adulte Weibchen (»tartsch«) (TARASOV 1950). Die drei ersten Gruppen haben keinen Nachwuchs. Nach eigenen Untersuchungen an 2 000 Murmeltieren konnten wir diese Aussage bestätigen: Unter den untersuchten Zweijährigen fanden sich weder trächtige noch säugende Tiere. In Transbaikalien, wo ein milderes Klima als im Changai herrscht, hatten allerdings fast die Hälfte der Zweijährigen eigenen Nachwuchs.

In späteren Untersuchungen wurde das Alter Mongolischer und Grauer Steppenmurmeltiere (YANG et al. 1986), aber auch vieler anderer Arten über präzisere Methoden (osteologische Untersuchungen) bestimmt. Auf diese Weise ließ sich eine größere Sicherheit bezüglich der Altersabhängigkeit von Geschlechtsreife und Fortpflanzungsintensität ermitteln. So erreicht das Graue Steppenmurmeltier (vor allem im Tien-Schan) mit drei Jahren die Geschlechtsreife, in Ausnahmefällen auch mit zwei. Der erste Wurf der Weibchen erfolgt aber erst ein bis drei Jahre später. Zweijährige Männchen besitzen deutlich kleinere Hoden, die keinen violetten Farbstich, wohl aber unterentwickelte Anhänge besitzen. Ihre Hodenlänge schwankt im April zwischen 22 und 34 mm (durchschnittlich 28,7 mm), bei älteren Männchen hingegen bewegt sie sich zwischen 25 und 42 mm (durchschnittlich 34,2 mm).

Der Eintritt in die Pubertät hängt von der Länge der Aktivitätsphase und juvenilen Wachstumsrate ab. In Hochgebirgslagen pflanzen sich die meisten Weibchen von *M. flaviventris* erst im Alter von drei Jahren fort, und nur jedem vierten zweijährigen Weibchen, das Nachwuchs hatte, gelang es, diesen erfolgreich aufzuziehen (JOHNS & ARMITAGE 1979). In niedrigeren Höhenlagen waren 10 von 26 zweijährigen Weibchen imstande, ihren Wurf bis zur Entwöhnen aufzuziehen (ARMITAGE 1986b). Auffällig ist, daß die Tiere überall dort, wo sie länger Winterschlaf halten und ihre aktive Periode dementsprechend verkürzt ist, später geschlechtsreif werden — das gilt sowohl in Eurasien wie auch in Nordamerika.

In einer alpinen Population Roter Murmeltiere warfen von 47 Weibchen, die unter drei Jahre alt waren, keines Junge, während in einer Vorgebirgspopulation 7 von 28 Weibchen derselben Altersklasse Junge zur Welt brachten (KIZILOV & BERENDJAEV 1978). In Eisgrauen Murmeltier- und Olympmurmeltierpopulationen pflanzten sich weniger als 50 % der unter drei Jahre alten Weibchen fort (BARASH 1989).

Bei der Untersuchung Grauer Steppenmurmeltiere wurde der Einfluß von Wachstum und Entwicklung der juvenilen Tiere auf deren Pubertätsbeginn besonders deutlich. Tatsächlich werfen nur ganz wenige dreijährige Weibchen. So fanden sich in einem Fall unter insgesamt 240 untersuchten Weibchen 3 % zweijährige, 20 % dreijährige, 45 % vierjährige und bis zu 70 % ältere Tiere, die Nachwuchs besaßen (CHERVJAKOVA & BIBIKOV 1971). Die Wurfgröße, die über die Anzahl der Plazentanarben ermittelt wurde, wuchs ebenfalls mit zunehmendem Alter der Weibchen von 3 Jungen bei dreijährigen Muttertieren auf bis zu fünf bei vierjährigen oder älteren Tieren.

Die Kopulation wurde für Alpenmurmeltiere beschrieben (PSENNER 1956). Nach dem Aufwachen aus dem Winterschlaf umwirbt das Männchen das Weibchen meist im Anschluß an eine Spielphase (das sogenannte »Boxen«). Dabei bewegt das Weibchen seinen Schwanz seitlich hin und her. Beide Tiere schlagen mit nach vorn gerichteten Schneidezähnen die gesenkten Köpfe so fest gegeneinander, daß der Aufprall hörbar ist. Am 17. Tag nach dem Erwachen besteigt das Männchen seine Partnerin, hält sie umklammert und schiebt seine Hinterläufe weit unter ihren Körper. Das Weibchen verhält sich passiv, die Stoßbewegungen des Männchens fallen kaum auf. Nach der Kopulation, die 11,5 Minuten dauert, sind beide Partner offenbar erschöpft und beginnen, sich zu waschen und Fellpflege zu betreiben.

Waldmurmeltiere kopulieren drei Mal täglich, jeweils etwa für drei bis acht Minuten. Während des Koitus verbeißt sich das Männchen in das Nackenfell seiner Partnerin (HOYT & HOYT 1950).

Bei der Paarung der Gelbbäuchigen Murmeltiere nähert sich das Männchen seiner Partnerin und beschnüffelt ihr Gesicht oder ihren Körper; dabei stößt es sie öfters mit der Pfote an, meistens in den Bauch. Häufig sucht das Weibchen dem Partner zu entkommen, der es anschließend verfolgt. Mitunter nähert sich auch das Weibchen einem Männchen, oder beide wandern vor der eigentlichen Kopulation noch etwa eine Stunde lang umher. Nähert sich das Weibchen, so krümmt es oft den Rücken und präsentiert dem Partner den Genitalbereich. Meist jedoch nähert sich das Männchen seiner Partnerin, die er schließlich mit den Vorderbeinen umklammert; dann verbeißt er sich in ihre Rückenhaut. Der Schwanz des Weibchens wird beiseite geschoben, während das Männchen seiner Hinterbeine unter die Partnerin zwängt und mit dem Stoßen beginnt. Während der Kopulation verharrt das Weibchen ruhig in Kauerstellung (ARMITAGE 1965).

Menzbiers Murmeltiere aus der Karschantau-Population kopulierten fünf Mal täglich, und zwar von 9 Uhr 30 bis 11 Uhr (KAPITONOV 1969a). Vor jedem Koitus fand ein kurzes Vorspiel statt. In drei Fällen dauerte der Koitus 30 bis 40 Sekunden, in weiteren Fällen sogar noch kürzer (Abb. 48). Am folgenden Tag kopulierten in der Nähe desselben Baus zwei Murmeltiere (vermutlich dieselben wie Tags zuvor) zwei weitere Male, wiederum jeweils nach einer kurzen Spielphase. Ein weiteres Pärchen kopulierte am 15. April um 11 Uhr genau 40 Sekunden lang. Am 16. April wurde eine weitere Paarung, die 50 Sekunden dauerte, notiert, und zwei Mal wurde beobachtet, wie das Männchen zu kopulieren versuchte, das Weibchen jedoch entfloh. Am 10. Mai wurde ein Weibchen gefangen, das in dem Bau lebte; dieses erwies sich als trächtig und besaß mehrere 5 bis 6 cm lange Embryonen.

Abb. 48: Paarung bei Menzbiers Murmeltieren. Zeichnung: RUMIANTSEV nach einem Foto von KAPITONOV.

Offenbar handelte es sich um das Tier, das am 15. bzw. 16. April begattet worden war. Die Koitushaltung des Menzbiers Murmeltiers ähnelt derjenigen von Grauen Steppenmurmeltieren, Gelbbäuchigen Murmeltieren und Waldmurmeltieren.

In Gefangenschaft gehaltene Bobaks aus Kasachstan beginnen mit der Kopulation, indem sie zunächst zwei bis vier Minuten spielen, insbesondere die Weibchen. Vor dem Spiel stupst das Weibchen mit den Zähnen gegen den oberen Körperbereich seines Partners. Beim Spielen beißen sich die Tiere leicht in die Schnauze, oder sie stoßen dagegen, bzw. belecken und beschnüffeln sie. Dabei sitzen oder stehen die Murmeltiere einander gegenüber, meist auf allen Vieren, mitunter aber auch aufgerichtet auf den Hinterpfoten. Mit gesenktem Kopf und offenem Maul schlagen die Tiere ihre Zähne gegeneinander oder ziehen den Partner mit verhaktem Gebiß auf die eigene Seite. Meist gelingt es dem Weibchen, seinen Partner zu sich herüberzuziehen, wobei dieser plötzlich grummelnd aufbegehrt und das Weibchen zu besteigen versucht (KAPITONOV 1969b). Er beißt ihm in die Haut zwischen den Schulterblättern und hält die Partnerin fest an den Seiten umklammert, wobei er versucht, seinen Hinterkörper unter sie zu manövrieren. Das Weibchen steht leise und ruhig (mitunter mit geschlossenen Augen) und preßt den Vorderkörper gegen den Boden. Stößt das Weibchen gereizte Laute aus, hört das Männchen sofort auf zu grummeln und läßt Unmutslaute oder ein Brüllen ertönen (manchmal beißt es auch seine Partnerin), das in ein näselndes Klagen übergeht.

Die montanen Murmeltiere Mittelasiens begatten sich meist noch in den Winterbauen. Deshalb wurde die Paarung dieser Tiere nur selten oder überhaupt noch nie beobachtet. Meinen Kollegen und mir gelang es noch nie, sie bei der Paarung zu sehen, obwohl wir viele Stunden vor dem Auftauchen der Murmeltiere vor ihren Bauen ausharrten. Völlig unmöglich ist es auch, die Paarung von Kappenmurmeltieren aus Nordostsibirien sowie von Steppenmurmeltieren aus Kasachstan zu beobachten, weil die Weibchen beider Arten erst einige Tage vor der Geburt der Jungen erstmals ans Tageslicht kommen (KAPITONOV 1960, SHUBIN 1962).

Der Beginn der Fortpflanzung und die Dauer der Trächtigkeit hängen davon ab, über welchen Zeitraum die Mitglieder der einzelnen Murmeltierpopulationen oberirdisch aktiv sind. Je nach Wohnort verschieben sich Trächtigkeit und Säugen in frühere oder spätere Monate. Wenn die Murmeltiere in klimatisch rauhen, schneereichen Habitaten mit kurzen Sommern (z. B. im Altai und Tien-Schan, in Jakutien und Alaska) leben, tauchen sie erst im April oder später auf und kopulieren vorher bereits in den Winterbauen. Die Jungen werden zwei bis drei Wochen nach dem Auftauchen aus dem Bau geboren. In den Trockensteppen Kasachstans verläuft die Trächtigkeit innerhalb des Baus, und die Jungen werden geboren, bevor die adulten Tiere den Winterbau verlassen (SHUBIN 1962). Die Verlagerung von Paarung und Trächtigkeit in den Winterbau wird erst durch die Anlage großer Fettreserven im Herbst möglich. Sie erlaubt den Murmeltieren, Trockensteppen, alpine Zonen und den Fernen Osten zu besiedeln (siehe auch Kap. 4.4).

Nach einer kurzen Tragzeit (30 bis 35 Tage) wirft das Weibchen nackte, blinde Junge. Die Körperlänge (KL) neugeborener Mongolischer Steppenmurmeltiere beträgt 9,4 bis 11 cm, ihr Schwanz ist 1,5 cm lang, und ihre Füße sind 1,2 cm lang. Ihr Gewicht schwankt zwischen 31 und 40 g (ISMAGILOV 1956). Die Jungen anderer Murmeltierarten wiegen 26 bis 40 g und besitzen eine KL von 7,5 bis 9,6 cm, wobei die Kopflänge etwa die Hälfte ausmacht; ihre Haut ist bläulich-rosa gefärbt. Ein Waldmurmeltier wiegt einen Tag nach seiner Geburt im Durchschnitt 27,2 g und nach einer Woche durchschnittlich 45 bis 62 g (GRIZZELL 1955). Das Gewicht neugeborener Alpenmurmeltiere liegt bei 29 g, während neugeborene Graue Steppenmurmeltiere zwischen 29 und 34 g sowie ein bis zwei Tage alte Kappenmurmeltiere 28,6 bis 39,7 g wiegen (BIBIKOV 1967). Die geringe Körpergröße neugeborener Murmeltiere (etwa 1 % des Gewichtes eines adulten Tieres) stellt möglicherweise eine Anpassung an die verkürzte aktive Periode dar.

Nach fünf Tagen bilden sich Pigmente auf Kopf und Rücken. Die Haare an der Nase (Sinushaare) sind hell überlaufen und 5 mm lang. Augen und Ohren sind noch verschlossen. Nach zehn Tagen nimmt die Pigmentation zu (Abb. 49). Die Rückenhaare sind dunkel und 2 mm lang. Die Lider gehen leicht auseinander, Augen und Ohren bleiben weiterhin verschlossen. Nach 15 Tagen sind die jungen Murmeltiere mit dunklem Haar bedeckt (2,5 bis 3 mm lang). Die Nasenspitze ist mit

Abb. 49: Murmeltierjunge (von oben nach unten): Graues Steppenmurmeltier aus dem Tien-Schan, 10 bis 12 Tage alt (Foto: V. CHERVJAKOV); Alpenmurmeltiere, 14 bis 20 Tage alt (Foto: H. PSENNER); Graues Steppenmurmeltier aus dem Altai, 40 bis 50 Tage alt (Foto: MAZIN).

zartem, hellem Flaum überzogen, Augen und Ohren sind immer noch verschlossen. Die KL nimmt um 35 bis 50 % zu, das Gewicht verdoppelt sich. Größenunterschiede bei Jungtieren (Abweichungen zwischen 20 % und mehr sind möglich) machen sich während der Laktation bemerkbar, da Jungtiere mit größeren Köpfen und kräftigeren Pfoten eine größere Chance haben, eine bessere Zitze zu erreichen. Sobald die Tiere auf Pflanzenkost umgestiegen sind, werden die Größenunterschiede — unabhängig davon, wie viele Spätentwickler von Raubtieren erbeutet werden — noch deutlicher.

Die unteren Schneidezähne brechen beim Alpenmurmeltier am 26. Tag durch. Nach 40 Tagen beginnen alle Jungen, einschließlich der Spätentwickler, den Bau zu verlassen und selbständig Klee zu fressen. Nach 45 Tagen können sie sich aufrecht hinstellen, und nach 47 Tagen krabbeln sie bereits vor ihren Eltern aus dem Bau (PSENNER 1956).

Interessanterweise sind neugeborene Waldmurmeltiere kleiner als gleichaltrige Junge anderer Murmeltierarten. Die Beziehungen zwischen der Waldmurmeltiermutter und ihren Jungen sind gut untersucht worden (BARASH 1974c). 28 Tage lang stehen Mutter und Junge in sehr engem Kontakt, insbesondere vor dem 20. Tag; 60 bis 80 % der Beobachtungszeit verbrachten die Jungen mit Saugen. Zwischen dem 29. und 31. Tag nach der Geburt begannen alle drei beobachteten Mütter, ihrem Nachwuchs frisches Gras zu bringen; allerdings fingen die Kleinen erst am 33. Tag an, Grünzeug zu fressen. Mit zunehmender Größe quieken die Kleinen lauter. Die Mutter reagiert auf das Fiepsen eines Jungtiers zunehmend aggressiver. Mütter sprechen auf sechs verschiedene Art und Weisen auf dieses Fiepsen an. Die Beziehungen zwischen Mutter und Jungtieren unterschiedlichen Alters und Geschlechts wurden von BARASH (1989) für unterschiedliche nordamerikanische Murmeltierarten beschrieben. Unter den amerikanischen Murmeltieren ist das Waldmurmeltier das aggressivste Tier, weshalb die Jungtiere bereits früher als bei anderen Murmeltierarten abwandern. Waldmurmeltiermütter zeigen auch schon viel früher gegenüber ihrem Nachwuchs ein aggressives Verhalten.

Auffällig ist auch, daß die Neugeborenen aus größeren Würfen meist kleiner sind (KULIKOVA & POPOV 1976). So wog in einer Grauen Steppenmurmeltierfamilie das größte Junge eines siebenköpfigen Wurfes 28,7 g, während das größte Tier eines Wurfes mit zwei Jungen bereits 40 g wog. In den kleineren Würfen wuchsen die Jungen zudem rascher und hatten bereits nach zehn Tagen ihr Gewicht verdreifacht, während den Tieren aus dem siebenköpfigen Wurf dasselbe erst nach 22 Tagen gelang. Interessanterweise entwickelten sich alle Murmeltierjungen — unabhängig von juvenilen Größenunterschieden einzelner Würfe — mehr oder weniger parallel, und alle besaßen am 30. Tag die typische Fellfärbung. Allerdings wogen die Tiere aus dem großen Wurf durchschnittlich 110 bis 111 g, während die beiden Jungen aus dem kleinen Wurf ein Gewicht von 228 g bzw. 283 g besaßen.

Individuelle Wachstumsschwankungen wurden anhand eines größeren Probenmaterials (n = 1 500 Tiere) untersucht. Während der postnatalen Phase nehmen die Unterschiede im Wachstum zu (CHERVJAKOVA 1968, 1980). Über die Entwicklung nordamerikanischer Murmeltiere liegen nur wenig Daten vor. Deshalb sollen hier einige russische Originalarbeiten vorgestellt werden. Junge Murmeltiere wachsen sehr schnell. Typische Juvenilmerkmale, wie großer Kopf, große Pfoten und wulstige Lippen, verschwinden nach und nach, und die Jungen werden zunehmend flinker. Richtig wachsam werden sie im Alter von ca. 40 Tagen — ein paar Tage, nachdem sie zum ersten Mal den Bau verlassen haben. Die Tiere sind zu diesem Zeitpunkt 20 bis 25 cm lang und wiegen 250 bis 350 g. Gelbbäuchige Murmeltierjunge wiegen bei ihrem ersten Ausflug ins Freie sogar 400 bis 500 g.

Im Juli machen die Unterschiede zwischen den Jungen eines Wurfes 20 bis 30 mm in der Länge und 100 bis 150 g an Gewicht aus. Darüber hinaus fällt die langsame Entwicklung des Gebisses auf. Bei den meisten Tieren eines 30 Tage alten Wurfes ragen die Prämolaren deutlich aus dem Zahnfleisch heraus, und sie sind nicht mehr mit Epithel bedeckt; bei den übrigen Tieren sind die Prämolaren noch unauffälliger und mit Epithel bedeckt.

Große, junge Murmeltiere wachsen weiterhin bis Mitte Juni sehr rasch; zu diesem Zeitpunkt werden die letzten Molaren gebildet. Die Milchzähne werden nach und nach durch das Dauergebiß ersetzt, wodurch offenbar die körperliche Entwicklung

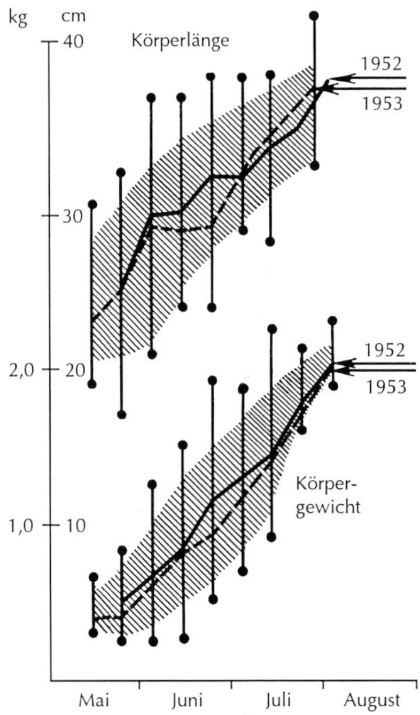

Abb. 50: Das Wachstum juveniler Grauer Steppenmurmeltiere (Grassteppe, Terskei Ala-Tau; n = 727). Kurve = Mittelwert von 10tägigen Abschnitten. Die meisten Werte liegen im schraffierten Bereich. Senkrechte Linie = Extremwerte.

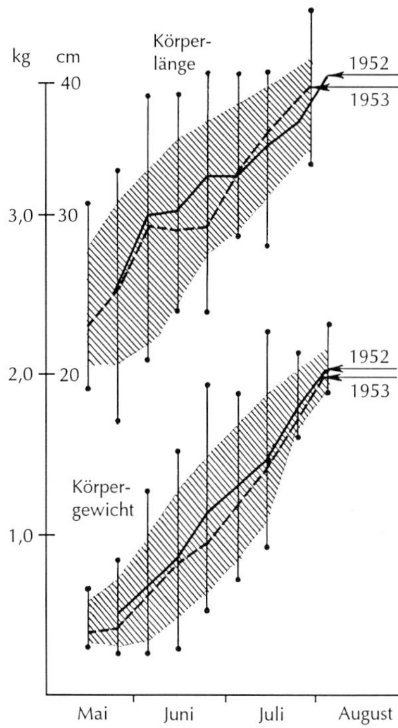

Abb. 51: Veränderungen in Länge und Gewicht von einjährigen Grauen Steppenmurmeltieren aus der Grassteppe des Terskei Ala-Tau. Die meisten Werte liegen im gepunkteten Bereich. Senkrechte Linie = Extremwerte.

etwas verzögert wird. Bei den kleineren Jungtieren findet die Zahnbildung später statt; wenn die Zuwachsrate der größeren Jungen abnimmt, steigt diejenige der kleineren Tiere an. Auch wenn kleinere Tiere beim Einsetzen des Zahnwechsels nicht die gleiche Größe und das gleiche Gewicht wie Junge mit schnellerer Entwicklung besitzen, findet dieser bei ihnen auch statt, wenn sie weniger wiegen bzw. kleiner sind. Kurz vor Einsetzen des Winterschlafs macht der Unterschied zwischen großen und kleinen Tieren beim Gewicht 800 g und in der Länge 40 mm aus.

In günstigen Lebensräumen verläuft das weitere Wachstum relativ gleichmäßig. Während der ca. 60–70 Tage dauernden Suche nach Nahrung vervierfacht sich das Gewicht der Murmeltiere, und ihre Länge verdoppelt sich nahezu (Abb. 50). Von Ende Juni bis Anfang Juli weist die Wachstumskurve einige Einbrüche auf, was auf Veränderungen der Körperlänge hinweist. Sehr wahrscheinlich hängen solche Wachstumsschwankungen mit der Entwicklung des wachsenden Organismus und mit dem Verbrauch von Energiereserven zusammen (z. B. beim Haarwechsel).

Bei Jährlingen nehmen Gewicht und Körperlänge während des gesamten Sommers zu (Abb. 51). Die Längenzuwachsrate verläuft bei Jährlingen viel langsamer als bei juvenilen Tieren, die Zunahme des Gewichts ist jedoch ähnlich. Bei Adulten gibt es nur wenig Längenzuwachs (Abb. 52), ihr Gewicht nimmt im Frühjahr aufgrund des vermehrten Energiebedarfs für die Fortpflanzung ab, steigt jedoch ab Ende Mai wieder rasch an.

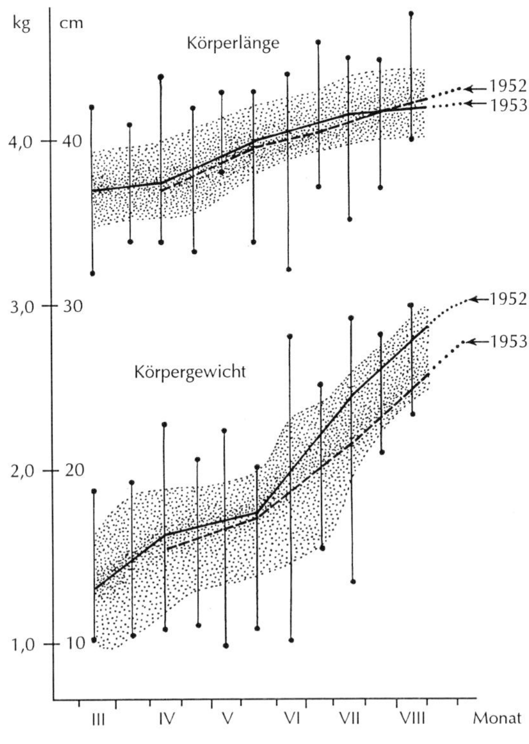

Abb. 52: Jahreszeitliche Schwankungen von Körperlänge und Gewicht bei zwei- bis dreijährigen Grauen Steppenmurmeltieren aus der Grassteppe des Terskei Ala-Tau. Die meisten Werte liegen im gepunkteten Bereich. Senkrechte Linie = Extremwerte.

5.4 Die Fortpflanzung in reduzierten Populationen[1]

In diesem Abschnitt sollen weitere Anpassungsmechanismen der Murmeltiere geschildert werden, die ihnen helfen, ihre Fortpflanzungsrate zu steigern und ihr Überleben zu sichern; hier sollen insbesondere einige ökologische Merkmale und Besonderheiten im Verhalten genannt werden, wie sie bei reduzierten Populationen im Zentral Tien-Schan beobachtet wurden. Von 1950 bis 1970 nahm diese Population auf einer Fläche von 1 Million ha um den Faktor 10 bis 20 ab, und die Individuendichte der Tiere im Aksai- und Sarydschas-Tal lag bei 5 bis 45 Individuen/km^2.

Innerhalb der Population veränderte sich auch die räumliche Verteilung. Einzelne Tiere, wie auch ganze Familien, die die Bekämpfung überlebt hatten, schlossen sich zu neuen Gruppen zusammen und bildeten nach ein bis zwei Jahren räumlich voneinander getrennte Verbände, die wiederum aus 5 bis 30 Familien bestanden (Bibikov & Zhirnova 1956, Pole et al. 1971, Pole 1992). Charakteristisch für diesen Zerfall der Populationsstruktur war, daß viele Siedlungen aufgegeben wurden. Infolge dessen begegneten sich die Murmeltiere seltener, so daß der Übertragung des Pesterregers schließlich Einhalt geboten wurde. Obwohl man die mosaikartige Verteilung der Murmeltiere innerhalb einer gezielt dezimierten Population schon seit geraumer Zeit untersucht hat, sind viele Einzelheiten, wie etwa Ausbreitungsrichtung und -geschwindigkeit der Tiere weiterhin unklar. Aus Einzelbeobachtungen geht hervor, daß sich die ursprünglichen Grenzen dieser Murmeltiersiedlungen 1,5 bis 2,5 km pro Jahr ausbreiten. Für gewöhnlich werden zunächst die leer stehenden Baue zwischen den benachbarten Murmeltiersiedlungen besetzt, wodurch sich aus den einzelnen Siedlungsfragmenten erneut eine zusammenhängende Kolonie ergab.

Auffällig ist auch, daß die Murmeltiere der reduzierten Populationen im alpinen Aksai-Tal wesentlich mobiler waren als die Tiere aus den subalpinen Zonen des Tien-Schans. Fast 37 % der markierten Tiere (n = 82) entfernten sich etwa 300 bis 1 000 m von ihren ursprünglichen Bauen, und 13,7 % wanderten sogar noch weiter weg (Bibikov et al. 1961).

Der Beginn der Erholungsphase ist durch eine relativ stabile Anzahl an Familien innerhalb des ursprünglichen Kerngebietes gekennzeichnet. Im sechsten Regenerationsjahr steigt die Anzahl der Familien am Rande der Siedlung rasch an (Abb. 53). Dies beruht darauf, daß Murmeltiere aus dem Kerngebiet der Population abgewandert sind. In den Kerngebieten liegt die Populationsdichte mittlerweile bei 140 bis 225 Tieren/km^2.

In Gebieten mit reduzierter Murmeltierpopulation machen Jährlinge und Zweijährige 54,8 % der Population aus (Tab. 12), was 17,5 % über dem entsprechenden Anteil einer nicht bejagten Population liegt. Die untersuchten Murmeltiere waren im ersten Jahr nach der Dezimierung durchschnittlich 2,6 Jahre alt, im fünften Jahr

---

[1] Graue Steppenmurmeltiere sind Hauptwirte der Flöhe, die als Überträger des Beulenpest-Bakteriums (*Yersinia pestis*) gelten. Endemische Pestherde, von denen immer wieder Epidemien aufflackerten, liegen u. a. in der östlichen Mongolei, am NW Hang des Himalaja und in der Kirgisensteppe. Dementsprechend wurden in der Vergangenheit als Pestbekämpfungsmaßnahmen viele Murmeltierbestände regelmäßig dezimiert. Die hier vorgestellten Untersuchungsergebnisse an reduzierten oder verringerten Populationen bezeichnen derartige Populationen, die im Zuge der Pestbekämpfung bejagt wurden.

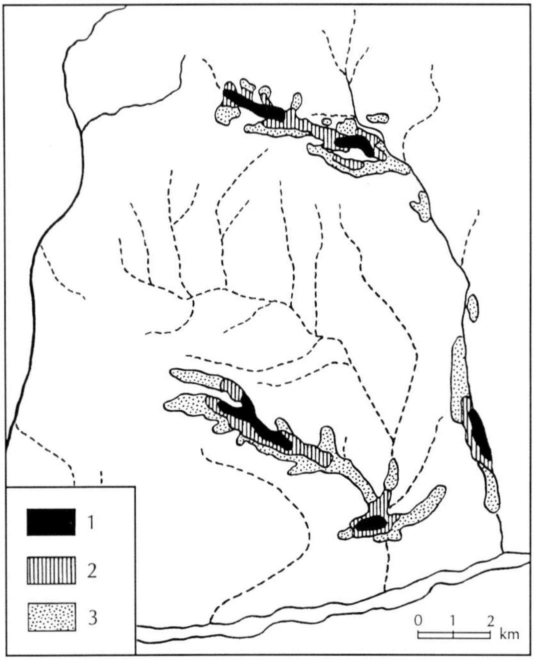

Abb. 53: Verteilung der Siedlungen Grauer Steppenmurmeltiere im Kuldgabaschi-Tal, Zentral Tien-Schan, während der Regenerationsphase nach einer Dezimierung. Verteilung der Tiere zwei Jahre (1), vier Jahre (2) und sechs Jahre (3) nach Dezimierung der Population. Nach POLE (1992).

Tab. 12: Veränderungen der Alters- und Geschlechtsstruktur einer Population Grauer Steppenmurmeltiere während der Regenerationsphase. Die Tiere wurden von April bis Mai eingefangen, bevor die Jungen den Bau verließen; Angaben über juvenile Tiere sind deshalb hier nicht berücksichtigt. Aus POLE (1992).

Regenerationsjahre	Anzahl ♂/♀	Alter (in Jahren) der Murmeltiere im Untersuchungsgebiet					
		1+	2+	3+	4+	5+	älter als 5+
1. Jahr	20	2/ 4	2/ 2	4/ 2	–/ 2	1/–	–/1
5. Jahr	104	19/24	4/11	10/10	6/ 3	5/6	4/2
9. Jahr	22	3/ 4	2/ 3	2/ 1	–/ 2	3/2	–/–
Kontrollgebiet	75	8/11	4/ 5	6/ 7	7/16	3/4	2/2

2,4 Jahre und im neunten Jahr 2,8 Jahre alt. In Kontrollpopulation lag das Durchschnittsalter der Tiere über 3,0 Jahren. Ein relativ kleiner Anteil an Ein- bis Zweijährigen beruht in dieser Population auf der niedrigen Geburtenrate und hohen Mortalität juveniler Murmeltiere in einer gesättigten Population. Die Daten zeigen auch, daß der Anteil der fortpflanzungsfähigen Murmeltiere (Dreijährige und ältere Tiere), die im 5. und 9. Regenerationsjahr untersucht wurden, kleiner war als in der Kontrollgruppe. Das Verhältnis von Männchen und Weibchen in der sich regenerierenden Population lag fünf und neun Jahre später bei 1 : 1,15, während sich das Geschlechterverhältnis in der Kontrollpopulation bei 1 : 1,5 bewegte. Insgesamt gab es unter den Murmeltieren, die ein Jahr alt und älter waren, mehr Weibchen.

Im 5. Regenerationsjahr wurde die Populationsstruktur im Kernbereich der neuen Siedlung besonders sorgfältig untersucht, da man sämtliche Murmeltiere, die in den vier vorausgegangenen Jahren gefangen wurden, erneut untersuchte (Tab. 13). Im Kernbereich dieser Murmeltiersiedlung sowie unter den Einjährigen überwiegen die Weibchen. In den Randzonen gibt es deutlich mehr ein- bis zweijährige Murmeltiere (ca. 14 % mehr) sowie sehr viele besonders alte Tiere. Der Anteil an Drei- bis Fünfjährigen liegt in der Peripherie um 20,4 % niedriger als im Kernbereich der Siedlung. Diese Daten belegen, daß die Alterszusammensetzung im Inneren einer Siedlung während des 5. Regenerationsjahres sehr stark derjenigen einer gesättigten Population ähnelt.

Das Durchschnittsalter der Murmeltiere liegt im Kerngebiet bei 2,7 Jahren, in den Randzonen bei 2,3 Jahren. In beiden Fällen war das durchschnittliche Alter der Männchen höher. Das durchschnittliche Alter von Weibchen mit Nachwuchs war im Kern um 0,4 Jahre höher als in der Peripherie. Diese Unterschiede verdeutlichen, daß die Tiere bevorzugt aus solchen Bereichen abwandern, wo der Anteil an jüngeren Tieren hoch ist (POLE 1974).

Tab. 13: Alters- und Geschlechtsstruktur einer Population Grauer Steppenmurmeltiere im Kern- und Randbereich der Siedlung während des 5. Regenerationsjahres.

Geschlechtsstruktur ♂/♀	Anzahl an Männchen und Weibchen verschiedener Altersklassen						
	1+	2+	3+	4+	5+	älter als 5+	Gesamtzahl
Kernbereich	8/15	4/4	7/7	4/3	4/5	1/1	28/35
Randbereich	11/ 9	–/7	3/4	2/–	1/1	3/1	20/22

Alterszusammensetzung	Anteil der Tiere unterschiedlichen Alters (in %)						
	1+	2+	3+	4+	5+	älter als 5+	Gesamtzahl
Kernbereich	37,1	12,9	21,0	11,0	14,5	3,2	63
Randbereich	47,6	16,7	16,7	4,7	4,7	9,6	42

Der Anteil juveniler Murmeltiere schwankte während der folgenden Regenerationsjahre der Population beträchtlich; er lag bei 53 % im zweiten, 43 % im dritten, 61 % im vierten, 40 % im fünften und 24 % im sechsten Jahr. Hierfür gibt es unterschiedliche Gründe: Der Rückgang im 3. Jahr beruht auf einer erhöhten Mortalität der ganz jungen Tiere nach eine Schlechtwetterperiode im Sommer mit niedrigen Temperaturen. Die zurückgegangenen Werte im 5. und 6. Jahr, die besonders im Kerngebiet besonders auffällig waren, ließen sich auf eine verminderte Fortpflanzungsrate und auf das Abwandern geschlechtsreifer Tiere zurückführen.

Für eine sich regenerierende Population ist es darüber hinaus charakteristisch, daß die Jungen oft relativ spät geworfen werden; außerdem wurde festgestellt, daß die Gonaden von Männchen dieser Populationen von Mai bis Juni relativ schwer sind (POLE 1974). Diese Befunde deuten indirekt daraufhin, daß sich die Tiere in dieser Population über einen längeren Zeitraum. Die Populationsdichte scheint hingegen keinen sonderlichen Einfluß auf die Fortpflanzungsperiode auszuüben. Laut neuerer Untersuchungen nehmen Anzahl der Würfe und Anteil gebärender Weibchen innerhalb einer reduzierten Population um 20 bis 40 % zu (Tab. 14).

Tab. 14: Fortpflanzungsrate Grauer Steppenmurmeltiere in Populationen aus dem Aksai-Tal mit unterschiedlicher Populationsdichte. Nach POLE (1974, 1992).

	Populationsdichte (Tiere/km^2)		
	10–15	40–60	120–150
Durchschnittliche Anzahl an Plazentanarben bei ♀, ($\bar{x} \pm$ Standardabweichung)	6,4 ± 0,13	5,8 ± 0,2	5,0 ± 0,38
Anteil fortpflanzungsfähiger ♀ in Prozent aller untersuchter ♀ (n > 1000)	75,0	62,5	47,1

Wichtig ist ferner, daß der Zuwachs an weiblichen Tieren insbesondere auf dem Fortpflanzungserfolg zweijähriger Murmeltiere beruht. Nach eigenen Angaben liegt der Anteil an zweijährigen, fortpflanzungsfähigen Weibchen innerhalb einer reduzierten Population bei 25 % (POLE & BIBIKOV 1991), normalerweise jedoch nur bei 3 %.

Während der beiden ersten Phasen der Regeneration einer Population erreichte der Anteil fortpflanzungsfähiger Weibchen 75 %, während die Wurfgröße bei 6,4 Jungen lag. Später ging die Wurfgröße parallel zum zehnfachen Anstieg der Populationsdichte signifikant zurück, während der Anteil fortpflanzungsfähiger Weibchen deutlich sank (Tab. 14). Bei einer niedrigen Populationsdichte (10–15 Tiere/km^2) brachten jeweils 100 fortpflanzungsfähige Weibchen 480 Junge zur Welt, wohingegen bei hoher Populationsdichte (120–150 Tiere/km^2) von der gleichen Zahl Weibchen nur 235 Junge geworfen wurden. Demzufolge hat sich der Fortpflanzungserfolg einer vorher bejagten Population unter den angegebenen Bedingungen verdoppelt.

Eine Veränderung der Wurfgröße Grauer Steppenmurmeltiere verschiedener Altersklassen parallel zur Regeneration einer dezimierten Population wurde auch im Sarydschas-Tal beobachtet (MIKHAILYUTA 1983). Im Jahr nach der Teilausrottung lag die Wurfgröße zweijähriger Weibchen bei durchschnittlich 5,2 Jungen, diejenige dreijähriger Weibchen bei 5,9 und diejenige vierjähriger Weibchen bei 7,3 Jungtieren. Die Würfe fünf- bis neunjähriger Weibchen enthielten durchschnittlich 6,6 bis 7,1 Junge. Im folgenden Jahr lag die Wurfgröße zweijähriger Weibchen bei durchschnittlich 5,0 Jungen, diejenige dreijähriger Weibchen bei 6,0 und diejenige vierjähriger Weibchen bei 8,8 Jungen. Fünf- bis siebenjährige Weibchen besaßen Würfe aus 7,0 Individuen. Bei den älteren Tieren ging die Wurfgröße zurück: Sie lag bei achtjährigen Weibchen bei 6,2 Jungen, bei Neunjährigen bei 6,6 und bei Zehnjährigen Weibchen bei 6,0 Jungen. Vier Jahre nach den Pestbekämpfungsmaßnahmen bewegte sich die Wurfgröße zweijähriger Weibchen nur noch bei durchschnittlich 3,0 Jungen und diejenige dreijähriger Tiere nur noch bei 3,7 Jungen. Demgegenüber warfen vierjährige Weibchen 5,5 Junge, fünfjährige Weibchen 5,0 Junge sowie sechsjährige Weibchen 5,1 Junge. Die Wurfgröße älterer Weibchen schwankte ebenfalls: Bei siebenjährigen Weibchen lag sie bei 4,6 Jungen, bei achtjährigen

Weibchen bei 5,4 Jungtieren, bei neunjährigen Weibchen bei 4,3 Jungen sowie bei zehnjährigen Weibchen bei 6,0 Jungtieren (MIKHAILYUTA 1983). Demnach nahm bei den Grauen Steppenmurmeltierpopulationen sowohl im Aksai- wie im Sarydschas-Tal die Fortpflanzungsrate der Weibchen während der ersten Phase der Regeneration deutlich zu, während sie andererseits mit zunehmender Populationsdichte wieder rückläufig wurde.

Die Stabilität der Wurfgröße in unterschiedlichen Regenerationsphasen der Population wurde mit Hilfe eines Asymmetriekoeffizienten bestimmt (Abb. 54). An zwei Punkten der Kurve fällt der Asymmetriekoeffizient ziemlich klein aus (A = −0,03), was ein Hinweis auf eine stabile Wurfgröße ist. Sie verbleibt im Bereich hoher Werte, wenn sich die Fortpflanzungsrate ihren Maximalwerten nähert. Bei einer optimalen Populationsdichte bewegt sich die Wurfgröße durchgängig bei mittleren Werten; sie geht zurück (negativer Asymmetriekoeffizient, A = −0,7), wenn die durchschnittliche Populationsdichte ihr Optimum überschreitet, und steigt an (positiver Asymmetriekoeffizient, A = +0,7), wenn die Populationsdichte deutlich unter dem Optimum liegt. Interessanterweise kennzeichnen Minima auf der Fortpflanzungsindex-Kurve (Abb. 54) solche Murmeltiere, die nicht nur in optimalem, sondern auch in suboptimalem Gelände leben können. In einer reduzierten Population befinden sich während der ersten Regenerationsphase noch zahlreiche leere Baue zwischen den Kerngebieten optimal gelegener Siedlungen. Hierdurch wird selbst bei hoher Populationsdichte (zwischen 175 und 200 Tiere/km^2) eine starke Fortpflanzungsrate möglich. Eine weitere Zunahme der Populationsdichte führt zu einem Rückgang der Fortpflanzungsrate, weil die Zahl der Familien mit Nachwuchs zurückgeht (POLE & BIBIKOV 1991).

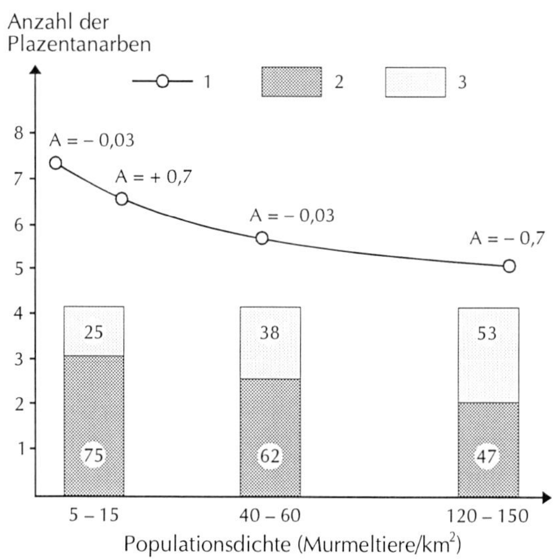

Abb. 54: Veränderungen der Fortpflanzungsrate weiblicher Grauer Steppenmurmeltiere während der Regeneration einer Population im Zentral Tien-Schan. 1 – Asymmetriekoeffizient der Wurfgröße; 2 – Anteil der fortpflanzungsfähigen Weibchen; 3 – Anteil der nicht fortpflanzungsfähigen Weibchen. Nach POLE (1992) .

Erkenntnisse über die Fortpflanzung in einer normalen, nicht bejagten Population Grauer Steppenmurmeltiere wurden in der Waldsteppenzone des Tien-Schans gesammelt (CHERVJAKOVA & BIBIKOV 1971). So fanden sich bei 240 untersuchten

Weibchen nur 3 % zweijährige Tiere mit Nachwuchs; unter den dreijährigen Weibchen besaßen 20 %, unter den vierjährigen 45 % und unter den älteren bis zu 70 % eigene Junge. Auch die Anzahl der Plazentanarben nahm im Alter zu: Waren es nur vier bei den dreijährigen Weibchen, so fanden sich bereits bis zu fünf Narben bei solchen Weibchen, die vier Jahre und älter waren. Durch das Wiedereinfangen markierter Weibchen (n = 57) konnte der Fortpflanzungserfolg einzelner Tiere in aufeinanderfolgenden Jahren ermittelt werden. Wenn die Weibchen als Dreijährige geworfen hatten, bekamen sie als fünfjährige Tiere keinen Nachwuchs und umgekehrt. Möglicherweise werden junge Murmeltierweibchen, nachdem sie im Alter von drei Jahren geworfen haben, in den folgenden ein bis zwei Jahren nicht trächtig. Bei den adulten Weibchen wurde ebenfalls beobachtet, daß sie nach einem Wurf ein bis zwei Jahre ohne Nachwuchs blieben. Gleichzeitig pflanzten sich aber einzelne Weibchen in einer reduzierten Population in drei aufeinanderfolgenden Jahren fort.

Die Fortpflanzung nach Dezimierung des Bestandes wurde auch in den Gebieten einer nordamerikanischen Waldmurmeltierpopulation untersucht (SNYDER & CHRISTIAN 1960, DAVIS et al. 1964). Im ersten Testgebiet wurde ein beachtlicher Anteil der adulten Weibchen entnommen, damit ein Männchenüberhang entstand. Im zweiten Gebiet wurden Männchen und Weibchen entnommen, um die Populationsdichte zu senken, und im dritten Gebiet wurden möglichst wenig Eingriffe vorgenommen. Im ersten Gebiet fiel die Fortpflanzungsrate (ausgedrückt als Verhältnis der Anzahl an Jungen zur Anzahl adulter bzw. einjähriger Tiere) mit dem Wert 1,2 am niedrigsten aus. Im zweiten Gebiet, wo anteilmäßig weniger Weibchen trächtig wurden, lag diese Rate bei 2,27; hier gab es auch mehr einjährige als adulte Weibchen, und weniger als die Hälfte aller Einjährigen warf Junge. Die höchste Fortpflanzungsrate (2,97) entfiel auf das dritte Gebiet, wo sich die meisten adulten Weibchen aufhielten. Der unterschiedliche Fortpflanzungserfolg hängt demnach mit verschiedenen Altersklassen und Geschlechterverhältnissen zusammen. Interessanterweise pflanzten sich in der reduzierten Population ein höherer Anteil an weiblichen Jährlingen (42 %) fort, während der entsprechende Anteil in der Kontrollpopulation bei nur etwa 20 % lag. Dieses Forschungsprojekt bestätigt experimentell, daß die Fortpflanzung der Murmeltiere in hohem Maße durch Veränderungen des Geschlechterverhältnisses oder der Alterszusammensetzung innerhalb der Population beeinflußt wird.

An den sich regenerierenden Grauen Steppenmurmeltierpopulationen wurden aber nicht nur Verhalten, Ökologie und Fortpflanzungsrate untersucht, sondern auch der morphologisch-physiologische Zustand der Tiere (POLE 1974). Hierzu wurden über 4 000 Murmeltiere untersucht (SCHWARZ et al. 1968). Während sich die Populationsdichte verdreifachte (von 50 Tiere/km^2 auf 150 Tiere/km^2), ging das Gewicht juveniler und adulter Tiere zurück. Die Gewichtsunterschiede bei den adulten Murmeltieren aus Gebieten unterschiedlicher Populationsdichte machten zwischen 150 und 600 g aus. Junge, die im Juli in Gebieten mit geringer Dichte geboren wurden, wogen durchschnittlich 170 g mehr als gleichaltrige Tiere aus Revieren mit höherer Populationsdichte. Allerdings gingen diese Unterschiede einen Monat vor Beginn des Winterschlafes zurück, weil die Wachstumsrate der Tiere in dieser Vorbereitungsphase auf den Winterschlaf zu unterschiedlichen Zeiten beendet wurde. Wenn Junge in Populationen mit niedriger Dichte rasch wachsen und ihre Entwicklung schneller abschließen, werden sie auch früher geschlechtsreif. Dies erklärt offenbar den drastisch angestiegenen Anteil an geschlechtsreifen zweijährigen Weibchen in sich regenerierenden Populationen. Auffällig war außerdem, daß der Ernährungszustand der Murmeltiere schlechter wird, wenn ihre Populationsdichte zunimmt. So ging der Fettindex (prozentualer Anteil des Körperfetts am Gesamtgewicht) im Frühling in Gegenden mit einer Populationsdichte von 50 Tieren/km^2 bzw. 150 Tieren/km^2 signifikant zurück: Bei Männchen sank er von 54,4± 5,68 auf 18,7± 5,25 und bei Weibchen von 47,7± 6,96 auf 22,5± 8,04. Im Sommer fiel der Ernährungszustand juveniler, einjähriger und zweijähriger Tiere, die in Gebieten mit niedriger Individuendichte lebten, ebenfalls höher aus als bei Murmeltieren der gleichen Altersklassen, die aus Gebieten mit hoher Populationsdichte stammten. Ein ähnlicher Trend zeichnete sich auch für das relative Gewicht der Leber ab.

Bei der Frage, inwieweit die Populationsdichte vom physiologischen Zustand der Tiere beeinflußt wird, beschäftigte man sich verstärkt mit den Veränderungen in den Nebennierendrüsen, deren Hormone auf verschiedene Systeme steuernd wirken, z. B. auf Immunabwehr und Fortpflanzung. Eine vermehrte Bildung von Nebennierenhormonen kann die Antikörperbildung hemmen, die Rückbildung des Thymus und des Lymphsystems fördern, die Geschlechtsreife verlangsamen und die Immunabwehr gegen parasitische Würmer und Krankheitserreger schwächen (CHRISTIAN 1962). Die Populationsdichte war positiv mit dem Gewicht der Nebennieren korreliert. Beispielsweise betrug der Nebennierenindex juveniler Tiere in Gebieten mit einer Dichte von 40 bis 60 Tieren/km^2 bzw. 120 bis 150 Tieren/km^2 im Juli 0,122 ± 0,011 bzw. 0,237 ± 0,028; bei männlichen Jährlingen lag dieser Index bei 0,163 ± 0,028 bzw. 0,229 ± 0,019 (POLE 1974). In Gebieten mit hoher Populationsdichte fiel im April das relative Gewicht der Nebennieren weiblicher Jährlinge um den Faktor 1,5 höher aus als bei den Vergleichstieren aus Territorien mit niedriger Populationsdichte; bei männlichen Jährlingen sowie Weibchen ohne Nachwuchs (beide aus Populationen mit hoher Dichte) waren die Nebennieren 1,4mal bzw. 1,2mal so schwer wie bei den Kontrollen.

Generell wird der physiologische Zustand der einzelnen Altersklassen und Geschlechter innerhalb einer Population durch einen sogenannten Stoffwechselindex wiedergegeben, der über das Verhältnis der Gewichte von Nebennieren, Eingeweidefett und Leber berechnet wird. Ein Zuwachs der Populationsdichte wird von einem signifikanten Anstieg dieses Index begleitet (Tab. 15).

Tab. 15: Die Beziehung zwischen dem Stoffwechselindex einjähriger Grauer Steppenmurmeltiere und der Populationsdichte in einer sich regenerierenden Population im Aksai-Tal. Nach POLE (1974).

Populationsdichte (Tiere/km^2)	Stoffwechselindex	
	♀ (n = 19)	♂ (n = 15)
50	0,183 ± 0,041	0,177 ± 0,049
100	0,827 ± 0,237	0,678 ± 0,186

Resümee

Die räumliche Struktur einer zur Pestbekämpfung bejagten Population wird in mehreren Phasen wiederhergestellt. Zuerst (d. h. nach ein bis zwei Jahren) bilden die Murmeltiere einzelne lokale Familiengruppen, die infolge von Abwanderungen aus den Kerngebieten nach und nach zusammen wachsen. Nach drei bis fünf Jahren zeichnet sich wieder die ursprüngliche Struktur der Population in groben Zügen ab, weil an den optimalen Stellen ein Netzwerk aus Siedlungen vom Herd- bzw. Schluchttyp entstanden ist. In der letzten Regenerationsphase dringen die Tiere auch in Bereiche des Siedlungsgebietes mit suboptimalen Lebensbedingungen vor.

In einer reduzierten Population nimmt der negativ wirkende Konkurrenzdruck ab, während die Familienreviere größer werden und die Murmeltiere sich beträchtlich ausbreiten können. Parallel zur Verbesserung der Lebensbedingungen, insbesondere was die Nahrung betrifft, verbessert sich auch der physiologische Zustand der Individuen: Die Fortpflanzungsrate der Tiere nimmt zu, ihre Wachstumsrate beschleunigt sich, die Tiere werden schneller geschlechtsreif, der Anteil an fortpflanzungsfähigen Tieren sowie der Fortpflanzungserfolg der Weibchen steigt, und die Mortalität sinkt. Die Anzahl der Murmeltiere innerhalb der Siedlungen nimmt stetig zu, und die Tiere beginnen abzuwandern.

In der anschließenden Phase, in der sich die Populationsdichte stabilisiert, nimmt die Fortpflanzungsrate wieder ab, die Populationsdichte innerhalb der Siedlungen bleibt hingegen mehr oder weniger konstant. Die optimalen Reviere sind besetzt, so daß die Murmeltiere auch in suboptimale Gebiete abwandern. Innerhalb der Siedlungen sinkt die Abwanderungsrate anschließend rasch ab, der physiologische Zustand der Tiere verschlechtert sich, und in der Population entsteht ein Geschlechterverhältnis, wie es für gesättigte Populationen charakteristisch ist (Bibikov 1991, Pole 1992).

5.5 Fortpflanzungsstrategien

Wie in den Kapiteln 5.3 und 5.4 beschrieben, verfügen Murmeltiere über zahlreiche Möglichkeiten, um ihre Populationsdichte schwankenden Umweltbedingungen anzupassen. Es wurden bereits zahlreiche Beispiele für Schwankungen im Bereich von Fortpflanzung, Mortalität und deren Ursachen gegeben, doch reichen diese Angaben nicht aus, um ein quantitatives Modell für eine einzelne Art zu konstruieren.

Im folgenden geht es um die Fruchtbarkeit der Murmeltiere — und zwar sowohl bei verschiedenen Murmeltierarten wie auch bei einzelnen Vertretern derselben Art, die jedoch unter verschiedenen Lebensbedingungen siedeln. So fand man in manchen Jahren bei weiblichen Grauen Steppenmurmeltieren aus der Grassteppe (in einer Höhe von 2 000 m üNN) durchschnittlich 6,1 Plazentanarben (Embryonen), bei Weibchen der alpinen Zone (in einer Höhenlage von 3 000 m üNN) hingegen nur 5,6; in anderen Jahren fand man 5,2 (bzw. 4,5) Narben. Bei anderen Artgenossen, die am Oberlauf des Naryn (in 3 500 m üNN) lebten, blieb dieser Wert stabil und lag bei durchschnittlich 6,1 (Berendjaev 1963).

Bei Untersuchungen an Gelbbäuchigen Murmeltieren in Colorado ergaben sich bezüglich der Fortpflanzungsrate beachtliche Unterschiede zwischen den Kolonien; diese Werte wurden telemetrisch sowie über Kartierungen ermittelt. Der Fortpflanzungserfolg »seßhafter« Weibchen, die im Harem (also der Fortpflanzungsbasis der Kolonie) lebten, fiel offenbar niedriger aus als derjenige von Weibchen, die allein (»Satelliten-Weibchen«) außerhalb des Kerngebietes und oft abseits der Kolonie lebten (jeweils 4,15 ± 0,19 Junge bzw. 4,46 ± 0,39 Junge pro Wurf). Insgesamt warfen die »Kolonieweibchen« zweimal so viele Junge wie die »Satelliten-Weibchen« (ARMITAGE & DOWNHOWER 1974). Die einzelgängerischen Weibchen hingegen verloren wesentlich mehr Nachkommen im Verlauf eines Jahres. Diese Tiere lebten in Bauen, die sich schlechter für den Winterschlaf eigneten, wanderten eher ab und waren in stärkerem Maße Beutegreifern ausgesetzt. Die natürliche Selektion bevorzugt Weibchen, die im Harem leben (DUNBAR 1983). Hinweise dafür, daß die Fortpflanzungsrate im Kernbereich einer Kolonie bzw. in stabilen Familienrevieren höher ausfällt, stammen auch von Tarbagans aus dem Bezirk Tuwa (SUNTSOV 1981, 1982) sowie von Grauen Steppenmurmeltieren.

Die Fortpflanzungsrate hängt auch von der Anzahl der Weibchen im Harem ab und nimmt ab, je mehr weibliche Tiere dem Harem angehören. Mit zunehmendem Umfang des Harems steigt die Mortalität der Jährlinge (ARMITAGE 1986b). Darüber hinaus hängen Wurfgröße und Anzahl der Würfe eines Weibchens auch davon ab, wie oft und wie lange sich die Schneedecke im Frühjahr hält (Van Vuren & ARMITAGE 1991). Im allgemeinen überleben mehr Jungtiere, wenn der Winter früh zuende geht (ARMITAGE & DOWNHOWER 1974).

Mehrere Jahre lang wurde eine Hochgebirgspopulation Gelbbäuchiger Murmeltiere in 3 600 bis 4 100 m üNN untersucht (ANDERSEN et al. 1976); der Schwerpunkt der Forschung lag auf der Nutzung der Baue sowie auf dem Energiehaushalt der Murmeltiere. In den Wintern 1973/74 und 1974/75 überwinterten die adulten Weibchen überwiegend zusammen mit anderen Weibchen; in zwei Fällen verbrachten drei adulte Weibchen den Winterschlaf gemeinsam. Insgesamt überwinterten zwei bis elf Tiere gemeinsam, keines überwinterte allein (JOHNS & ARMITAGE 1979). Als anschließend verglichen wurde, in welchem Umfang die Tiere ihre Fettreserven aufbrauchten und Nachwuchs bekamen, trat die Heterogenität der Winterbaue zutage. Winterquartiere spielen eine wichtige Rolle für den Fortpflanzungserfolg, so daß es bei einem Mangel an solchen Bauen zu weniger Nachwuchs kommen kann. Ihre Qualität beeinflußt die Überlebenschance der Jungen, weshalb das Anlegen geeigneter Winterbaue einen Teil der Fortpflanzungsstrategie darstellt. Ähnliche Erkenntnisse wurden auch für Alpenmurmeltiere gewonnen (ARNOLD 1990a,b, ARNOLD et al. 1991).

Waldmurmeltiere legen im Herbst beachtliche Fettreserven an, von denen noch sehr viel vorhanden ist, wenn die Tiere im folgenden Frühjahr ihren Winterschlaf beenden. Diese Fettreserven werden vermutlich für Schwangerschaft und Laktation benötigt (SNYDER et al. 1961). Bei *M. bobak sibirica* hängt es vom Fettgehalt der Weibchen in den Herbstmonaten ab, ob sie sich nach Beendigung des Winterschlafs fortpflanzen (NEKIPELOV 1978). So bewegte sich die Anzahl der Mongolischen Steppenmurmeltierweibchen, die Junge hatten, in verschiedenen Jahren zwischen

17 und 77 %, meist jedoch lag ihr Anteil nicht höher als 50 %. In sehr niederschlagsreichen Jahren legten die Tiere im August und September große Fettreserven an und vermehrten sich erfolgreich im nächsten Frühjahr. Umgekehrt wird oft beobachtet, daß magere Weibchen keinen Nachwuchs haben.

Ein unterschiedlicher Fortpflanzungserfolg hängt auch mit dem Alter der Weibchen zusammen (Tab. 16). Nur sehr wenige Graue Steppenmurmeltierweibchen werfen bereits im Alter von zwei Jahren. Einige Weibchen pflanzen sich bereits nach ihrem dritten Winterschlaf fort, und mehr als 50 % der weiblichen Tiere haben erst mit fünf Jahren eigenen Nachwuchs. Ein zunächst erwarteter Rückgang der Fortpflanzungsrate bei älteren Weibchen konnte jedoch nicht beobachtet werden.

Tab. 16: Das Verhältnis zwischen Altersstufen und Fortpflanzungserfolg weiblicher Grauer Steppenmurmeltiere. Aus BIBIKOV (1967).

Alter der Weibchen (in Jahren)	Anzahl der ♀		Anzahl vorh. Plazentanarben (Durchschn.)
	untersucht	mit Nachwuchs	
2	32	1	4
3	22	4	4–6 (4,8)
4	23	9	4–6 (5,1)
5 und mehr	56	30	2–9 (5,0)

Aus einer Untersuchung der Alterszusammensetzung von Populationen in einem Gebiet mit markierten Murmeltieren ging hervor, daß die Zahl der Tiere in den höheren Altersklassen abnahm. Jährlinge machten 43,8 % der Population aus, während der Anteil der Fünfjährigen nur noch bei 8,2 % lag. Die höheren Altersklassen (etwa 11 % der Population) bestanden im wesentlichen aus sechs- bis achtjährigen Murmeltieren. Um den Fortpflanzungserfolg der einzelnen Altersgruppen zu bestimmen, wurden die Tiere in Hundertergruppen unterteilt und darin alle Weibchen mit Nachwuchs gezählt. Dabei waren offenbar vier- bis fünfjährige Tiere am fruchtbarsten, denn diese Altersklasse stellte die meisten Weibchen mit Nachwuchs (etwa 50 % der Jungen einer Population). Dreijährige hatten nicht sehr viele Würfe, und die fünf- bis achtjährigen Weibchen brachten etwa 37 % der Würfe einer Population zur Welt. Daten über Mongolische Steppenmurmeltiere aus Sabaikalje weichen allerdings von den obigen Angaben ab. Diese Tiere werden gegen Ende ihres zweiten Winterschlafs geschlechtsreif, und 43 % der zweijährigen Weibchen haben Junge. Dreijährige Weibchen haben den größten Fortpflanzungserfolg (76 %). Im Laufe der folgenden Jahre werfen sie seltener: 70 % der vierjährigen Weibchen, 68 % der fünfjährigen und weniger als 50 % der älteren Weibchen bekommen dann noch Nachwuchs (LEONTIEV & PESHKOV 1966).

Die Bedeutung von Alterszusammensetzung und Geschlechterverhältnis einer Population für deren Fortpflanzungsrate wird auch am Beispiel von Grauen Steppenmurmeltieren aus dem Tien-Schan deutlich; hierzu wurden Tiere in Hochgebirgslagen (3 500 m üNN) markiert (MIKHAILYUTA 1991). Dabei wollte man herausfinden, ob der Fortpflanzungserfolg der Weibchen mit dem Alter der Männchen zusammenhängt. Die Fortpflanzungsrate fiel höher aus, wenn die Männchen jünger als die Weibchen waren. Die Anzahl der Plazentanarben (mit Ausnahme solcher von resorbierten Embryonen) lag bei durchschnittlich 5,9± 0,66 pro fortpflanzungsfähigem Weibchen. War das Männchen älter als das Weibchen, so ging die Fortpflanzungsrate zurück, die Anzahl der Plazentanarben bewegte sich dann bei durchschnittlich 4,5± 0,96 pro Weibchen. Dieser Zusammenhang war in allen Lebensräumen zu beobachten. Die niedrigsten Fortpflanzungsrate kam bei jungen Pärchen vor, wo beide Partner etwa gleich alt waren; hier lag die Anzahl der Plazentanarben im Schnitt bei 3,8± 1,16 (MIKHAILYUTA 1991). In den Würfen, die von drei- bis fünfjährigen Männchen gezeugt wurden, gab es mehr weibliche Junge, während es in den Würfen acht- bis neunjähriger Väter mehr Männchen gab. Laut dieser Daten nimmt mit zunehmendem Alter des Vaters der Anteil an männlichen Tieren im Wurf zu. Diese Beobachtungen werfen viele Fragen auf — zum einen über denkbare ökologisch-physiologische Vorgänge, die zu unausgeglichenen Geschlechterverhältnissen führen, zum anderen darüber, inwieweit solche veränderten Verhältnisse den Evolutionserfolg von Männchen und Weibchen beeinflussen.

Wurfgröße verschiedener Murmeltierarten. Da die Fortpflanzungsrate der einzelnen Murmeltierarten sehr variabel ist und auch sehr viele unterschiedliche Verfahren angewandt wurden, um die Wurfgröße der Tiere zu bestimmen, lassen sich die einzelnen Arten kaum miteinander vergleichen. Andererseits wäre ein solcher Vergleich durchaus interessant und sollte daher trotz einiger Einschränkungen durchgeführt werden.

Bei den montanen Murmeltieren Zentralasiens unterscheiden sich die Wurfgrößen von Grauem Steppenmurmeltier und Rotem Murmeltier kaum. Beide Arten werden im Alter von drei oder vier Jahren geschlechtsreif. Die Anzahl der Jungen pro Wurf (4 bis 6) sowie der Anteil an Weibchen, die sich fortpflanzen (meist 40 bis 60 %), fallen bei beiden Arten ebenfalls ähnlich aus.

Die Fortpflanzungsrate fällt beim Menzbiers Murmeltier, insbesondere bei der Tschatkal-Unterart, wesentlich niedriger aus. Die Weibchen dieser Unterart besitzen für gewöhnlich nur zwischen drei und vier Plazentanarben (PETROV 1960). Die Würfe der Tallass-Unterart sind größer und bestehen meist aus zwei bis sieben Jungen (KAPITONOV & LOBACHEV 1964). Beim Menzbiers Murmeltier gibt es offenbar sehr viele Weibchen ohne Nachwuchs, wie Untersuchungen aus den 40er Jahren an einer Kolonie dokumentieren: Der Jungtieranteil betrug in dieser Kolonie nur 13 %. Die geringe Nachkommenzahl der Menzbiers Murmeltiere wird durch die gegenüber anderen Murmeltierarten relativ früh eintretende Geschlechtsreife zum Teil wieder ausgeglichen. Erste Tiere werden bereits mit zwei Jahren geschlechtsreif. Trotzdem liegt die Fortpflanzungsrate beim Menzbiers Murmeltier zweifellos unter derjeniger anderer Murmeltierarten, und sie ist wohl einer der Gründe, warum die Populationen dieses Murmeltiers zurückgehen und sein Verbreitungsgebiet trotz Schutzmaßnahmen kleiner wird.

Die Weibchen des amerikanischen Waldmurmeltiers können sich schon nach ihrem ersten Winterschlaf fortpflanzen, also zu einem deutlich früheren Zeitpunkt als andere Vertreter der Gattung *Marmota*. Bei niedriger Populationsdichte vermehren sich prozentual gesehen mehr Jährlinge, in der Regel jedoch nicht mehr als 50 % (SNYDER 1962). Die Wurfgröße von Waldmurmeltieren unterscheidet sich nicht sonderlich von derjenigen anderer Murmeltierarten (etwa vier Junge), jedoch fällt der Anteil an Weibchen, die sich fortpflanzen, mit 75 bis 80 % recht hoch aus (SNYDER & CHRISTIAN 1960). Eine relativ hohe Fortpflanzungsrate hängt mit dem kurzen Winterschlaf zusammen, der meist nicht länger als vier bis fünf Monate dauert, sowie mit der solitären Lebensweise der Tiere (d. h. es gibt keine innerartliche Fortpflanzungskonkurrenz). Eine hohe Fortpflanzungsrate der Weibchen findet man normalerweise auch bei anderen bodenbewohnenden, solitär lebenden Sciuriden, bei den meisten sozial lebenden Arten fällt diese Rate niedriger aus (ARMITAGE 1988).

Etwa die Hälfte der adulten Gelbbäuchigen Murmeltierweibchen pflanzen sich in jedem Jahr fort, (ARMITAGE 1986b) und ihre durchschnittliche Wurfgröße liegt bei etwa vier Jungen (DOWNHOWER & ARMITAGE 1974).

Bei eurasischen Murmeltiere ist die Wurfgröße der Kappenmurmeltiere am höchsten, insbesondere bei den Populationen in Jakutien. Ungeachtet der spät einsetzenden Geschlechtsreife (die Tiere pflanzen sich erstmalig nach ihrem dritten Winterschlaf fort), finden sich bei dieser Art Würfe von drei bis elf Jungen, durchschnittlich sechs, und auch der Anteil der Weibchen, die nicht werfen, ist mit 23,5 % niedrig (KAPITONOV 1960, 1978). Die Fortpflanzungsrate der Kappenmurmeltiere ist eng mit den extrem rauhen Lebensbedingungen und dem Überwintern im Dauerfrostboden verbunden, weshalb die Sterblichkeit juveniler Tiere sehr hoch ist. Die Kappenmurmeltiere auf der Kamtschatka und in der Baikalregion besitzen Unterschiede in der Fortpflanzungsbiologie. Hier finden sich mehr Weibchen, die keine Jungen werfen, und auch die Wurfgröße ist kleiner (durchschnittlich vier Junge).

Zusammenfassend sollen hier die Anpassungsmechanismen aufgelistet werden, aus denen die heutige Fortpflanzungsstrategie der Murmeltiere hervorging:

(1) Während der warmen Zwischeneiszeitperioden war die aktive Phase im Lauf des Jahreszyklus länger, während sich der Winterschlaf verkürzte. So wurden zwar mehr Murmeltiere von Raubtieren erbeutet, jedoch war auch ihre Sterblichkeit während des Winterschlafs und in den ersten Frühlingsmonaten niedrig. Eine längere Aktivitätsperiode brachte es mit sich, daß sich die Murmeltiere bereits in jüngeren Jahren vermehrt fortpflanzten und daß es einen höheren Prozentsatz an fortpflanzungsfähigen Weibchen gab.

(2) Während der kalten Eiszeitperioden waren Vegetationsperiode und Sommer verkürzt. Die Fettakkumulationsrate, die Menge der Fettreserven sowie die Wurfgröße nahmen zu, allerdings wurden die Tiere wesentlich später geschlechtsreif, und subadulte Murmeltiere wanderten auch sehr spät ab. Dadurch überlebten mehr Jungtiere, und es bildeten sich große Familiengruppen, die gemeinsam den Winterschlaf in einem Bau verbrachten.

Die meisten rezenten Murmeltierarten entwickelten sich aus Vorfahren, welche die Periglaziallandschaft bewohnten (ZIMINA & GERASIMOV 1973). Sie überlebten das extrem rauhe Klima und entwickelten Anpassungsmechanismen, um die Größe einer Population entsprechend den veränderlichen Bedingungen der Vegetationsperiode zu kontrollieren. Man kann wohl davon ausgehen, daß zu den biologischen Besonderheiten nicht nur Eigenarten zählen, welche die Gebietsverteilung, das Geschlechterverhältnis und die Alterszusammensetzung betreffen, sondern auch solche, die Fortpflanzungsrate, Mortalität und Wanderungen regulieren. Die Fortpflanzungsstrategie entwickelte sich aus einer Reihe von Verhaltensweisen, beispielsweise aus solchen, die innerhalb einer Familie oder zwischen mehreren Familiengruppen, zwischen den Geschlechtspartnern oder während des gemeinsamen Winterschlafs vorkommen können. Hierunter fallen aber auch Verhaltensweisen, bei denen juvenile oder verwandte Tiere toleriert werden sowie das Abwandern geregelt wird. Besondere Aufmerksamkeit wurde diesen Aspekten bei Studien aus den 70er und 80er Jahren an nichtasiatischen Murmeltieren geschenkt (Barash 1973a, Andersen et al. 1976, Arnold 1988, 1990a,b, Armitage 1991 und andere). Die Ergebnisse, die sich auf amerikanische Arten sowie das Alpenmurmeltier beschränken, lassen diesen Ansatz sehr vielversprechend erscheinen. Leider wurden bisher keine vergleichbaren Studien an asiatischen Arten durchgeführt. Aufgrund dieser fehlenden Daten kann man nur sehr schwer eine Gesamttheorie über die Fortpflanzung und Populationsdynamik innerhalb der Gattung *Marmota* aufstellen. Die bisher geäußerten Verallgemeinerungen (Bibikov 1967) sind sehr oberflächlich, obwohl man schon damals wußte, daß sich die Murmeltierarten hinsichtlich Umfang, Rate und Ablauf ihrer Vermehrung voneinander unterscheiden.

Die Faktoren, welche die Fortpflanzungsstrategie beeinflussen, sind sehr variabel. Murmeltiere, die unter extremen Bedingungen (z. B. in Hochgebirgslagen, in der Arktis oder in Trockensteppen) leben, beenden ihren Winterschlaf relativ spät. Die Tiere paaren sich im Winterbau, und die Weibchen mancher Arten verbringen auch noch die ersten Monate der Trächtigkeit im Bau. Bereits erwähnt wurde, daß die Tiere zu sehr unterschiedlichen Zeiten geschlechtsreif werden bzw. aus dem Familienverband abwandern, was sich auch auf die Populationsdynamik auswirkt. In den bereits zitierten Arbeiten über Gelbbäuchige Murmeltiere in Colorado (Armitage 1962, 1986a,b, 1991, Downhower & Armitage 1971, Barash 1973a,b, 1989) wurde mehrfach ein entsprechender Zusammenhang erkannt. Nach Webb (1981) wurde aggressives Verhalten gegenüber Jährlingen vor deren Abwanderung meist in isolierten Revieren beobachtet, allerdings wurde es auch bei koloniebildenden Tieren aus Colorado festgestellt (Downhower & Armitage 1981). Entsprechend der Terminologie russischer Zoologen handelte es sich bei den isolierten Revieren um Siedlungen vom sogenannten Herdtyp. In Siedlungen vom Steppentyp verließen die subadulten Tieren das Familienrevier, ohne daß es zu den für Tiere aus Herdtyp-Siedlungen typischen aggressiven Handlungen kam.

Junge Gelbbäuchige Murmeltierweibchen, die meist in sogenannten Mutterfamilien aus mehreren, miteinander verwandten Tiere leben, werfen mehr weibliche als männliche Nachkommen (Armitage 1987). Eine sinkende Zahl Männchen innerhalb der Würfe erhöht den Fortpflanzungserfolg, weil die zusätzlichen Tochtertiere weiterhin innerhalb ihres angestammten Familienreviers bleiben, wo sie geschlechtsreif werden und selbst Junge werfen. Alle Männchen verlassen die Familie als Jährlinge und werden mit zwei Jahren geschlechtsreif. Meist pflanzen sie sich erstmalig als Dreijährige bzw. in noch höherem Alter fort. 53 % der Weibchen bleiben im Familienrevier, wo sie sich später dann auch vermehren (Armitage 1991). Untersuchungen an Grauen Steppenmurmeltieren in den Hochgebirgslagen des Tien-Schans ergaben, daß diese Tiere unter extremen Lebensbedingungen Anzeichen von Polygynie zeigten (Mikhailyuta 1991).

An Populationen des Olympmurmeltiers und Gelbbäuchigen Murmeltiers wurde untersucht, inwieweit das Überleben juveniler Tiere die Fortpflanzungsrate verbessert (BARASH 1973a, 1974b und andere). Bei den Säugetieren kommt es oft vor, daß sich die Männchen nicht um ihren Nachwuchs kümmern und daher nicht am unmittelbaren Fortpflanzungserfolg beteiligt sind. Im Gegensatz zu den Weibchen beruht der Fortpflanzungserfolg eines Männchens eher darauf, z. B. territoriale Verhaltensweisen zu entwickeln. Wenn bei einem Männchen dieses Verhalten nur schwach ausgeprägt ist, so wachsen dadurch die Chancen für ein fremdes Männchen, das Weibchen zu befruchten. Wie erfolgreich ein Gelbbäuchiges Murmeltiermännchen ist, hängt von der Anzahl der Weibchen ab, die es verteidigen kann, aber auch davon, wie lange es sein Revier schon besitzt (ARMITAGE 1991). Allerdings muß er sich zunächst einmal gegen einwandernde Konkurrenten behaupten. Mitunter beteiligt sich das Männchen auch (im geringem Maße) an der Verteidigung seiner Jungen gegen Raubtiere und männliche Artgenossen, die sie umbringen wollen.

Resümee

Zu den wichtigsten Komponenten der Fortpflanzungsstrategie gehören zum einen Anpassungsmechanismen zur Bildung ausreichender Fettreserven, um den Nachwuchs gebären und säugen zu können, zum zweiten die Fähigkeit, das Fortpflanzungspotential (Erreichen der Geschlechtsreife, Anzahl der fortpflanzungsfähigen Weibchen, usw.) zu steuern, und zum dritten die Entwicklung unterschiedlicher Paarungsverhalten und sozialer Strukturen — von einer solitären Lebensweise, wie beim Waldmurmeltier, über die mehr oder weniger perfekte Monogamie der meisten Murmeltierarten bis hin zur Polygamie bei den Gelbbäuchigen Murmeltieren.

Insgesamt zeigt die Vielzahl der besprochenen Beispiele, daß Murmeltiere zahlreiche Anpassungsmechanismen besitzen, um ihre Populationen angesichts schwankender Lebensbedingungen relativ stabil zu halten. Hierzu zählen die Dynamik ihrer räumlichen Verteilung, ihres Geschlechterverhältnisses und ihrer Alterszusammensetzung, ferner die Möglichkeiten, die Fortpflanzungsrate zu beschleunigen oder zu drosseln, sowie eine frühe Geschlechtsreife. Diese flexiblen Verhaltensweisen helfen den Tieren nicht nur, ihren Evolutionserfolg zu erhöhen, sondern ermöglichen ihnen auch, Verluste infolge hoher Sterblichkeit auszugleichen und die Population stabil zu halten.

6 Stellung der Murmeltiere im Ökosystem und der Einfluß des Menschen

Murmeltiere beeinflussen andere Tierpopulationen auf zweierlei Weise. Zum einen handelt es sich um direkte Nahrungskonkurrenz mit anderen Primärkonsumenten, zum anderen geht es um Räuber-Beute- oder Parasiten-Wirt-Beziehungen. Die Konkurrenzbeziehungen zu anderen Pflanzenfressern wurden schon in verschiedenen Kapiteln angesprochen, insbesondere in Kapitel 4.2.

6.1 Parasiten, Mitbewohner und Konkurrenten

Informationen über die Parasiten von Murmeltieren, wie z. B. *M. marmota*, stammen häufig aus Datenmaterial über Parasiten anderer Arten (HORNING 1969). Murmeltiere sind Wirttiere für Protozoen (Trypanosomen, Geißeltierchen, Amöben, Kokzidien, Toxoplasmen, Sarcosporoidea und andere), Trematoden, Cestoden, Nematoden und Ektoparasiten.

Die Ektoparasiten, insbesonders blutsaugende Arthropoden, sind infolge ihrer epidemiologischen Relevanz gut untersucht, doch hauptsächlich nur bei den eurasischen Murmeltierarten. Einige Floh- und Zeckenarten kommen nur bei Steppenmurmeltieren aus dem Tien-Schan und Roten Murmeltieren aus den Bergen Zentralasiens vor. In den Schlafkammern fanden sich die Floharten *Rhadinopsylla liventricosa* (68 %), *Oropsylla silantiewi* (28 %) und *Citellophillus lebedewi* (4 %). Im Fell der Murmeltiere kommen nur sehr wenig Flöhe vor, meist findet man nur ein bis drei Exemplare pro Tier. Der Murmeltierfloh *O. silantiewi*, der im gesamten asiatischen Verbreitungsgebiet der Murmeltiere (außer in Westeuropa) sowie in Nordwestalaska vorkommt, lebt ausschließlich auf seinem Wirt. Das Verbreitungsgebiet von *R. liventricosa* ist auf Zentralasien beschränkt, während *C. lebedewi* nicht im Fell von Murmeltieren aus der alpinen Zone gefunden wird. Weitere Vertreter der Gattung *Citellophillus* parasitisieren in China auf Menzbiers Murmeltieren und Grauen Steppenmurmeltieren; das Eisgraue Murmeltier Amerikas ist der Wirt des Flohs *Thrassius pristinus*, einer ausschließlich nearktischen Art.

Die Zecken und Milben, die in den Schlafkammern der Murmeltiere vorkommen (meist handelt es sich dabei um *Haemogamasus dauriacus*, *H. mandschuricus* sowie einige Vertreter der Gattung *Laeleps*), finden sich im gesamten Verbreitungsgebiet der Murmeltiere. Eine weitere Zeckenart, die auf Murmeltieren parasitiert, ist *Hirstionissus blanchardi* (Alpen und Zentralkasachstan). Vertreter der Gattung *Eugamasus* und der Familie Ascaidae wurden im Tien-Schan gefunden. Die Zecke *Ixodes crenulatus*, ein charakteristischer Murmeltierparasit, ist ebenfalls weit verbreitet und kommt in bestimmten Gegenden sehr zahlreich vor. Dieselbe Zeckenart wurde auch außerhalb der natürlichen Verbreitungsgebiete der Murmeltiere gefunden, zum Beispiel in den Steppen, die der Krim vorgelagert sind. Dieser Befund könnte die Theorie bestätigen, wonach Murmeltiere früher weiter verbreitet waren.

Murmeltiere werden auch von Läusen parasitiert, die aber nur wenig humanmedizinische Relevanz besitzen. Die Läuse gehören meist der Gattung *Enderleinellus* an, die auf Mongolischen Steppenmurmeltieren, Kappenmurmeltieren und anderen *Marmota*-Arten (einschließlich des Waldmurmeltiers) parasitiert. Die Larven der Dasselfliege *Oestromyia dubinini* parasitieren im subkutanen Bindegewebe Mongolischer Steppenmurmeltiere. Häufiger und zahlreicher findet man jedoch die Larven der Dasselfliege *O. marmotae* als Hautparasiten bei Roten Murmeltieren. In einigen Fällen zählte man bis zu 52 Larven in einem einzigen Tier (4 % des Körpergewichts), wodurch dieses stark geschwächt war.

Zu den Endoparasiten gehört die Kokzidie *Eimeria monaci*, die in Menzbiers Murmeltieren, Waldmurmeltieren und Bobaks vorkommt. Beim Waldmurmeltier wurden darüber hinaus vier weitere Kokzidienarten entdeckt, und auch bei anderen Murmeltierarten gibt es weitere Kokzidien. Die Ähnlichkeiten zwischen den Kokzidien, die beim Menzbiers Murmeltier, Waldmurmeltier und Bobak bzw. beim Waldmurmeltier und Alpenmurmeltier vorkommen, lassen den Schluß zu, daß diese Protozoen miteinander verwandt sind. Ein typischer Cestode ist *Paranoplocephala transversaria*, der im Dünndarm von Waldmurmeltieren, Grauen Steppenmurmeltieren, Menzbiers Murmeltieren und Alpenmurmeltieren lebt. *Ctenotaenia marmotae* wurde in *M. marmota, M. bobak* und *M. baibacina* nachgewiesen (BASSANO et al. 1992). Befall mit *Alveococcus* findet man bei Bobaks, Kappenmurmeltieren und Altai Murmeltieren; in Kasachstan waren von 155 Murmeltieren, die auf dem linken Ufer des Irtysch lebten, 4,5 % mit den Larven dieses Bandwurms infiziert. Weitere Bandwürmer findet man beim Eisgrauen Murmeltier, Alpenmurmeltier, Bobak und Alaskamurmeltier. Montane asiatische Murmeltiere sind Wirte für mehrere Bandwurmgattungen der Familie Trichocephalidae. Mit Ausnahme des Waldmurmeltiers parasitiert der Cestode *Diandrya composita* in allen amerikanischen Murmeltierarten, der Cestode *Catenotaenia reggiae* hingegen in *M. caligata* und *M. broweri* (in Alaska). Die Verbreitung dieser Art ist ein weiteren Beweis für die Existenz einer ehemaligen Landbrücke in der heutigen Beringstraße (HOFFMANN et al. 1979).

Ein häufiger Spulwurm ist *Ascarops kutassi*, ein Parasit von Bobaks, Menzbiers Murmeltieren und Mongolischen Steppenmurmeltieren. *Ascaris tarbagan* (syn. *A. laevis*) findet sich häufig im Darm des Waldmurmeltiers und der meisten europäischen Murmeltiere. Der Befall mit diesem Ascariden führt oft zu Auszehrung und Tod der Tiere (DUBININ & LESHKOVICH 1945). Weniger Schaden richtet der Nematode *Citellina triradiata* an, eine weit verbreitete Art, die im Darm und Blinddarm von *M. caligata, M. camtschatica* sowie der Unterarten von *M. bobak* und *M. menzbieri* vorkommt. Der Trematode *Dicrocoelium lanceolatum* ist ein Leberparasit Roter Murmeltiere und Grauer Steppenmurmeltiere, während Vertreter der Familie Notocotylidae in nearktischen Murmeltieren parasitieren. Kratzer (Acanthocephala) wurden nur beim Menzbiers Murmeltier entdeckt. Der Schaflungenwurm *Dictyocaulus filaria* wurde auch bei Grauen Steppenmurmeltieren entdeckt, die im Tien-Schan lebten.

Ganz anders sehen die indirekten Wechselwirkungen zwischen Murmeltieren und

Wirbellosen aus. Durch die Grabtätigkeit entstehen spezielle Evertebratengemeinschaften, die in den Bauen und Schlafkammern leben (ZIMINA & ZLOTIN 1980). In alpinen Feuchtwiesen geht die Gesamtbiomasse an bodenbewohnenden Wirbellosen auf der Oberfläche der Murmeltierbaue um den Faktor 3 bis 16 zurück; dies beruht auf dem zahlenmäßigen Rückgang an Heuschrecken und Wolfsspinnen (Lycosidae). Allerdings nimmt gleichzeitig der Biomasseanteil an Laufkäfern (Faktor 9 bis 14) sowie an Schmetterlingsraupen und *Aphodius*-Larven (Faktor 4 bis 16) zu. Etwa ein Drittel der gesamten Zoomasse dieser Gemeinschaften stellt der Carabide *Harpalus*, der ansonsten in Primärgesellschaften selten vorkommt.

Spezielle Wirbellosengemeinschaften entstehen an den Kotgruben, wo keine Vegetation wächst. Zu den hier lebenden Tieren zählen u. a. *Cymindis mannerheimi*, Myriapoden, Weberknechte und Schnellkäfer. Besonders charakteristische Bewohner dieser Kot- und Harngruben sind Mistkäfer (*Aphodius*), Fliegen (Muscidae und Calliphoridae) und Kurzflügler (Staphylinidae). In alpinen Zonen des Tien-Schan findet man koprophile Coleoptera und Muscidae generell in der Nähe von Bauen und Siedlungen Grauer Steppenmurmeltiere.

Murmeltierbaue werden relativ ungleichmäßig von Arthropoden bewohnt. Die meisten findet man am Eingang des Baus bis in etwa 40 cm Tiefe, seltener in tieferen Bereichen. Zu den Arthropoden, die in größerer Tiefe leben, gehören Mistkäfer (*Aphodius*) und koprophile Dipteren. In den Morgen- und Abendstunden kommen die Käfer und Fliegen an die Oberfläche, tagsüber halten sie sich im Bau auf. Solche Wanderungen sind typisch für Bewohner von Steppen- und Wüstenbiotopen, wo die Luftfeuchtigkeit im Tagesverlauf sehr stark schwankt. Kleine Dipteren finden sich oft am Eingang des Baus ein, wo sie Schutz vor dem Wind finden, und Hummeln nutzen verlassene Murmeltierbaue nicht selten als Erdnester.

Schlafkammern und Polstermaterial der Murmeltiere werden von bestimmten Organismen bewohnt, die in unterschiedlichen trophischen Beziehungen zu den Murmeltieren stehen. Zahlreiche Milbenarten der Familie Tyroglyphidae, die im Boden unter den Schlafnestern leben, der stark mit verrottendem Polstermaterial durchsetzt ist, benötigen viel Feuchtigkeit; außerdem sind die Tiere fast völlig pigmentlos. Hier leben auch andere Milben (Gamasiden, Trombiculiden), Springschwänze, Kurzflügler (Staphylinidae) und Dipterenlarven. Die Arthropodengesellschaften in den Schlafkammern der Murmeltiere sind sehr spezialisiert; hauptsächlich leben hier kleine Kurzflügler; Larven und Imagines dieser Käfer ernähren sich von dem Keratin aus abgestoßenen Hautschuppen und Haaren. In den Winterquartieren gibt es aufgrund der stabileren Temperaturverhältnisse wesentlich mehr Flöhe und Staphyliniden (BERENDJAEVA & KULIKOVA 1961).

In offenen Landschaften, die von starken Temperaturschwankungen gekennzeichnet sind, bieten die verzweigten unterirdischen Baue der Murmeltiere auch zahlreichen Wirbeltieren Schutz und Unterkunft. Beim Ausgraben von Bobakbauen in der Ukraine fand man Knochen von Zieseln (*Spermophilus*), Blindmäusen (*Spalax*), Hamstern (*Cricetus, Cricetulus*) und Wühlmäusen (*Microtus*). Außerdem fanden sich hier auch subfossile Reste von Wechselkröten (*Bufo viridis*), Mongolischen Kröten (*Bufo raddei*), Eidechsen (*Lacerta* und andere Arten) sowie Steppenvipern (*Vipera ursini*) (DINESMAN 1977).

Besonders häufig sind Kontakte zwischen Murmeltieren und anderen Nagern, in Europa und Asien betrifft dies insbesonders Ziesel (Erdhörnchen), wie *Spermophilus citellus* (syn. *Citellus citellus*), *S. parryii*, *S. undulatus*, *S. relictus*, *S. pygmaeus* sowie vielen anderen Zieselarten. Die Eingänge der Zieselbaue liegen oft neben denen der Murmeltiere; häufig benutzen Ziesel auch die proximalen Röhrenabschnitte eines Murmeltierbaus. In der Nähe von Murmeltierbauen fällt die Dichte der Zieselbaue höher aus, weil die Ziesel ihre Umgebung besser überblicken können und die Nahrung abwechslungsreicher ist. Die enge Vergesellschaftung von Zieseln und Murmeltieren wird auch dadurch belegt, daß die Erdhörnchen des öfteren in Murmeltierfallen geraten und daß Ziesel ebenso auf die Alarmrufe der Murmeltiere reagieren. Die enge Beziehung zwischen beiden Gattungen reicht weit zurück und ist durch gemeinsame Vorfahren gekennzeichnet.

Die Kontakte von Grauen Steppenmurmeltieren und Menzbiers Murmeltieren zu rezenten Erdhörnchen sind nicht so intensiv; gemeinsame Siedlungen kommen nur an wenigen Stellen in den unteren Höhenlagen der Verbreitungsgebiete der Murmeltiere vor. Lebensräume und Verbreitungsgebiete von *Spermophilus parryii* und *S. dauricus* decken sich oft in weiten Teilen mit denen der Murmeltiere.

Auch in Nordamerika gibt es einige Vergesellschaftungen: In Montana kommen *M. caligata* und *S. columbianus* auf den gleichen Geröllhängen vor, im Innern von Colorado ist *M. flaviventris* mit *S. elegans* (BARASH 1973c) vergesellschaftet, und im Westen und Zentrum von Colorado leben *M. flaviventris* und *S. lateralis* nebeneinander (ARMITAGE, pers. Mitt.).

Asiatische Bergmurmeltiere teilen sich ihre Lebensräume mit Pfeifhasen — wie z. B. Altai-Pfeifhasen (*Ochotona alpina*), Daurischen Pfeifhasen (*O. daurica*), Polar-Pfeifhasen (*O. hyperborea*), Mongolischen Pfeifhasen (*O. pallasi*), Roten Pfeifhasen (*O. rutila*), Großohrigen Pfeifhasen (*O. macrotis*) sowie seltener mit Steppenpfeifhasen (*O. pusilla*). In Nordamerika findet man die Pfeifhasenart *O. princeps* oft auf den gleichen Geröllhängen wie Murmeltiere. Gelbbäuchige Murmeltiere machen mitunter Jagd auf Pfeifhasen (PETTERSON 1992).

Im Vergleich zu den Erdhörnchen bestehen zwischen Pfeifhasen und Murmeltieren nicht so enge Kontakte (abgesehen von *O. daurica*), weshalb zwischen ihnen nur selten ein Austausch von Ektoparasiten stattfindet. Der Tolaihase (*Lepus tolai*), der den Tien-Schan, den Pamir und auch die Mongolei besiedelt, benutzt oft verlassene Murmeltierbaue als Unterschlupf. Manchmal steigt die Zahl der Hasen so stark an, daß sie mit Murmeltieren in Berührung kommen. Einmal konnte ich beobachten, wie ein aufgeschreckter Tolaihase in einen bewohnten Murmeltierbau rannte und sofort wieder heraussprang. Mitunter werden Hasen in Fallen gefangen, die in Murmeltierbauen aufgestellt waren. Schneeschuhhasen (*Lepus americanus*) werden gelegentlich in Fallen für Gelbbäuchige Murmeltiere gefangen. Laut KAPITONOV soll dies auch für den Schneehasen (*L. timidus*) in Siedlungen von Grauen Steppenmurmeltieren zutreffen, die in den Vorgebirgen Kasachstans liegen. Murmeltierflöhe und -zecken finden sich auch auf Hasen in Transbaikalien und im Tien-Schan .

Wühlmäuse kommen überall im Verbreitungsgebiet der Murmeltiere vor, in manchen Jahren sogar sehr zahlreich; sie siedeln zwischen den Eingängen der Murmeltierbaue oder nutzen solche Baue, die zwischen Felsen liegen. In Eurasien zählen zu den syntop vorkommenden Wühlmäusen die Arten *Microtus gregalis, Lasiopodomys brandti* (= *Microtus brandti*), *Alticola arqentatus* sowie viele andere. Einige Wühlmäuse, insbesondere Brandts Steppenwühlmaus und Schmalköpfige Wühlmaus, sind Nahrungskonkurrenten der Murmeltiere. Kleine Grauhamster oder Zwerghamster (*Cricetulus migratorius*) kommen seltener als Wühlmäuse mit Murmeltieren in Berührung; diese Nager werden von Schutz bietenden Bauen und dem reichhaltigen Nahrungsangebot angelockt. Abgesehen von Wühlmäusen (Microtina) und Erdhörnchen kennt man in Nordamerika praktisch keine anderen Wirbeltiere, die mit Murmeltieren vergesellschaftet sind.

In Tien-Schan wurden syntope Vorkommen von Murmeltieren und Rennmäusen (*Rhombomys opimus, Meriones* spec.) beobachtet. Gelegentlich sucht der Daurische Igel (*Erinaceus dauricus*) Murmeltierbaue auf und nutzt sie als Unterschlupf (möglicherweise auch als Quartier für den Winterschlaf). Der drastische Rückgang der Igel im Südosten Transbaikaliens wurde wahrscheinlich durch die Vernichtung der Murmeltiere in diesem Gebiet und dem damit verbundenen Zerfall der Murmeltierbaue ausgelöst.

Ganz anders sieht das Spektrum der Nahrungskonkurrenten und Mitbewohner beim Kappenmurmeltier aus (KAPITONOV 1978). Am Unterlauf der Lena findet man im Lebensraum dieser Art Schneehasen, Polar-Pfeifhasen (*O. hyperborea*), Gebirgswühlmäuse *Alticola lemminus*, oftmals Halsbandlemminge (*Dicrostonyx torquatus*) sowie Kamtschatka-Schneeschafe (*Ovis canadensis nivicola*) und Rentiere (*Rangifer tarandus*, sowohl Wild- wie Hausren). Den größten Einfluß auf das Nahrungsangebot der Murmeltiere übt das Karibu aus; dies gilt insbesondere für die Blütezeit der Pflanzen (z. B. *Desmodium, Oxytropis, Asparagallus*), die dann von Karibu und Murmeltieren gleich gerne gefressen werden. Im äußersten Nordosten Asiens sind zahlreiche Erdhörnchen (*S. parryii*) Nahrungskonkurrenten, und in Pribakalje kommt außerdem der Burunduk (*Tamias sibiricus*) hinzu.

In Nordamerika kommen Chipmunks neben Murmeltieren vor. In Jakutien gehören Wanderfalke (*Falco peregrinus*) und Bussard (*Buteo* spec.) zu den Mitbewohnern der Murmeltiere; beide Vögel nisten oft friedlich in der Nähe der Nagetiere. Wenn sich ein potentieller Feind nähert (z. B. ein Polarfuchs, ein Hund oder auch ein Mensch), so fliegt der Greifvogel auf und versucht den Eindringling zu verscheuchen. Sobald die Murmeltiere die Schreie des Vogels hören, werden sie wachsam, rennen zu ihren Bauen und verstecken sich dort. Im Herbst suchen die Murmeltiere die verlassenen Vogelnester auf, die meist zugewachsen sind, fressen diese Pflanzen und sammeln die vertrockneten Süßgräser als Polstermaterial für ihre Schlafkammern (KAPITONOV 1978).

Im Frühjahr schmilzt der Schnee auf den Murmeltierbauen recht früh; hierdurch werden eine Vielzahl Arthropoden von den ersten Sonnenstrahlen angelockt, wodurch wiederum zahlreiche insektenfressende Vögel angezogen werden. Im Tien-Schan wurden Stare (*Sturnus vulgaris*) beobachtet, die sich von diesen Insekten ernähren. Folgende Vogelarten wurden in der Nähe der Murmeltierbaue beobachtet: Elstern (*Pica pica*), Drosseln (*Turdus*), Bach- und Gebirgsstelzen (*Motacilla alba, M. cinerea*), Himalaja-Königshuhn (*Tetraogallus himalayensis*), Lerchen (Alaudidae), Ammern (*Emberiza*) und andere.

Die Brandente (*Tadorna tadorna*) und Rostgans (*Casarca ferruginea*) nisten sogar in Murmeltierbauen. Die Rostgans verlagerte ihre Brutgebiete in den Norden der Russischen Tiefebene, nachdem zuvor Bobaks dorthin vorgedrungen waren. In der Ukraine führte das Verschwinden der Murmeltiere auch zum Verschwinden der Brandenten.

Eine besondere Bedeutung kommt dem Isabellschmätzer (*Oenanthe isabellina*) zu. Zum einen besteht eine sehr enge Verbindung zwischen Murmeltieren und diesem Vogel, zum anderen handelt es sich dabei um ein sehr lebhaftes, hübsches Tier, das wunderschön singt. Leider spielt der Isabellschmätzer aber auch sehr wahrscheinlich eine Rolle bei der Ausbreitung der Pest sowie bei der Erhaltung der natürlichen Herde dieser Seuche. Isabellschmätzer sind meist von Ende April bis in den Juni aktiv. Im Frühjahr läßt das Männchen im Flug seinen Paarungsruf hören; wenn es trillernd zu Boden geht, krümmt es auf charakteristische Weise den Körper und spreizt dabei sein Gefieder (Abb. 55). Die Stimme des Isabellschmätzers ist wohlklingend und voll. Sein Gesang enthält oft Klangelemente, die der Vogel aus den Rufen und Stimmen anderer Tiere seiner unmittelbaren Umgebung übernommen hat; so imitiert er die Rufe von Murmeltieren und Zieseln. In Gegenden ohne Murmeltiere fehlen diese Gesangselemente.

Abb. 55: Isabellschmätzer (*Oenanthe isabellina*) finden sich oft in der Nähe von Murmeltieren. Ihr Gesang enthält Klangelemente aus den Rufen der Murmeltiere.

Auch in Nordamerika dienen Murmeltierbaue als Unterschlupf für andere Tierarten. So wurde berichtet, daß Wildkaninchen (*Sylvilagus* spec.) und andere Kleinsäuger Murmeltierbaue benutzen (GRIZZELL 1955). In Indiana wurden außer 35 Waldmurmeltieren folgende Tiere in der Nähe der Murmeltierbaue gefangen: 20 Opossums (*Didelphis* spec.), 8 Waschbären (*Procyon lotor*), 1 Rotfuchs (*Vulpes vulpes*), 1 Graufuchs (*Vulpes velox*), 12 Spitzmäuse (*Sorex* spec.), 19 Wildkaninchen (*Sylvilagus* spec.), 104 Weißfußmäuse (*Peromyscus* spec.), 32 Hausmäuse (*Mus* spec.) und verschiedene andere Kleinnager.

6.2 Feinde und Krankheiten

Das Murmeltier besitzt wenige natürliche Feinde. Es gibt wohl keinen Räuber, der sich auf Murmeltiere spezialisiert hätte. Am ehesten werden, neben geschwächten und kranken Adulttieren, noch unerfahrene Jungtiere erbeutet.

In Gebirgsregionen gräbt der Bär öfters Murmeltierbaue aus. Da fast überall die Zahl der Bären stark zurückgegangen ist, spielen sie als Freßfeinde keine große Rolle mehr. Lediglich in entlegenen Bereichen des Tien-Schan, wo Bären vor 30 Jahren noch recht häufig vorkamen, wies einer von 20 bis 50 Bauen Grabspuren auf. Die Jagd verlief oft erfolgreich, wie ich selber anhand von Grabspuren an Fluchtröhren und Sommerbauen feststellen konnte. Von 100 untersuchten Tunneln war die längste Röhre, die ein Bär gegraben hatte, 1,5 m lang, und sie waren zum Teil bis zu 6 m weit aufgegraben. Bären, die sich an Bauen von Kappenmurmeltieren versuchten, hatten beim Ausgraben weniger Erfolg.

In Nordamerika gilt der Grizzly neben Puma und Rotluchs als Hauptfeind des Eisgrauen Murmeltiers, während Waldmurmeltieren und Olympmurmeltieren vor allem vom Kojoten *(Canis latrans)* nachgestellt wird (GRIZZELL 1955, BARASH 1973a). Im Westen von Colorado finden sich sehr oft Murmeltierhaare und -knochen in Kotballen von Kojoten (VAN VUREN 1991). Die Haupttodesursache einjähriger Gelbbäuchiger Murmeltiere, die ihre Familiengruppe verlassen haben, sind ebenfalls Kojoten (VAN VUREN 1990). Nur sehr selten wurde beobachtet, daß Kojoten erfolgreich Gelbbäuchige Murmeltiere erbeuteten, die in einer sozialen Gruppe lebten; innerhalb einer dreißigjährigen Beobachtungszeit wurde nur zweimal beobachtet, wie Jährlinge von Kojoten gefangen wurden (ARMITAGE 1982).

Die Furcht vor Raubtieren, speziell Kojoten, bestimmt in erster Linie das Verhalten von *M. flaviventris* bei der Nahrungssuche oder der Auswahl nahe gelegener oder weiter entfernter Futterplätze (CAREY 1985). Bedingt durch diese Gefahr, verbringen die Tiere bei der Nahrungssuche mehr Zeit mit Sichern, als sie für Fressen und Ruhen aufwenden (HOLMES 1984a, CAREY & MOORE 1986). Die Tiere legen während der Nahrungssuche und beim Fressen immer wieder Pausen ein, in denen sie sich aufrichten und sichern (TRAVIS & ARMITAGE 1972). Dieses Verhalten wurde von LENTI BOERO (1992) und MASSEMIN et al. (1993) auch für das Alpenmurmeltier beschrieben, kommt aber auch bei allen asiatischen Murmeltierarten vor.

In Eurasien fügen Wölfe und streunende Hunde den Murmeltieren den größten Schaden zu. Die Murmeltiere reagieren auf diese Räuber schon auf große Entfernungen. Sie rufen erregt und suchen sofort die Nähe der Baue auf. Dort warten sie am Eingang, bis das Raubtier näher kommt. In den Bergen Kasachstans ernähren manche Wolfsrudel ihre Welpen ausschließlich mit Murmeltieren.

Die Jagdmethode der Wölfe und Hunde besteht normalerweise darin, daß sie im unübersichtlichen Gelände urplötzlich auftauchen und blitzschnell ein Murmeltier packen. Im Sommer bilden Murmeltiere in Transbaikalien, in der Mongolei und im Tien-Schan für die dort lebenden Wölfe einen wesentlichen Bestandteil ihres Nahrungsspektrums. Auffällig ist übrigens auch, daß Wölfe immer dann Schafe zu reißen beginnen, wenn sich die Murmeltiere in den Winterschlaf begeben haben. Menzbiers Murmeltiere, Rote Murmeltiere und Steppenmurmeltiere werden in nicht unerheblichem Maße von Wölfen erbeutet, hauptsächlich sind es jedoch die halbwilden Hirtenhunde, die den Populationen (z. B. den Menzbiers Murmeltieren) großen Schaden zufügen. Im gesamten Verbreitungsgebiet der Murmeltiere gibt es in der Regel acht bis zehn Hunde pro 10 km^2, und diese jagen sehr erfolgreich (KAPITONOV 1969a). Eigenen Beobachtungen zufolge gibt es allein im Bezirk Orenburg mindestens 500 Hunde, die ca. 120 000 Stück Vieh hüten müssen, und die fast nie von den Hirten gefüttert werden. Nach Schätzungen rissen diese halbwilden Hunde innerhalb von vier Monaten 2 000 Murmeltiere sowie etliche andere Tiere.

Der Rotfuchs (*Vulpes vulpes*) und der Steppen- oder Korsakfuchs (*V. corsac*) erbeuten nur junge und kranke Murmeltiere. Rotfüchse jagen Murmeltiere innerhalb des gesamten Verbreitungsgebietes, während *V. corsac* nur in den südlichen Steppen Eurasiens vorkommt. Waldmurmeltiere haben offenbar am stärksten von allen nordamerikanischen Murmeltierarten unter dem Fuchs zu leiden (DE VOS & GILLESPIE 1960). Es gibt auch Berichte über in Dagestan ausgesetzte Füchse, die Jagd auf Altai-Murmeltiere machten (IMSHENEZKII 1972). Oft fand man Reste von Murmeltieren in Fuchsbauen. Relativ häufig lassen sich Füchse in der Nähe einer Murmeltiersiedlung oder sogar direkt in einem bewohnten Bau nieder. In der Tatarei beobachtete ich sechs Fuchswelpen, die vor ihrem Bau spielten, welcher sich mitten in einer beachtlichen Bobakkolonie befand. Murmeltiere machen am Beutespektrum des Rotfuchses 4,2 % und am Beutespektrum des Steppenfuchses 1,8 % aus. (SHUBIN et al. 1978). Mittelasiatische und Mongolische Steppenmurmeltiere haben weniger Angst vor Füchsen als vor Wölfen oder Hunden. Einige Tiere heben beim Anblick eines Fuchses nur den Kopf und fressen in aller Ruhe weiter.

Unter den Marderartigen (Mustelidae) fügt besonders der Steppeniltis (*Mustela eversmanni*) einigen Murmeltierarten großen Schaden zu (Abb. 56). So gilt er als Hauptfeind des Bobaks in der Ukraine, insbesondere im Winter. Es gibt Berichte über sechs ausgegrabene Baue, in denen sämtliche Murmeltiere während des Winterschlafs von Steppeniltissen getötet wurden. Früher nahm man auch an, daß Iltisse der Hauptgrund seien, warum die Wiedereinbürgerung des Bobaks in der Ukraine fehlgeschlagen ist. Auch Mongolische Steppenmurmeltiere sollen während des Winters diesen Musteliden zum Opfer gefallen sein. Allerdings gibt es auch viele Biologen, die bezweifeln, daß der Steppeniltis eine wirkliche Gefahr für den Bobak darstellen kann (ZIMINA & ZLOTIN 1980). Meiner persönlichen Auffassung nach wird diese tatsächlich etwas übertrieben dargestellt. In Gegenden im Altai, im Changai sowie an einigen Stellen des Distriktes Orenburg, wo es überall viele Steppeniltisse gibt, ist der Murmeltierbestand nicht ernsthaft gefährdet.

Im Nordosten des Zentral Tien-Schan geraten Steinmarder (*Martes foina*) und Tigeriltis (*Vormela peregusna*) zuweilen in Murmeltierfallen. Beide Musteliden

Abb. 56: Der Steppeniltis (*Mustela eversmanni*) — hier bei der Kontrolle eines Baus — erbeutet regelmäßig Murmeltiere. Foto: D. I. BIBIKOV.

erbeuten junge Murmeltiere. In den USA gilt der Fischermarder (*Martes pennanti*) als Schädling der Murmeltiere. Langschwanzwiesel (*Mustela frenata*) und Fichtenmarder (*Martes americana*) erbeuten ebenfalls Murmeltiere, vor allem junge Tiere (TRAVIS & ARMITAGE 1972). Der Europäische Dachs (*Meles meles*) schadet den Murmeltieren nicht, obwohl sie oft nah beieinander leben und ein Austausch von Ektoparasiten stattfindet. Mir ist bisher nur ein Fall bekannt, wo man in Transbaikalien ein neugeborenes Murmeltierjunges im Magen eines Dachses gefunden hat. Taucht ein Dachs in der Kolonie auf, so scheint das die Murmeltiere auch wenig zu stören. Ganz anders sieht es beim amerikanischen Silberdachs (*Taxidea taxus*) aus, der den Murmeltieren intensiv nachstellt. Die Silberdachse dringen in die Baue ein, wo sie die Murmeltiere töten und fressen (ANDERSEN & JOHNS 1977, ARMITAGE 1984). Häufig schleichen sie sich nachts in eine Murmeltierkolonie, um die Nager aus ihren Bauen auszugraben. Sobald ein Silberdachs in der Kolonie auftaucht, geraten die Murmeltiere in Aufregung und stoßen zahlreiche Alarmschreie aus (ARMITAGE, pers. Mitt.).

Unter den Greifvögeln ist der — heute selten gewordene — Steinadler (*Aquila chrysaetos*) der Hauptfeind der Murmeltiere. In zwei Adlerhorsten im US-Bundesstaat Washington bestand 71 % des Beutespektrums der Greifvögel aus Murmeltieren. Murmeltiere reagieren kaum auf ausschließliche Aasfresser, wie Bart- oder Gänsegeier (*Gypaetus barbatus, Gyps fulvus*). Allerdings wurde einmal ein junger Bartgeier beobachtet, der Alpenmurmeltiere angreifen wollte (HEREDIA & HERRERO 1992). In den Steppen fallen einige Murmeltiere dem Steppenadler (*Aquila nipalensis*) und dem Rauhfußbussard (*Buteo lagopus = B. hemilasius*) zum Opfer (FORMOSOV

1929, TARASOV 1944). Doch ist der Jagddruck durch diese Greifvögel auf das Kasachische Steppenmurmeltier nur minimal. In Transbaikalien nistet der Steppenadler in der Nähe vieler Nager, und er füttert seine Jungen fast nur mit juvenilen Murmeltieren. Adulte Murmeltiere werden nur selten erbeutet, meist handelt es sich dann um kranke, schwache oder tote Tiere.

Alpenmurmeltiere und Waldmurmeltiere fallen manchmal einem Uhu (*Bubo bubo* und *B. virginianus*) zum Opfer. Habichte (*Accipiter* spec.), Eulen (Amerikanischer Uhu und Vertreter der Gattung *Strix*) und Rotschwanzbussarde (*Buteo jamaicensis*) erbeuten ebenfalls Murmeltiere, insbesondere Jungtiere (DE VOS & GILLESPIE 1960, TRAVIS & ARMITAGE 1972).

Krankheiten. Die Anzahl der Krankheiten (Zoonosen), die Murmeltiere befallen können, ist recht umfangreich (Tab. 17). Sehr wahrscheinlich ist diese Liste keineswegs vollständig, und bei den meisten hier angegebenen Krankheiten weiß man nicht genau, wie sie übertragen werden und welche natürlichen Krankheitsherde sie besitzen.

Tab. 17: Krankheiten wildlebender Murmeltiere. Aus BIBIKOV (1992).

Krankheit	Vorkommen
Pasteurellose	Mongolei
Pseudotuberkulose	Mongolei
Salmonellose	Mongolei und Transbaikalien
Erysipeloid	Mongolei und Transbaikalien
Listeriose	Transbaikalien
Pest	Transbaikalien, Nan Schan, Mongolei; Tien-Schan, Pamir-Alai; USA, Kanada
Leptospirose	Tien-Schan; Pennsylvania, USA
Rickettsiose	Nordkasachstan; Rocky Mountains, USA
Toxoplasmose	Kasachstan
Frühsommer-Enzephalitis	Colorado, South Dakota, USA; Ontario, Kanada

Relativ häufig kommen die Erreger unterschiedlicher Murmeltierseuchen in einem Gebiet vor. So trat in einer Gegend mit natürlichen Pestherden auch Pasteurellose auf, begleitet von mehreren *Erysipelothrix*- und Salmonellenstämmen, wodurch es zu schweren Verlusten kam. Mehrfach wurden auch Mischinfektionen aus Pseudotuberkulose, Listeriose und Pest (in unterschiedlichen Kombinationen) beobachtet. Wie intensiv Murmeltiere von den meisten der aufgeführten Infektionen betroffen sind, ist nur unzureichend bekannt. Aus diesem Grund sollen hier nur die erst vor kurzem untersuchten Erreger der Frühsommer-Enzephalitis und Pasteurellose sowie die bereits intensiv erforschten Pesterreger vorgestellt werden.

Der Erreger einer Form der Frühsommer-Enzephalitis (engl. Powassan encephalitis), der zur B-Gruppe eines von Zecken übertragenen Virus gehört, wurde an einer Waldmurmeltierpopulation in der kanadischen Provinz Ontario untersucht. Hauptsächlicher Überträger ist die Zecke *Ixodes cookei*. In 148 von 350 untersuchten Tieren wurden Antikörper gegen das Enzephalitisvirus gefunden. Die Erreger befielen neben den Murmeltieren aber auch Nordamerikanische Rothörnchen (Gattung *Tamiasciurus*) sowie verschiedene kleine Mausartige (Muridae).

Die Erreger der Pasteurellose wurden an Mongolischen Steppenmurmeltieren im Osten der Mongolei untersucht (KUCHERUK et al. 1951). Bei der Untersuchung wurde ein großer Verlust des lokalen Bestandes festgestellt; auf dem Untersuchungsgebiet, das 50 km von Osten nach Nordwesten reichte, fanden sich insgesamt 300 Murmeltierkadaver. Wann die Seuche ausbrach, konnte nicht ermittelt werden; ihr Höhepunkt lag im Juni, und in der ersten Julihälfte wurden keine Verluste mehr gezählt.

Pestepidemien brechen normalerweise nur lokal in einem begrenzten Teil der Murmeltierkolonie auf. Mehrere Familienmitglieder sind gleichzeitig erkrankt. Selbst in Transbaikalien und in der Mongolei, wo sich Epidemien über mehrere Dutzend Quadratkilometer ausbreiten können, kamen kranke Tiere immer nur lokal an einigen Stellen vor. In den Gebirgslagen Mittelasiens sind die Pesterreger sogar noch stärker räumlich begrenzt (innerhalb des gesamten Untersuchungsgebietes auf einer Fläche von 10 bis 30 km^2). Durchschnittlich sind pro Seuchenherd normalerweise nicht mehr als 2 bis 3 % aller untersuchten Tiere infiziert. Im Zentrum der Seuchengebiete können allerdings 11,8 % oder sogar 22 % aller Murmeltiere erkrankt sein.

Die Anfälligkeit gegen den Pesterreger schwankt je nach Art und Jahreszeit. Während des Winterschlafs ist sie niedrig, in der Mitte der aktiven Periode ist sie jedoch am höchsten. In den ersten Frühlingsmonaten sind die Tiere recht resistent, von Mai bis Juli wiederum sehr anfällig, und in der Vorbereitungsphase auf den Winterschlaf nimmt ihre Resistenz wieder zu. Die Beobachtungen verdeutlichen letztendlich, daß es selbst in Zeiten hoher Resistenz immer einzelne Tiere gibt, die gegenüber dem Erreger anfällig sind. Die Ursachen dafür beruhen möglicherweise auf der ökologischen und physiologischen Heterogenität der Population, deren besondere Bedeutung bereits mehrfach erwähnt wurde.

Wie Krankheiten innerhalb einer Murmeltierpopulation übertragen werden, wurde lediglich an Pesterregern untersucht; die Ausbreitung anderer Krankheiten ist nur unzureichend erforscht. Für die Frühsommer-Enzephalitis nimmt man an, daß die Murmeltiere über den Speichel von Zecken mit dem Virus infiziert werden; die Zecken tragen das Virus während des Winterschlafs in sich und übertragen es von einem Entwicklungsstadium auf das nächste. Die Übertragungsweise verläuft ähnlich wie bei den natürlichen Krankheitsherden der Rickettsiose.

Die Erreger der Murmeltierpest können relativ lange in den Flöhen überdauern (bis zu 420 Tagen bei *Rhadinopsylla liventricosa*). Der Infektion eines gesunden Murmeltiers durch einen Floh, welcher zuvor an einem erkrankten Tier Blut gesaugt hat, wird dadurch nachgeholfen, daß sich die Pesterreger im Vorderdarm des Flohs aggregieren. Beim nächsten Stich werden einige Erreger aus diesem Aggregat herausgewaschen und gelangen über rückfließendes Blut in den neuen Wirt. (Der Vorderdarm kann durch die übergroße Zahl an Pestbakterien so stark verstopft sein, daß der Floh infizierten Darminhalt in die Stichwunde erbricht, wodurch die Infektion zustande kommt.) Weiterhin hungrige Flöhe können auch andere gesunde Murmeltiere aufsuchen und diese ebenfalls infizieren.

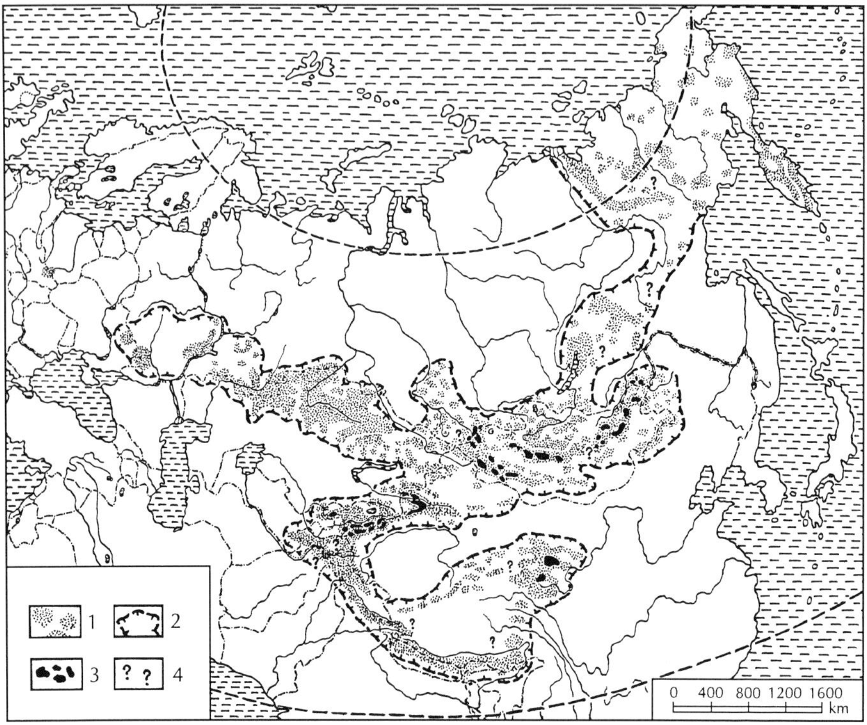

Abb. 57: Verbreitung natürlicher Pestherde in der Paläarktis, bei denen Murmeltiere beteiligt sind. 1 – Verbreitungsgebiete der Murmeltiere; 2 – Grenze der Verbreitung des Murmeltierflohs *Oropsylla silantiewi* (in Alaska kommt er nur auf Alaskamurmeltieren in den Brooks Mountains vor); 3 – Verbreitung natürlicher Pestherde; 4 – Unklare Situation.

Natürliche Pestherde befinden sich lediglich in einem kleinen Teil des Verbreitungsgebietes der Murmeltiere, nämlich in Transbaikalien, im Hantai, Changai, Altai, Tien-Schan, Alai, in Nordtibet und wahrscheinlich auch im Westen Nepals (Abb. 57). Die Gebiete, die von Kappenmurmeltieren, Kasachischen und Europäischen Steppenmurmeltieren sowie Alpenmurmeltieren bewohnt werden, liegen außerhalb dieser natürlichen Pestreservoire. In Nordamerika ist die geographische Verteilung dieser Seuchenherde noch schlechter untersucht als in Asien. Immerhin wurden in mehreren westlichen Bundesstaaten der USA sowie in der kanadischen Provinz British Columbia Pestbakterien aus Gelbbäuchigen Murmeltieren und ihren Flöhen isoliert. Als Hauptwirte der Pesterreger kommen im Tien-Schan und Alai Graue Steppenmurmeltiere und Rote Murmeltiere in Betracht. Zusätzliche Reservoire der Seuche finden sich in Wühlmauspopulationen (*Microtus* und andere). In den östlichen Seuchengebieten, die von Transbaikalien bis zum Altai reichen, sind neben Himalajamurmeltieren und Mongolischen Steppenmurmeltieren auch Ziesel, wie Daurisches Ziesel (*Spermophilus dauricus*) und Langschwänziges Ziesel (*S. undulatus*), Hauptüberträger dieser Krankheit. Interessanterweise nimmt an Orten mit niedriger Murmeltierdichte (z. B. Tuwa, Transbaikalien) nicht

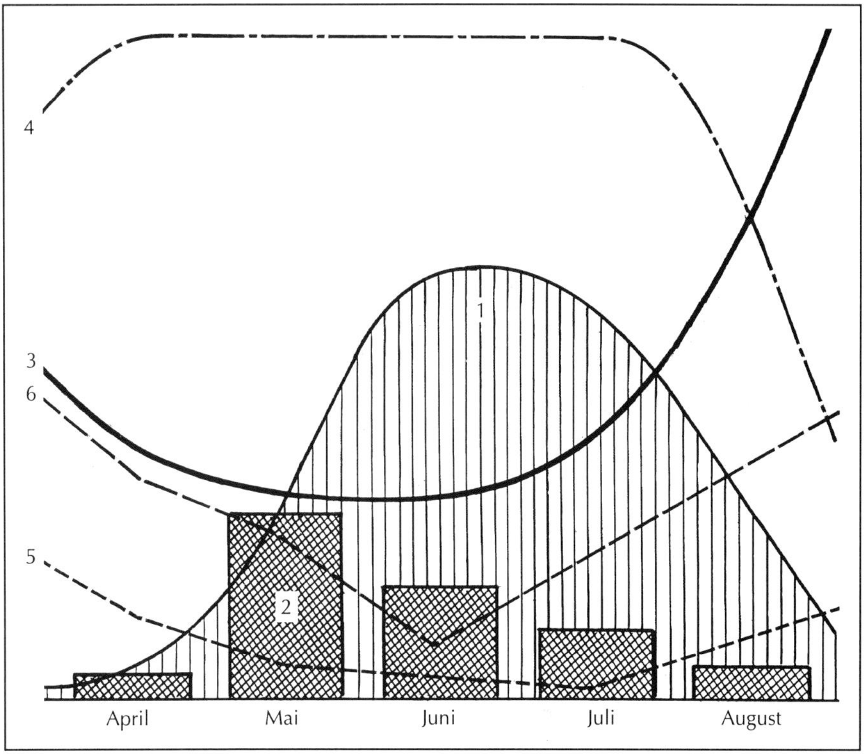

Abb. 58: Jahreszeitliche Schwankungen im Verhalten und in der Physiologie von Murmeltieren und ihren Flöhen in montanen Pestherden Mittelasiens. 1 – Intensität der Seuche; 2 – Wanderungsaktivität der Murmeltiere; 3 – Fettgehalt der Murmeltiere; 4 – Pestanfälligkeit der Murmeltiere; 5 – Physiologische Aktivität der Flöhe; 6 – Häufigkeit der Flöhe. Häufigkeitsangaben beziehen sich auf die Monate. Nach BIBIKOV et al. (1973).

nur die Intensität der Seuche insgesamt ab, die Pesterreger werden auch stärker innerhalb der Zieselpopulationen verbreitet. Auf diese Weise übernehmen unterschiedliche Wirte die Rolle des Hauptüberträgers.

In Abbildung 58 sind jahreszeitliche Schwankungen der Seuchenintensität bei Murmeltieren unterschiedlicher asiatischer Pestherde zu sehen (BIBIKOV et al. 1973). Für alpine Pestherde weist die Intensitätskurve der Seuche eine Spitze im Juni–Juli auf, während die gleiche Kurve für Herde in wärmeren, tieferen Höhenlagen zwei Spitzen besitzt — am Ende des Frühlings (Mai–Juni) und im Herbst (August–September). Den Winter überleben die Pestbakterien sowohl in ihren warmblütigen Wirten wie auch in Flöhen, die nicht nur im Winterquartier überdauern, sondern auch in einer Art Kältestarre in den Sommerbauen.

Die jahreszeitlichen Schwankungen der Seuchenintensität sind seit langem bekannt. Bereits gegen Ende des 19. Jahrhunderts wurde der Zusammenhang zwischen Massensterben bei Mongolischen Steppenmurmeltieren und Dürreperioden erkannt. In Pestherden in Hochgebirgslagen nimmt die Intensität der Seuche in kalten, regnerischen Jahren manchmal zu. Die Primärproduktion ist gering, zumal die Vegetationsperiode infolge der lang anhaltenden, ergiebigen Niederschläge (die oft als Schnee fallen) später einsetzt. Hierdurch wird die Nahrung knapper, was von den Folgen her einer Dürreperiode in den tieferen Höhenlagen entspricht. Infolge des geringen Nahrungsangebotes werden die Murmeltiere geschwächt, sie wandern stärker ab und begegnen häufiger anderen Tieren und Familiengruppen, wodurch sich die Seuche stärker ausbreitet. Die Witterungsbedingungen, die das Ausbreiten der Pest fördern, sind demnach je nach Biotop und Landschaftstyp völlig unterschiedlich (Abb. 40). Die Ausbreitung der Pest ist relativ kompliziert und verläuft insgesamt recht träge — ist der Vorgang erst einmal angelaufen, ist erst nach ein bis zwei Jahren eine rückläufige Tendenz zu verzeichnen (BIBIKOV et al. 1973).

Autonome Herde des Pesterregers wurden erstmalig bei Murmeltieren aus dem Tien-Schan festgestellt. Der Bazillus wurde nur selten in Tieren eines einzigen Baus bzw. einzelner benachbarter Baue gefunden. Die Krankheit brach lokal in dem einen oder anderen Teil einer durchgängigen Siedlung aus, normalerweise auf einer Fläche von mehreren Quadratkilometern. Die regelmäßige Erneuerung der Erreger einer Familiengruppe (innerhalb des Gebietes eines autonomen Herdes) ist ein ganz natürlicher Prozeß, da der Pesterreger auf diese Weise einen sogenannten Mesoherd bildet, d. h. einen Seuchenherd für eine lokale Population.

Seuchen wie Pasteurellose und Pest führen zu einem Rückgang der Populationsdichte, so in der Ostmongolei (Pasteurellose). Insgesamt ist die Anzahl an Murmeltieren, die infolge einer Pestepidemie verenden, nicht sehr groß; wesentlich gravierender wiegen andere Faktoren, vor allem Nahrungsmangel, Abwanderungen und zu geringe Fettreserven. Der starke Rückgang der Individuendichte bei Mongolischen Steppenmurmeltieren im Changai und in anderen Teilen der Mongolei beruhte nicht auf Seuchen, sondern auf Nahrungsmangel (TARASOV 1953, LETOV 1959). Dies wurde vor allem in Jahren großer Dürrekatastrophen beobachtet, die wahrscheinlich die Hauptursache für das massenhafte Sterben und Abwandern der Murmeltiere waren.

Die Schwankungen der Individuendichte infolge natürlicher Faktoren sind bei Murmeltieren im allgemeinen gering. Dabei wurden bisher allerdings nur relativ kurze Zeiträume (fünf bis zehn Jahre) berücksichtigt, und Jahre mit Klimakatastrophen blieben unberücksichtigt. Nach eigenen Daten verschoben sich die Besiedlungsgrenzen von Murmeltierpopulationen während dieser Kurzzyklen nicht, wohl aber nahm die Individuendichte in weniger günstigen Lebensräumen zu bzw. ab, wobei die eigentlichen Schwankungen eher in der Peripherie der Siedlungen (Kolonien) zu beobachten waren.

Populationen, die vom Menschen dezimiert werden, erholen sich sehr langsam — ca. zehn Jahre sind notwendig, wenn die Fläche sehr groß ist (mehrere hundert Quadratkilometer) und die Populationsdichte auf etwa 10 % des ursprünglichen Bestandes dezimiert wurde. Auf kleineren Flächen läuft der Vorgang schneller ab, weil Tiere aus benachbarten Gebieten einwandern können.

6.3 Der Einfluß des Menschen

Die menschlichen Aktivitäten, welche die Lebensräume der Murmeltiere nutzten und veränderten, begannen schon vor langer Zeit — möglicherweise schon vor Jahrtausenden. Vermutlich hatten die ersten Menschen schon bevor sie im Paläolithikum aus reinen Sammlern zu Jägern wurden, Murmeltiere zusammen mit anderen Tieren und Pflanzen verzehrt. Es ist anzunehmen, daß sich bodenbewohnende Tiere — ähnlich wie brütende Vögel oder sehr langsame Tiere — leichter erbeuten ließen als große Huftiere oder Raubtiere, welche die ersten Jäger aufgrund mangelnder Jagdtechniken noch nicht erbeuten konnten. Lange Zeit blieb der menschliche Einfluß auf Murmeltiere und ihre Lebensräume unbedeutend. Die menschliche Bevölkerung war klein, und die Verluste, die sie den Murmeltieren zufügte, konnten diese leicht durch Fortpflanzungserfolge wieder ausgleichen.

Als der Mensch später begann, Vieh zu halten, nahm sein Einfluß auf die Natur drastisch zu. Mit steigender Nutztierhaltung ging die Bedeutung von Murmeltieren als Jagdobjekte wohl zurück. Aus dem Zeitraum vor 15 000 bis 20 000 Jahren, als sich die Gletscher der Waldai-Eiszeit (Würm-Eiszeit) aus Mittel- und Osteuropa zurückzogen, weiß man nur wenig über den Einfluß des Menschen auf die Murmeltiere. Genausowenig ist über vergleichbare Vorgänge in Nordamerika bekannt, wo allerdings die Viehhaltung erst ab dem 15. Jahrhundert eine Rolle spielte, nachdem die Europäer Nutztiere aus ihrer Heimat mitgebracht hatten. In Eurasien bewohnten Menschen und Murmeltiere die großen, den Gletschern vorgelagerten Ebenen. Wie man anhand von Fossilien aus Dauersiedlungen der damaligen Menschen weiß, verzehrten sie auch regelmäßig Murmeltierfleisch. In Nordamerika kamen Murmeltiere während dieser Zeit nicht in den Steppengürteln vor. Sie lebten in der Waldzone und im Gebirge. Allerdings gibt es auch Funde fossiler Knochen von *M. flaviventris* aus dem Oberen Pleistozän und Holozän, die aus der kalifornischen Mohave-Wüste und den Newberry Mountains stammen (LEMKE 1989).

Die Auswirkungen, die sich aus der Urbarmachung der Russische Tiefebene für den Bobak ergaben, wurden anhand von Archivmaterial untersucht, das bis an den Anfang des 18. Jahrhunderts zurückreicht (KIRIKOV 1959, 1980). Die Nordgrenze des ehemaligen Verbreitungsgebietes des Steppenmurmeltiers verläuft etwa auf 55° 30′ nördlicher Breite, in Sawolschje (Transwolgaplatte) noch etwas mehr nach Norden. Generell deckte sich diese Grenzlinie mit der Nordgrenze der Waldsteppe. EVERSMANN (1850, S. 132) erwähnte, daß sich Murmeltiere in dieser Zone an Stellen niederlassen, wo die Steppe »Bergzüge, Hügel oder steiniges Terrain enthielt, oder gar von einer Schicht Tschernosjem (Schwarzerde) bedeckt war, (die Murmeltiere) jedoch nicht auf der Ebene vorkamen.«

Zu Beginn des 19. Jahrhunderts verlief die Südgrenze des Verbreitungsgebietes etwas nördlich der Trockensteppen des russischen Schwarzmeergebietes nach Süden, wobei sie einen Bogen zum Asowschen Meer schlug und auf diese Weise eine Art Zunge bildete. 1773 befanden sich in der Nähe von Taganrog eine große Anzahl Murmeltierbaue. Im Osten (im Gebiet zwischen Uralfluß und Wolga) erreichte die Südgrenze ein Gebiet, wo Steppenzone und Halbwüste aufeinanderstießen. Innerhalb dieses Verbreitungsgebietes besiedelten die Murmeltiere vornehmlich Berge und Hügel, während sie in den Ebenen, die nur selten von Felsschluch-

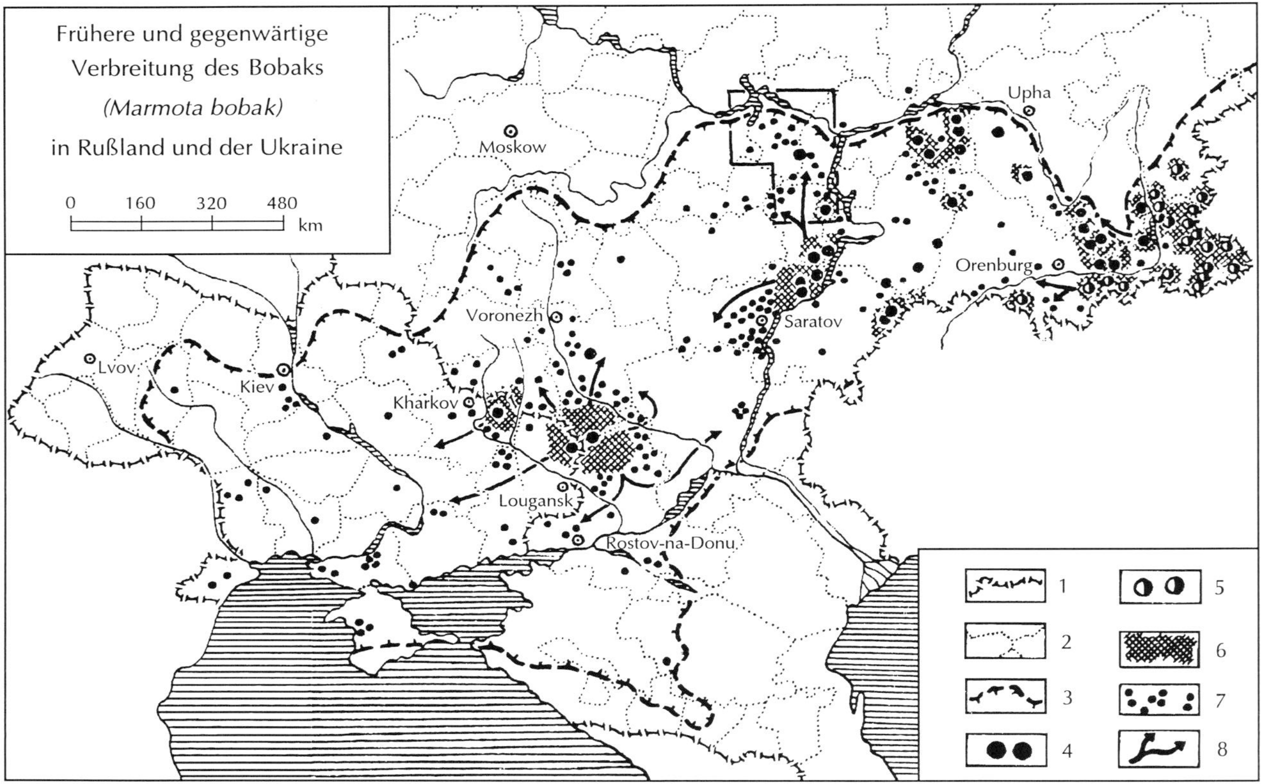

Abb. 59a: Ehem. u. heutige Verbreitung des Bobaks *(M. bobak)* in den Ebenen Rußlands u. d. Ukraine 1 – Staatsgrenzen; 2 – Grenzen der Distrikte und Teilrepub.; 3 – Grenze zwischen Grassteppe/Waldsteppe (Wiedereinbürgerungsgebiet von *M. bobak*); 4 – Reliktvork. europ. Bobaks; 5 – Reliktvork. kasachischer Bobaks; 6 – Heutiges natürl. Verbreitungsgebiet; 7 – Wichtige Wiedereinbürgerungsplätze; 8 – Hauptausbreitungsrichtung.

Abb. 59b: Teilausschnitt der Karte Abb. 59a: 1 – Natürliche Reliktsiedlungen; 2 bis 6: Wiedereinbürgerungsplätze: 2 – vor 1980; 3 – 1980 bis 1982; 4 – 1983 bis 1985; 5 – 1986 bis 1988; 6 – nach 1989; 7 – Anzahl der ausgesetzten Murmeltiere.

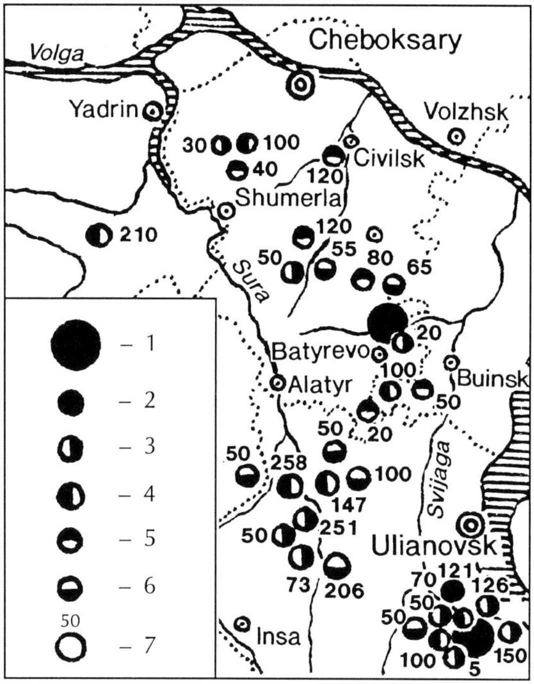

ten durchzogen waren, kaum vorkamen. Ende des 19. und Anfang des 20. Jahrhunderts kamen Murmeltiere in allen Verwaltungsbezirken der Provinzen Kursk, Tambow und Woronesch vor. Mancherorts gab es so viele Murmeltiere, daß man von einer »unglaublichen Vielzahl« sprach. In den einzelnen Abschnitten des Dontales gab es nicht so viele Murmeltiere wie auf den Weiden, die von der Kavallerie genutzt wurden; dort wurde die Steppe nicht landwirtschaftlich bearbeitet, und die Murmeltierbaue machten auch noch Anfang des 20. Jahrhunderts eine Mahd unmöglich.

Für das Verschwinden des Bobaks und den Rückgang seines osteuropäischen Verbreitungsgebietes liegen besonders aus dem letzten Jahrhundert zahlreiche Hinweise vor. Infolge einer intensiven Umwandlung der Steppen in Ackerland und einer übermäßigen Bejagung verschwand die Art, die einst in großer Zahl die Russische Tiefebene und die Vorgebirge des Südurals bevölkert hatte, fast völlig aus dem ehemaligen Verbreitungsgebiet (Abb. 59a, b) und wurde fast ausgerottet (KIRIKOV 1980).

Meiner Meinung nach geht der Rückgang der Steppenmurmeltiere jedoch in erster Linie auf die direkte Vernichtung durch den Menschen zurück und weniger auf die Umwandlung der Steppe in Ackerland. Hierzu folgende Erläuterung: Im Süden der Russischen Tiefebene wurde die Steppe fast vollständig in Ackerland umgewandelt. So sind heute im Herzen des Schwarzerdegebietes (Tschernosjem) 80 % der Fläche Ackerland — eine Fläche, die fast doppelt so groß ist wie die landwirtschaftliche Nutzfläche in vielen Ländern der Europäischen Union. Auch in der Ukraine besteht ein großer Teil der landwirtschaftlichen Nutzfläche aus Feldern und Äkkern, doch erstrecken sich diese nicht über eine so einheitliche Fläche wie im russischen Tschernosjemgürtel. In einigen Bezirken der Ukraine sind nur 3 bis 6 % des Landes Weideland, während es in den Bezirken Charkow und Lugansk jeweils 10 % bzw. 14 % sind. Dennoch konnten sich Bobaksiedlungen behaupten. In der Tatarei und den Provinzen Uljanowsk, Saratow und Rostow fällt der Anteil der nicht als Ackerland genutzten Fläche noch höher aus (bis zu 15 und 23 %).

Die durchschnittlichen Angaben über den prozentualen Anteil der Ackerfläche einzelner Bezirke sind kein Beweis dafür, daß die Steppenmurmeltiere der Russischen Tiefebene auch durch den Ackerbau ausgerottet wurden. Wenn der Mensch die Murmeltiere nicht so intensiv bejagt hätte, könnten heute noch Hunderttausende, wenn nicht gar Millionen Tiere in den unberührten Gebieten leben. Die verbleibenden Siedlungen liegen fast immer in sehr unübersichtlichem Gelände, das dem ursprünglichen Lebensraum der Steppenmurmeltiere sehr nahe kommt und das für Ackerbau kaum geeignet ist.

Die Wiedereinbürgerung des Europäischen Bobaks erfolgte ohne Berücksichtigung der veränderten Lebensraumbedingungen, so daß die Tiere nicht lange überlebten. Zwischen 1930 und 1950 gab es in der Ukraine (in den Bezirken Charkow und Lugansk) nur an zwei Stellen einige stark geschrumpfte Siedlungen (Abb. 54a), ferner noch im Süden des Bezirk Woronesch sowie im Nordwesten des Bezirks Rostow.

Ein zweites Gebiet, in dem ursprüngliche Steppenmurmeltierpopulationen überlebten, ist die Transwolgaplatte im Norden des Bezirks Saratow, ein drittes Gebiet liegt im südlichen Ural, insbesondere in den steppenbedeckten Vorgebirgen. Insgesamt machen die Flächen, auf denen Bobaks überlebt haben, nicht mehr als 10 km^2 in der Ukraine, 20 bis 30 km^2 auf dem rechten Wolgaufer, 100 bis 120 km^2 im Süden des Urals (ausgenommen der östlich gelegenen Siedlungen) — insgesamt nicht einmal 200 km^2 aus.

Um zu verstehen, wie sich aus wenigen Refugialräumen Steppenmurmeltiere wieder ausbreiten konnten, sollen im folgenden wichtige Lebensraumbedingungen vorgestellt und diskutiert werden. Dabei ist noch einmal zu betonen, daß sich Steppenmurmeltiere — wie andere Murmeltiere auch — während der letzten Jahrtausende in einer Koevolution mit wilden Huftieren entwickelt haben, später dann mit deren domestizierten Nachfolgern, wie Schafen, Rindern und Pferden. Seit langen Zeiten bestehen diese Verbindungen zwischen weidenden Huf- und Murmeltieren, und es erscheint mir generell falsch, sie als Nahrungskonkurrenten zu bezeichnen. Diese irrige Annahme wurde schon vor über 60 Jahren von FORMOSOV (1929) angezweifelt. Bei späteren Untersuchungen stellte sich heraus, daß Weidevieh und Murmeltiere gleichermaßen von einer gemeinsamen Nutzung der Weiden profitieren; außerdem ist die Primärproduktion auf von Murmeltieren genutztem Gelände etwas höher (KUCHERUK 1963, SEREDNEVA & NESGOVOROV 1977).

Bis zum Anfang des 20. Jahrhunderts hatte sich eine Bobaksiedlung im Nordosten des Bezirks Charkow auf einem nicht ackerbaulich genutzten Gebiet gehalten, das von Schluchten und Erosionsrinnen durchzogen war. 1919 lebten hier 226 Murmeltiere, 1928 waren es dann nur »sehr wenige« und 1935 wieder 600 Tiere. In den 40er

Jahren ging die Population weiter zurück, und nur ein paar Dutzend Murmeltiere lebten in einer einzigen Kolonie. In den 50er Jahren stieg ihre Zahl wieder an, so daß einzelne Tiere aus Kolonien mit hoher Individuendichte abzuwandern begannen (Abb. 54a). In den 80er Jahren dehnte sich die Population zwar weiter innerhalb des Gebietes aus, doch wurden vereinzelt auch ganze Kolonien von Wilderern ausgerottet.

Mehrere andere Bobaksiedlungen hielten sich in der Tatarei und im Bezirk Batyrjewsk auf dem Volksgebiet der Tschuwaschen; hier fanden sich noch Anfang des 20. Jahrhunderts Kolonien entlang des Ufers der Bula und anderer Flüsse. Zwischen 1921 und 1922 nahmen Bestand und Verbreitungsgebiet der Bobaks in der Tatarei drastisch ab, als ganze Dorfbevölkerungen die Murmeltiere jagten und so die meisten Kolonien der Nager verwaisten. Ab 1925 stieg der Rauchwarenhandel mit Murmeltierfellen, und auch eine gesteigerte Jagd im Frühjahr, vor allem durch Jagdtouristen, brachte vielen Murmeltieren den Tod. Andererseits stellte sich die einheimische Moslembevölkerung oft schützend vor die Tiere. Die Verwaltungsbeamten hielten aus Unkenntnis die Murmeltiere oft für Ernteschädlinge und verwechselten sie mit Erdhörnchen (TEPLOV & TICHVINSKII 1932). Die beiden Autoren berichten von einem Fall, in dem die Bewohner eines Tatarendorfs Jäger davon abhielten, die letzte Murmeltierkolonie zu vernichten.

Da die Anzahl der Bobaks in Zeiten von Mißernten, Krieg und Verwüstung zurückging, muß noch die besondere Rolle der Tiere als Notnahrungsmittel betont werden. Auf diese Weise wurden viele tausend Menschen vor dem Verhungern gerettet. Hungerjahre ereigneten sich sowohl im zarististischen Rußland (1778, 1876 bis 1880, 1900 bis 1912) als auch in den Anfangsjahren des Kommunismus (1915 bis 1920 in Powolschje, der Jahresbeginn 1930, 1940, in Kriegsjahren und den Jahren der Kollektivierung).

Neben diesen negativen Einwirkungen des Menschen auf Murmeltierpopulationen sind in den letzten Jahrzehnten auch umgekehrte Entwicklungen zu beobachten. Insbesondere die hohe Anpassungsfähigkeit der Steppenmurmeltiere hat es ihnen ermöglicht, sich neue Lebensräume in der Kulturlandschaft zu erobern. So wurden zunehmend Tiere beobachtet, die aus Refugialräumen abwanderten und sich am Rande von Acker- und Getreidefeldern niederließen. Dabei können Murmeltiere erheblichen Schaden an Feldfrüchten anrichten, indem sie junge Pflanzen niedertreten und Sprößlinge von Sonnenblumen oder Mais fressen. Das Problem wird dadurch noch verschärft, weil Europäische Bobaks streng geschützt sind.

Auch durch Rodung entstehen neue Lebensräume für Murmeltiere, die aus ihren angestammten Kolonien abwandern. Bobaks können aber nicht nur die Agrarlandschaft besiedeln, sondern vielerorts auch an Waldrändern und in Baummonokulturen leben. Die Tiere legen ihre Baue auch in Erdreich an, das nach menschlichen Eingriffen (z. B. Anlegen von Staudämmen) zurückgeblieben ist. Ähnliche Verhaltensweisen beobachtete man auch beim amerikanischen Waldmurmeltier, das seine Baue in Straßenböschungen, Erdbunkern und militärischen Schießständen anlegte (BRONSON 1963).

Die Besiedlung der Kulturlandschaft ging beim Bobak noch weiter: So siedelten sich die einstigen Steppenbewohner selbst in verlassenen Weilern und Kolchosen an.

Als ein typisches Beispiel sei der alte Weiler Chlebnoje erwähnt, der aus etwa dreißig Bauernkaten bestand. Vor langer Zeit sind seine Bewohner in ein größeres Dorf gezogen, und die Häuser zerfielen zu Schutthügeln, die heute von Vegetation überwachsen sind. In jedem dieser Hügel wohnt eine Murmeltierfamilie. Daß sich Murmeltiere in verlassenen Dörfern ansiedeln, läßt sich leicht erklären: Der neue Biotop befriedigt alle wichtigen Bedürfnisse der Tiere. Sie können leicht einen soliden Bau anlegen, ehemalige Fundamente bieten Aussichtspunkte und die alten Kellergewölbe unterirdische Verbindungswege, so daß eine richtige »Murmeltierstadt« entsteht. Da die Dörfer oft auf an Anhöhen lagen, bieten sich den Tieren gute Sichtmöglichkeiten, und eine dichte, ausdauernde Ruderalvegetation versorgt sie mit Nahrung.

Abschließend läßt sich festhalten, daß Bobaks in gewissem Sinne als Kulturfolger gelten können, ähnlich wie es bei dem nahen Verwandten Europäischen Biber (*Castor fiber*) nach seiner Wiedereinbürgerung in Süddeutschland zu beobachten ist.

In Kasachstan wurden die unberührten Steppen erst zu Beginn des 20. Jahrhunderts für den Ackerbau urbar gemacht, allerdings erst in den 50er Jahren sehr extensiv genutzt. Folglich entstanden in Nordkasachstan mehrere Millionen Hektar Ackerfläche — auf Waldsteppen, Grasland, im Süden auf Trockensteppen und sogar in Halbwüsten. Während dieser gut 30 Jahre erlitten die Populationen des Kasachischen Bobaks starke Bestandseinbußen.

Während der gesamten Zeit der Urbarmachung weiter Landstriche wurde zwar öfters über das Verhalten der Murmeltiere berichtet, jedoch erst RUMIANTSEV (1991) gab einen allgemeinen Überblick. Große Teile der Bobakpopulationen wurden insbesondere in solchen Gegenden dezimiert, wo in den Jahren 1955 bis 1965 große Bereiche umgepflügt wurden — z. B. im Bezirk Kustanai und im Norden des Bezirks Zelinograd. Auch in Gebieten, wo Siedlungen vom Herdtyp überwogen, waren die Bestände stark betroffen (in den Bezirken Uralsk, Aktdschubinsk und Koktschetaw). Von 1965 bis heute verlangsamte sich die Urbarmachung der Steppen, und obwohl in jedem Jahr immer noch neue Flächen erschlossen werden, nimmt die landwirtschaftliche Nutzfläche insgesamt nicht zu, da die bereits urbar gemachten Halbwüsten- und Steppenabschnitte wieder brach fallen.

Bis Mitte der 80er Jahre traf die Theorie, wonach Feldbau und Siedlungen Europäischer Bobaks einander ausschließen, auch für Kasachstan zu. Erst später wurde nach und nach beobachtet, daß sich Bobaks in ihrem gesamten Verbreitungsgebiet (von der Ukraine bis zum Irtysch) an ein Leben in der Kulturlandschaft anpassen können.

RUMIANTSEV (1991) führt seine Meinung, das Umpflügen stelle eine Gefahr für Murmeltiere dar, auf zahlreiche Beobachtungen verschiedener Zoologen zurück. Danach befinden sich Murmeltiersiedlungen auf Ackerland jeweils nur am Rande der Felder und die Populationsdichte nimmt vom Rand zur Mitte hin ab (Abb. 60).

Inwieweit Murmeltiere große Ackerflächen (2 × 2 km) besiedeln können, hängt davon ab, ob ausreichend Nahrung in Form von Kulturpflanzen vorliegt und ob es gleichzeitig auch Wildpflanzen gibt. RUMIANTSEV (1991) untersuchte daraufhin in den 80er Jahren Murmeltierpopulationen in den Ackerflächen des Bezirks Kustanai (Abb. 56). Der Fruchtwechsel innerhalb einer Parzelle ermöglicht die kontinuierli-

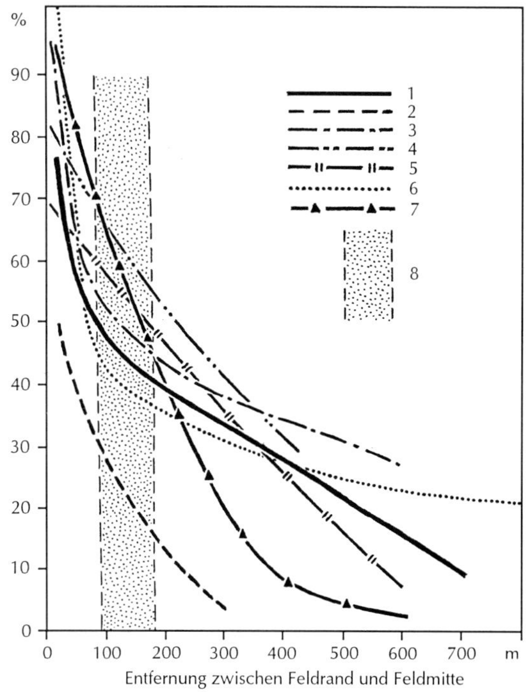

Abb. 60: Populationsdichten (Murmeltiere/km^2) des Kasachischen Bobaks in Ackerbaugebieten (1 bis 7, Angaben nach verschiedenen Autoren; 8, Angaben nach RUMIANTSEV 1991).

che Versorgung der Murmeltiere mit Nahrung. Die Parzellen werden im drei- bis fünfjährigen Turnus mit Weizen und Staudenfrüchten bestellt oder als Brache liegengelassen. Eine Besonderheit bei der Verteilung der Murmeltiere war, daß sich die Tiere nicht nur bevorzugt in den Grenzbereichen aufhielten, wenn sich die benachbarten Grundstücke unterschieden (z. B. Ackerland und unberührtes Gelände), sondern auch dann, wenn sie anfänglich weniger Unterschiede zeigten. Murmeltiere, die am Parzellenrand leben, sind gegenüber anderen Artgenossen im Vorteil, weil sie den Fruchtwechsel auf beiden Grenzseiten nutzen können. Eine wichtige Rolle spielt dabei auch der nicht unerhebliche Anteil (15 bis 30 %) der hier wachsenden Wildpflanzen, insbesondere Stauden sowie Luzerne (Alfalfa) und Klee.

Innerhalb der Ackerrandstreifen bilden sich keine Murmeltiersiedlungen vom Steppentyp. Diese Siedlungen unterscheiden sich von allen anderen Siedlungsformen und bleiben von Bewuchs und Struktur der angrenzenden Parzellen unbeeinflußt. Auch Schwankungen der Individuendichte haben keinen Einfluß auf die Siedlungen, deren Schwerpunkte in den Schnittpunkten der Parzellen liegen. Auf Grund der relativ gleichmäßigen Verteilung entlang der Ackerränder, wird diese Form der Verbreitung als Netzförmiger Siedlungstyp oder Netztyp bezeichnet (RUMIANTSEV 1991).

Allerdings findet man diese Form der Bobaksiedlungen immer in Regionen, in denen sich vor der Urbarmachung Siedlungen befanden, die eine Individuendichte von 70 bis 90 Tieren/km^2 aufwiesen. In den Netztyp-Siedlungen der neuen Agrar-

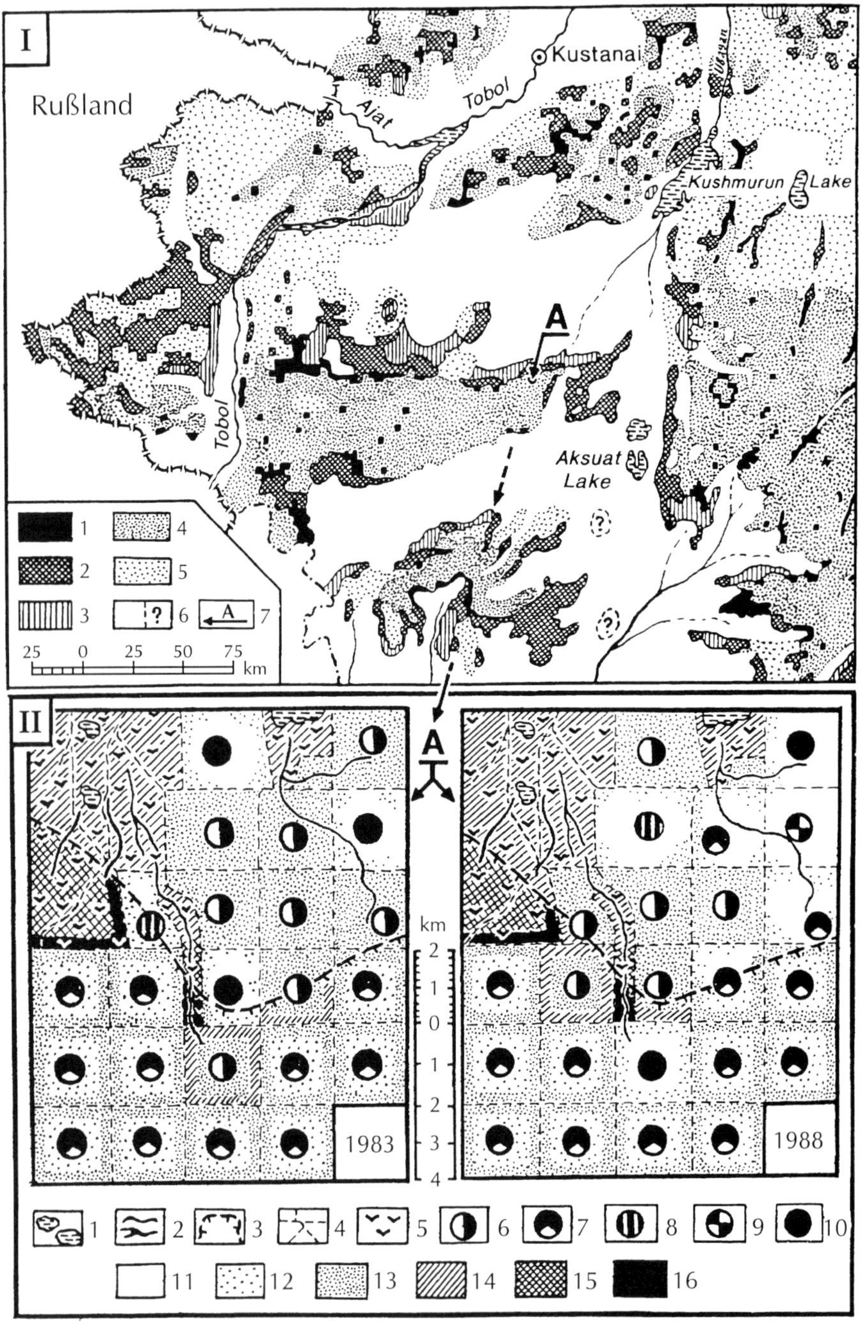
I
Rußland
Kustanai
Tobol
Ajat
Kushmurun
Lake
Tobol
A
Aksuat
Lake
1
2
3
4
5
6
7
25 0 25 50 75
km
II
A
km
2
1
0
1
2
3
4
1983
1988
1
2
3
4
5
6
7
8
9
10
11
12
13
14
15
16

gebiete findet man heute Dichten von 20 bis 25 Tieren/km^2 (Abb. 61). In Gebieten, die den Murmeltieren vormals suboptimale Lebensbedingungen geboten hatten, halten sich die Tiere überwiegend in einzelnen Streifen unberührter Natur sowie den angrenzenden Feldern auf, bilden jedoch innerhalb von großen Feldern keine stabilen Siedlungen. Wenn heute hin und wieder Kolonien auf solchen Agrarflächen gefunden werden, sind sie meist vom Herdtyp und weisen durchschnittliche Individuendichten von 10 Tieren/km^2 oder weniger auf. Auf weiten Flächen, vor allem im Norden des Verbreitungsgebietes, sind Murmeltiere vollständig verschwunden (Abb. 61).

RUMIANTSEV (1991) unterschied in Nordkasachstan zwei Formen von Bobaksiedlungen auf Agrarland. Unter zunächst optimalen Bedingungen wandeln sich Siedlungen vom Steppentyp in solche vom Netztyp um; in Gegenden mit ungünstigen Lebensbedingungen entstehen hingegen Siedlungen vom Herdtyp. Möglicherweise sind die netzförmigen Siedlungen nicht sofort entstanden; als Feldfrüchte in Kasachstan noch ausschließlich in Monokultur angebaut wurden, gab es wahrscheinlich nur Herdtyp-Siedlungen. Mit Einführung des Fruchtwechsels begannen die Murmeltiere in die Agrarlandschaft einzuwandern und Siedlungen vom Netztyp zu bilden.

Wie schon RUMIANTSEV (1991) erwähnt, verlief die Bestandsentwicklung der Bobaks in der Agrarlandschaft Kasachstans völlig anders als in der Russischen Tiefebene. Jahrhundertelang hatten sich Äcker und Felder durch die Steppenzone Europas nach Südosten ausgebreitet. Die Verteilung dieser Kulturlandschaft verlief zunächst mosaikartig, so daß die Steppenmurmeltiere immer eine Gelegenheit fanden, sich zurückzuziehen. Mit zunehmender Ausbreitung und Intensivierung der Agrarfläche ging jedoch das Verbreitungsgebiet des Bobaks zurück (KIRIKOV 1980), allerdings wurden auch viele Kolonien direkt durch den Menschen ausgerottet. In Kasachstan wurde das gesamte Verbreitungsgebiet innerhalb kürzester Zeit urbar gemacht, so daß die Murmeltiere kaum Rückzugsmöglichkeiten hatten; nur wenige Wiederausbreitungszentren blieben erhalten.

Seit den 70er Jahren werden in der Mongolei weite Teile der ursprünglichen Steppenlandschaft in Getreidefelder, hauptsächlich Weizenfelder, umgewandelt. Zwischen 1979 und 1983 habe ich Mongolische Steppenmurmeltiere vielerorts in land-

---

Abb. 61 (links): I. Struktur des Verbreitungsgebietes von Bobaks im Bezirk Kustanaj und in angrenzenden Bezirken (Kasachstan). Dichte der Siedlungen in natürlichen Biotopen: (1) Hoch: > 100 Tiere/km^2 —(2) Mittel: 50 bis 100 Tiere/km^2 — (3) Niedrig: < 50 Tiere/km^2 (Siedlungstyp primär vom Herdtyp) — Siedlungen in den Feldern: (4) Netzförmiger Siedlungstyp (»Setschatji«): 10 bis 50 Tiere/km^2 — (5) Siedlungen vom Herdtyp: < 10 Tiere/km^2 – (6) Anwesenheit der Tiere unsicher — (7) Genauer untersuchtes Gebiet (siehe II).

II. Individuendichte einer Murmeltierpopulation in einem zwischen 1983 und 1988 genauer untersuchten Gebiet: (1) Stehende Gewässer — (2) Fließgewässer — (3) Grenzen der Gebiete mit für Murmeltiere normalerweise optimalen (Süden) und mittleren (Nord) Lebensbedingungen — (4) Grenzen zwischen Feldparzellen und unberührten Biotopen: 5 bis 10 Biotope — (5) Grassteppe (Weideland) — (6) Klee- oder Alfalfafeld — (7) Getreidefeld — (8) Brache mit hohem Grasbewuchs — (9) Maisfeld — (10) Offene Felder. — Dichte der Murmeltierpopulation: (11) Besatz unklar oder < 10 Tiere/km^2 – (12) 10 bis 20 Tiere/km^2 – (13) 20 bis 40 Tiere/km^2 — (14) 40 bis 60 Tiere/km^2 — (15) 80 bis 100 Tiere/km^2 — (16) >100 Tiere/km^2.

wirtschaftlichen Nutzflächen beobachten können, meist in den zentralen Provinzen (den sog. Aimaks), aber auch im Osten des Landes, wo sich die größten Agrarflächen befinden.

Ein weiteres Beispiel, wie Agrarflächen die ursprünglichen Habitate von Murmeltieren in unterschiedlichen Ländern und Regionen drastisch beeinflußt haben, stammt aus den Vorgebirgen des Tien-Schans. Hier sind die Nutzflächen nicht sehr groß — im Bezirk Alma-Ata einige 10 bis 100 km^2. Ende der 50er bis 60er Jahre d.J. verschwanden die Murmeltiere nach und nach aus den untersuchten Gebieten, blieben jedoch noch einige Jahre in angrenzenden Schluchten, deren Talausgänge zum Teil ebenfalls landwirtschaftlich genutzt wurden. Nach weiteren Jahren waren die Murmeltiere vollständig aus den Randgebieten der Felder verschwunden; größtenteils waren sie von den Bauern abgeschossen oder von wildernden Hunden gerissen worden.

Ähnliches trug sich in Kirgistan zu, wo zwei Untersuchungen durchgeführt wurden: Die erste fand im Hochgebirgstal des Kuilu statt, das von einer Trockensteppe bedeckt ist. Am Ufer des Kuilus war ein zwei Kilometer langer Landstreifen umgepflügt worden, auf dem Dauerrasen ausgesät werden sollte. Diese Wiese, die später zur Mahd genutzt wurde, sollte über einen kleinen Bewässerungskanal versorgt werden. Das Umpflügen hatte die Murmeltiere nicht weiter beeinträchtigt, sie mußten lediglich etwas weitere Strecken zurücklegen, um auf den unbearbeiteten Berghängen nach Nahrung zu suchen. Einige Jahre später wurden die Mahdwiesen aufgegeben, und schon bald waren die Murmeltiere verschwunden — sie waren von Wilderern getötet worden. Die zweite Untersuchung fand in der Nähe einer Landstraße statt, die einen Berghang zum Sary-Moinok-Paß hochführte. Hier wurde ein 200 bis 300 ha großes Stück alpine Halbwüste umgepflügt. Da es an ausreichender Bewässerung mangelte, gediehen die ausgesäten Gräser weder im ersten Jahr noch in den Folgejahren. Nach und nach fiel das Landstück brach und der Wind trug den letzten fruchtbaren Boden fort; die ansässigen Murmeltiere waren gezwungen, aus Nahrungsmangel auszuwandern.

Zu den weiteren schädigenden Einflüssen des Menschen auf die Murmeltiere zählen vor allem auch die Hirtenhunde. Die Mahd stört die Murmeltiere nicht, doch nimmt während dieser Zeit die Zahl der Wilderer zu. Der Grasschnitt mit Mähdreschern wird durch Murmeltierbaue stark behindert. In den Vereinigten Staaten untersuchte man die Aktivitäten von Waldmurmeltieren in Mahdwiesen und Dauerwiesen. Weil im Osten der USA der Schaden durch Murmeltiere in der Landwirtschaft stark zugenommen hat, soll ihre Zahl mit Hilfe von Giftködern (Zinkphosphid) eingedämmt werden (THOMPSON 1979).

Während der letzten Jahrzehnte werden immer mehr Murmeltiere von Autos überfahren, vor allem in den USA und den Alpenländern Westeuropas. Dies ist eine Folge des Ausbaus des Straßennetzes, insbesondere des Baus von Autobahnen. Landstraßen greifen in die Lebensräume der Murmeltiere ein und durchschneiden ihre Familienreviere. Kanadische Zoologen stellten bei Beobachtungen an einem Highway in der Nähe von Ottawa fest, daß die Häufigkeit, mit der die Tiere überfahren wurden, mit der Verkehrsdichte und nicht mit der Individuendichte der Waldmurmeltiere zusammenhing. 4/5 der Tiere, die von Autos erfaßt und getötet wurden, waren Abwanderer aus benachbarten Territorien. Murmeltiere, die in der Nähe der Straßen wohnen, lernen offenbar, diese zu meiden (VONTOBEL 1983).

Auffällig ist, daß wir während all der Jahre, die wir mit Expeditionen zu den Murmeltieren auf den Steppen des Tien-Schans, Pamirs und der Mongolei verbrachten, niemals ein Tier sahen, das von einem Auto überfahren worden war, obwohl sich die Baue der Tiere manchmal sogar in den Spurrillen der Landstraßen befanden. Andererseits bemerkte ich während einer einzigen Busfahrt von Salzburg nach Innsbruck ein Alpenmurmeltier, das kurz zuvor von einem Auto angefahren worden war.

Murmeltiere werden auch durch Touristen und Holzfäller gestört. So wird das vom Aussterben bedrohte Vancouvermurmeltier, das in kleinen, räumlich eng begrenzten Populationen auf den subalpinen Gebirgswiesen von Vancouver Island lebt, in seinen Randbezirken durch Forstwirtschaft gefährdet. Die Murmeltiere besiedeln zwar auch frische Schlagflächen, allerdings überleben dort deutlich weniger Tiere (BRYANT 1994).

Neben Überjagung und Landwirtschaft ist das gezielte Abschießen von Murmeltieren, um natürliche Pestherde auszumerzen, ein wichtiger bestandsmindernder Faktor Derartige Pestbekämpfungsmaßnahmen wurden jahrelang in den Gebirgen Mittelasiens, in Transbaikalien, China und der Mongolei durchgeführt und so die Ausrottung vieler Populationen mit dem Argument der Seuchenbekämpfung gerechtfertigt. Von den 40er bis in die 70er Jahre wurde auf Tausenden von Quadratkilometern in Transbaikalien und im Tien-Schan in großem Maßstab versucht, die Murmeltiere zu dezimieren. In sämtlichen Gebieten, wo Seuchen auftraten, wurde wiederholt der Versuch unternommen, die ansässigen Murmeltierbestände um 90 % zu reduzieren und dann mehrere Jahre lang auf diesem niedrigen Niveau zu halten. Die Maßnahmen senkten zwar die Aktivität mancher Seuchenherde, rotteten sie jedoch nicht aus.

In den 40er Jahren versuchte man in den USA den Pesterreger zu bekämpfen, indem man die Zahl der Erdhörnchen und anderer Nagetiere, welche die Pestbakterien übertragen, ausdünnte. Allerdings sah man bald wieder von diesen Bemühungen ab. In diesem Zusammenhang soll ein Bonmot des russischen Zoologen und Pestexperten Professor JURII RALL nicht unerwähnt bleiben: »Die Amerikaner sind nicht so reich, als daß sie Geld für ein Unternehmen ausgäben, dessen Erfolg nicht hundertprozentig garantiert wäre.«

Nach ungefähren Berechnungen wurden während der vergangenen 10 bis 15 Jahre mindestens eine Million Murmeltiere (möglicherweise sogar noch ein paar Millionen mehr) in Transbaikalien und den Hochgebirgen Mittelasiens durch intensive Bekämpfungsmaßnahmen getötet. Heute werden Murmeltiere — wie auch andere Nagetiere — nicht mehr gezielt vernichtet. Laut epidemiologischen Daten werden natürliche Seuchenherde entscheidend durch das Versprühen eines Desinfektionsmittels bekämpft, wodurch Flöhe und Läuse in den Murmeltierbauen getötet werden und die Übertragung des Pestbazillus verhindert wird. Diese Methode ist ebenfalls stark umstritten und läßt sich nur begrenzt anwenden, da die Umwelt insgesamt durch den Einsatz der Pestizide sehr stark belastet wird.

6.4 Die Jagd und andere Nutzungen der Murmeltierbestände

Im Gegensatz zu Nordamerika und den europäischen Alpenländern, wo die Murmeltierjagd verboten oder aber ein reines Hobby ist, werden die Tiere in Rußland und Zentralasien kommerziell wegen ihres Felles, Fleisches und Fetts gejagt (letzteres spielt in der Volksmedizin eine wichtige Rolle). In der Vergangenheit wurden in Westeuropa Murmeltiere ebenfalls als Wildbret gejagt, und das Verschwinden der Alpenmurmeltierpopulationen in den Pyrenäen, Norditalien und den Karpaten, geht auf diese Überjagung zurück. In Rußland überlebten die Menschen, die am Ufer der Wolga, in der Ukraine und Transbaikalien wohnten, Hungersnöte, indem sie Murmeltiere verzehrten; dabei wurden die Bestände fast ausgerottet, und auch während der Jahre der Kollektivierung und Kriegswirren verschwanden die Tiere aus vielen Teilen ihres russischen Verbreitungsgebietes. Ein ähnliches Schicksal könnte meines Erachtens den Murmeltieren in China und der Mongolei bevorstehen.

In verschiedenen Gebieten Rußlands werden die Murmeltiere mit Kleinkalibergewehren (5,6 mm) erlegt, manche benutzen aber auch größere Kaliber. Entweder lauern die Jäger den Tieren in Baunähe auf, oder sie pirschen sich leise an die Tiere heran. Das (aktive) Anpirschen wird in Transbaikalien, im Altai und in der Mongolei bevorzugt, während man das Auflauern häufiger in den Bergregionen Zentralasiens praktiziert. Da es jedoch immer weniger erfahrene Murmeltierjäger gibt, gewinnt die zweite Variante der Jagd auf Murmeltiere immer mehr Popularität.

Murmeltiere werden auch in Fallen gefangen. Diese Jagdmethode findet sich im gesamten Verbreitungsgebiet der Tiere, wird jedoch relativ oft in Kasachstan oder der Russischen Tiefebene angewandt. Die Fallensteller benutzen normalerweise Fuchsfallen (No. 3 nach russischer Norm), die direkt am Eingang des Baus aufgestellt werden. Auch hier hängt der Jagderfolg direkt vom Geschick des Jägers ab. Heute verwenden Jäger an Stelle eines Pferdes oft ein Motorfahrzeug. In Gegenden mit dicht besetzten Murmeltierpopulationen können sie so am Tag 20, mitunter sogar bis zu 30 Tiere erlegen oder in Fallen fangen (Abb. 62).

In der Mongolei, wo in den 80er Jahren schätzungsweise noch alljährlich eine Million Tarbaganfelle erbeutet wurden, werden traditionelle Jagdmethoden weitaus besser gepflegt als in Rußland. Bei der Murmeltierjagd verwenden die Mongolen eine ungewöhnliche Kleidung und ein besonderes Jagdritual, das den Tieren Alarmschreie entlocken soll. Das klassische Kleid zur Murmeltierjagd, das an einen riesigen weißen Osterhasen erinnert, besteht aus einer weißen Jacke, weißen Hosen und einer weißen Kappe, deren Ohrenklappen wie Hasenohren aufgerichtet sind. Der wichtigste Teil ist jedoch der sogenannte Daluur, eine 15 bis 20 cm lange Troddel, die aus dem Schwanzende eines Schimmels oder weißen Grunzochsens (Jak) gefertigt wird und locker am Ende eines kleinen Holzgriffs hängt. Wenn der Jäger den Daluur schüttelt, wird das Murmeltier so aufgeregt, daß es zwar Alarmrufe ausstößt, sich jedoch nicht versteckt. Der Jäger nähert sich in kleinen Zickzackschritten seiner Beute; dabei bückt er sich so, daß die weißen Ohren seiner Kappe gen Himmel zeigen. Wenn er sich dem Murmeltier auf 30 bis 35 Meter genähert hat, achtet er genau darauf, daß dessen Verhalten normal ist, und erschießt es dann. Diese Beschreibung paßt auf das traditionelle Jagdkostüm der mongolischen Mur-

Abb. 62: Ein Murmeltierjäger aus den Bergen des Tien-Schan. Foto: D. I. BIBIKOV.

meltierjäger. Heute improvisieren viele Jäger mit allen möglichen anderen Kleidungsstücken, derer sie habhaft werden — wie ein alter weißer Hut, ein Arztkittel oder lange weiße Unterhosen! Das einzige, was immer verwendet wird, ist der Daluur.

Das Wichtigste an dieser mongolischen Jagdmethode ist, daß nur rufende Murmeltiere erlegt werden. Da an Pest erkrankte Murmeltierpopulationen merklich weniger Alarmverhalten zeigen, halten sich die Jäger auf diese Weise von infizierten Tieren fern. Die Mongolen wenden auch andere Praktiken an, um nicht selbst mit der Pest infiziert zu werden: So häuten die Jäger niemals ein totes Murmeltier, das sie nicht selbst erlegt, sondern möglicherweise gefunden haben. Desgleichen verarbeiten sie weder Murmeltiere, die ihre Hunde erbeutet und in ihre Jurten geschleppt haben, noch solche Tiere, die sich leicht mit der Hand fangen lassen. Als Anfang des 20. Jahrhunderts der Handel mit Murmeltierfellen auf seinem Höhepunkt stand, versuchten sich Tausende verarmter Chinesen selbst als Murmeltierjäger, beachteten dabei aber nicht die traditionellen Vorsichtsmaßnahmen der Mongolen. In der Folgezeit traten in der Mandschurei mehrfach Pestepidemien auf. So fielen in den Jahren 1910 und 1911 — beim wohl schwersten Ausbruch der Seuche im 20. Jahrhundert — innerhalb von nur vier Monaten 44 000 Menschen der Pest zum Opfer.

An dieser Stelle soll eine bisher noch nicht in Vergessenheit geratene Legende erwähnt werden, welche die Elemente des Jägers, des Tarbagans (oder Mongolischen Steppenmurmeltiers) und der Pest beinhaltet. Zuletzt wurde sie von A. A CHERKASOV (1990, S. 447) erzählt, einem berühmten Fachmann der Wildfauna und Jagdgebräuche Ostsibiriens. »Man erzählt sich, daß der Tarbagan vordem ein reicher Tunguse war und ein solcher Scharfschütze, daß er nicht seinesgleichen

Abb. 63: Eine Zusammenkunft von Murmeltierjägern in der Mongolei, die in einem Wettstreit entscheiden, wer als erster Fell und Fleisch eines Tarbagans zerteilen darf. Foto: TARASOV.

fand. Einmal war der Tunguse auf einer Hochzeit zu Gast, wo er eifrig trank und ausgelassen wurde. Alsbald begann er, sich zu brüsten, wie geschickt er doch mit seinem Gewehr umgehen könne und daß er immer ins Schwarze treffe. ... Gott der Allgegenwärtige, der das hörte, forderte den Mann auf, mit dem Prahlen einzuhalten ... doch der Tunguse scherte sich nicht darum und begann, heftig auf ihn einzureden. Das erzürnte Gott, und er befahl dem Tungusen, mit seiner Flinte auf eine vorbeifliegende Schwalbe zu schießen. Der Mann, der sich auf sein Geschick verließ ... gab einen Schuß ab, und seine Kugel traf den Schwanz der Schwalbe. Dabei riß sie die mittleren Feder heraus, so daß der Schwanz wie eine Gabel gespalten war. Gott wurde daraufhin noch zorniger als zuvor ... und beschloß, den Tungusen zu bestrafen. Er sagte zu ihm: »Ich befehle dir, von nun ein Tarbagan zu sein. Du sollst nur im Sommer leben, nur im Winter schlafen, und nie sollst du deines Lebens froh werden, noch Wasser trinken.« Und dann fuhr Gott fort, »Diesen Pfeil (die Pest) gebe ich dir, damit du diejenigen niederstreckst, die deinen Schlaf zu stören wagen.« Und weil es der Schwalbe nicht gelungen war, der Kugel des Tungusen aus dem Weg zu gehen, befahl Gott ihr, bis ans Ende der Welt einen gegabelten Schwanz zu behalten. Und aus diesem Grunde«, endet der Erzähler seine Geschichte, »lebt der Tarbagan nur im Sommer und schläft im Winter, und deshalb hat die Schwalbe einen gegabelten Schwanz, und der Tarbagan ist so listenreich, wie es nur ein echter Sohn Sibiriens sein kann!«

Wie erwähnt, sind Murmeltiere in Rußland und den Ländern Zentralasiens noch heute als Jagdobjekte von großer Bedeutung. In den zentralasiatischen Ländern werden die Abschüsse nicht registriert, und die Murmeltierjagd unterliegt keiner

Abb. 64: Mongolische Jäger beim Trocknen von Murmeltierfellen. Foto: TARASOV.

Kontrolle. Über die Murmeltierjagd in China weiß man so gut wie nichts; große Bestände gibt es aber wohl noch im Westen des Landes, in Tibet und möglicherweise auch in der Inneren Mongolei (Abb. 63, 64). Allein in der Provinz Sinkiang leben mehr Murmeltiere als in Kasachstan, Kirgistan und Tadschikistan zusammen. Noch vor nicht allzu langer Zeit wurden hier jährlich 250 000 Murmeltierfelle erbeutet — mehr noch als in der gesamten ehemaligen UdSSR.

Viele Jahrhunderte lang wurde das Ritual der Murmeltierjagd in der Mongolei kultisch gepflegt. Besondere Bedeutung kommen nicht nur dem Jäger und der Jagd zu, sondern auch allen Speisen, die aus dem erbeuteten Tier zubereitet werden. Fett und Fleisch des Tarbagans werden Hammelfleisch vorgezogen, und es gibt mehrere Rezepte für Murmeltierfleisch, beispielsweise »Bodok«, wobei ein ausgewaideter Tarbagan mit heißen Steinen gefüllt und über einem Holzkohlenfeuer gebraten wird. Wenn sich die rötliche Haut dunkel verfärbt und das Fett herauszutriefen beginnt, wird das Tier aus dem Feuer genommen und zerteilt. Die Steine werden weggeworfen, und die ältesten Teilnehmer des Mahls dürfen die ersten Bissen kosten, wobei ihnen der duftenden Fleischsaft (»Schul«) in Schalen gereicht wird. Dieses schmackhafte Mahl gilt bei den Mongolen als ein besonderer Ausdruck der Gastfreundschaft.

Im Juli und August eines jeden Jahres essen die nomadisch lebenden Mongolen — aber auch die Einwohner kleiner Dörfer und sogar Städter — Murmeltierfleisch, das sie teilweise von weither heranschaffen. Im Sommer sieht man im Schatten der Häuser neben trocknendem Quark Kessel mit gekochtem oder getrocknetem Murmeltierfleisch stehen. Ohne Übertreibung kann man behaupten, daß Tarbagans bei den Mongolen nicht nur als Delikatesse gelten, sondern noch heute wesentlicher Bestandteil ihrer Alltagskost sind. Auffälligerweise ist der Zeitraum, in dem Murmeltiere verspeist werden, doppelt so lang wie die offizielle Jagdsaison. Viele Mongolen erlegen die Tiere bereits, wenn diese sich noch im Haarwechsel befinden, aber schon Fettreserven aufbauen. Selbstverständlich werden die Bestände durch illegale Jagd dezimiert, doch gibt es immer noch genug Tiere — nach BIBIKOV & MJAGMARGAV (1983) sind es schätzungsweise 10 Millionen Murmeltiere —, wobei laut Jagdstatistiken pro Jahr 1 Million Murmeltierfelle erbeutet werden.

Heute beobachtet man einen zweiten Rückgang der Murmeltierbestände, in erster Linie aufgrund der Überjagung seit Beginn des 20. Jahrhunderts. Aufgrund einer Jagdbeschränkung nach dem Murmeltierfellboom um die Jahrhundertwende erholten sich die Populationen bis zu Beginn der 40er und 50er Jahre teilweise wieder, erreichten jedoch insgesamt niedrigere Individuendichten. Im Osten, insbesondere in Transbaikalien, wo Tarbagans ihre Bedeutung als Handelsware verloren, sah es noch schlechter für die Tiere aus. In den 40er und 50er Jahren wurde in der Mongolei mit durchschnittlich 2,4 Millionen Fellen eine recht hohe Zahl an Tieren erbeutet, während zur selben Zeit in der damaligen Sowjetunion nur maximal 250 000 Stücke

Tab. 18: Bestandsänderungen verschiedener Murmeltierarten und -populationen. Die Zuwächse im Vergleich zu den Vorjahren (z. B. bei den Kappenmurmeltieren) ergeben sich möglicherweise weniger aus einer insgesamten Zunahme der Bestände, sondern eher daraus, daß man einige neue Siedlungen entdeckte. + = zunehmende, – = abnehmende Tendenz.

Murmeltierarten Gebiete	Anzahl der Murmeltiere (Tsd.)			Tendenz 1985–1990	Status
	1965	1980	1985		
Bobak					
Europa	200	250–300		–	Rote Liste Rußland
Kasachstan	1600		ca. 1000	+	
Graues Steppenmurmeltier					
Kirgistan	600	600	300 ?	–	
Kasachstan	600	300–400	150 ?	–	
Altai	400	250		–	
Rotes Murmeltier					
Kirgistan	250	300	280	–	
Kasachstan			13,4	–	
Usbekistan		?	?	?	
Menzbiers Murmeltier	40–70	44–47	46–47	–	Rote Liste IUCN, ehemal. UdSSR
Tarbagan					
Osttransbaikalien	ca. 1		1–3	+	
Burjatien	4		6	–	
Tuwa	13–19	?	11	–	
Kappenmurmeltier	130	?	100–200	–	

anfielen. Im Laufe der folgenden zwanzig Jahre gingen die Murmeltierbestände überall zurück. Besonders auffällig war dieser Trend in den Ebenen von Kasachstan, wo infolge der Umwandlung der Steppen in landwirtschaftliche Nutzflächen die Zahl der Murmeltierkolonien drastisch abnahm. In Transbaikalien gingen die Bestände aufgrund von Überjagung, Pestbekämpfungsmaßnahmen sowie ebenfalls aufgrund der Gewinnung von Agrarflächen zurück (Tab. 18).

1965 umfaßten die Murmeltierbestände der damaligen Sowjetunion schätzungsweise 4,5 Millionen Tiere, u. a. 1,8 Millionen Bobaks, 1,6 Millionen Altai- und Tien-Schan-Steppenmurmeltiere, 700 000 Rote Murmeltiere und 70 000 Menzbiers Murmeltiere. Gleichzeitig gab es in den Verbreitungsgebieten der Mongolischen Steppenmurmeltiere bzw. Kappenmurmeltiere nicht mehr als 200 000 Tiere. Im Südosten von Transbaikalien, in Burjatien und Tuwa verloren Tarbagans ihre Bedeutung als Jagdobjekt. In der gesamten Sowjetunion wurden die Murmeltierbestände unterschiedlich stark bejagt, und obwohl laut offizieller Statistik nur 10 % der Tiere erlegt wurden, gingen die Populationen und ihre Verbreitungsgebiete weiter zurück. 1985 verschlechterte sich der Zustand der Murmeltierpopulationen noch weiter, doch fehlen darüber zuverlässige Daten. Der zunehmende Rückgang der Murmeltierbestände hält bis heute an.

6.5 Schutz, Einbürgerung und Zucht

Während der vergangenen Jahrzehnte gingen die Populationen und Verbreitungsgebiete der Murmeltiere in Asien stetig zurück. Ähnliche Trends wurden in Nordamerika nicht beobachtet; einige Beispiele, wonach Waldmurmeltiere, Vancouvermurmeltier und andere Murmeltierarten durch Weideflächenabbau, Forstwirtschaft, Straßenverkehr und Tourismus Schaden genommen hatten (Thompson 1979, Bryant 1994), wurden bereits erwähnt. In Europa stieg andererseits die Zahl der Alpenmurmeltiere infolge von Schutzmaßnahmen und erfolgreichen Wiedereinbürgerungen an.

Vom Ural bis zum fernöstlichen Tscheiludschan gingen die Bestände vieler Murmeltierarten und geographischer Unterarten zurück. Leider ist die Taxonomie der paläarktischen Vertreter der Gattung *Marmota* immer noch nicht geklärt. Problematisch sind u. a. der taxonomische Status einzelner Formen innerhalb der *bobak*-Gruppe sowie der Unterarten von Kappen-, Waldsteppen- und Rotem Murmeltier. Allerdings sollte die ungeklärte Taxonomie einzelner Arten kein Hindernis für den Schutz und die Erhaltung gefährdeter oder vom Aussterben bedrohter Einzelpopulationen sein.

Europäisches Steppenmurmeltier *(Marmota bobak bobak).* Dies ist der einzige Vertreter der *bobak*-Gruppe mit einer deutlich positiven Bestandsentwicklung innerhalb der letzten Jahrzehnte. Seit Ende der 80er Jahre greifen wieder verstärkt Wilderer in die Bestände ein. Eine kontrollierte Jagd könnte hier Abhilfe schaffen. Parallel zu intensiveren Schutzmaßnahmen sollten Europäische Steppenmurmeltiere auch weiterhin in geeigneten Gebieten eingebürgert werden.

Altai Steppenmurmeltier (*M. b. baibacina*). Innerhalb der letzten zehn Jahre nahmen die Bestände in den Hügelgebieten von Kasachstan, im Tarbagataigebirge sowie in den Vorgebirgen des Tien-Schan und Altai ab. Die rückläufigen Populationen dieser Unterart sollten sorgfältig studiert und nur kontrolliert bejagt werden.

Tien-Schan Steppenmurmeltier (*M. b. centralis*). Dieses Murmeltier gilt weiterhin als bedeutender Fellieferant. Seine mittelasiatischen Populationen, die im Rahmen von Pestbekämpfungsmaßnahmen großflächig dezimiert wurden, haben sich mittlerweile wieder erholt. In den für Jäger gut zugänglichen mittleren Höhenlagen des Tien-Schan gehen die Bestände weiter zurück. In dieser Region sollte die Jagd stärker kontrolliert und begrenzt werden.

Tomsker Steppenmurmeltier (*M. b. kastschenko*). Während der letzten 20 Jahren halbierten sich die Bestände in den Bezirken Nowosibirsk, Tomsk und Kemerowo (von 20 000 bis 30 000 Stück auf 10 000 bis 15 000). Dieses Murmeltier gilt als potentieller Kandidat für das Rotbuch von Rußland.

Kasachisches Steppenmurmeltier (*M. b. schaganensis*). In den 80er Jahren des 19. Jahrhunderts wurden bis zu 700 000 Felle dieser Art erbeutet, und die Populationen zählten wahrscheinlich mehrere Millionen Tiere. Durch Kultivierung der Steppen und die intensive Jagd (Ende der 60er Jahre wurden offiziell 110 000 bis 120 000 Felle erbeutet und vermutlich ebenso viele Tiere illegal abgeschossen) gingen Verbreitungsgebiete und Bestände in katastrophalem Ausmaß zurück. 1985 war die Gesamtpopulation auf etwa 900 000 Tiere zusammengeschmolzen. In den 80er Jahren siedelten sich die Tiere vermehrt in Agrarflächen an, und die Bestände stabilisierten sich.

Tarbagan oder Mongolisches Steppenmurmeltier (*M. b. sibirica*). In Rußland steht diese Murmeltierart kurz vor dem Aussterben; im Südosten von Transbaikalien halten sich einige lokale Siedlungen in der Nähe der Grenze zur Mongolei. Insgesamt gibt es hier wahrscheinlich nicht mehr als 1 000 bis 3 000 Tiere. Kürzlich wurde in dieser Region das Staatliche Daurskij-Naturschutzgebiet eingerichtet. In den Provinzen Burjatien und Tuwa werden Mongolische Steppenmurmeltiere kaum noch wegen ihrer Felle gejagt; hier leben nicht mehr als einige tausend Exemplare. Für die Region Transbaikalien sollte *M. bobak sibirica* in das Rotbuch der Russischen Föderation als »Vom Aussterben bedrohte« Unterart aufgenommen werden.

Kappenmurmeltier (*M. camtschatica*). Verbreitungsgebiet und Individuendichte sind nur unzureichend untersucht. In den letzten Jahren nahm die Zahl der Kamtschatka-Unterart zu (Tokarskii & Valentsov 1991). Der gegenwärtige Status der Populationen in den einzelnen Teilen ihres Verbreitungsgebietes ist unbekannt. Obwohl die Jagd auf diese Art seit längerem verboten ist, gelten die Populationen der Unterarten und geographischen Rassen als »Stark gefährdet«, da sie nur in Siedlungsformen vom Herdtyp leben und sich neue Kolonien nur schwer einbürgern lassen.

Rotes oder Langschwänziges Murmeltier (*M. caudata*). Sein Verbreitungsgebiet ist im Hissar- und Darwaschgebirge (Badachschan) äußerst stark zerstückelt. Allerdings sind die Siedlungen im Ostpamir, wo die meisten Bestände leben, durchgängiger verteilt. In den 60er und 70er Jahren wurden jährlich nur 3 000 bis 4 000 Felle dieser Art erbeutet. Die Jagd erfolgt nicht organisiert. Die Bestände von *M. caudata* umfassen in Kirgistan etwa 250 000 und in Tadschikistan etwa 360 000 Tiere. Insgesamt werden die Populationen nicht überjagt; allerdings gibt es in den mittleren Höhenlagen sowie in zugänglichen Hochgebirgslagen viele Kolonien, die sehr stark dezimiert sind. In Usbekistan und Kasachstan drohen die Individuendichten kleinerer Siedlungen weiter zurückzugehen.

Tallass-Menzbiers Murmeltier *(M. menzbieri).* Diese Form des Menzbiers Murmeltiers lebt auf einer Fläche von 400 km^2 in Kasachstan, kommt aber auch in Usbekistan vor. Es wird im Rotbuch von Rußland aufgeführt. In den 60er Jahren wurde seine Population auf 30 000 bis 40 000 Tiere geschätzt. Seitdem ist der Bestand leicht zurückgegangen, insbesondere in den unteren und mittleren Höhenlagen der Gebirge.

Tschatkal-Menzbiers Murmeltier *(M. menzbieri).* Diese Form des Menzbiers Murmeltiers lebt in Usbekistan auf einer Fläche von etwa 1 600 km^2 (vor einigen Jahren kam es noch in Tadschikistan vor und wurde als »Vom Aussterben bedrohte« Art eingestuft). In den 60er Jahren wurde sein Bestand auf 36 000 bis 38 000 Tiere geschätzt. Seitdem ist die Population leicht zurückgegangen, und es wurde in das Rotbuch von Usbekistan aufgenommen. Beide Unterarten des Menzbiers Murmeltiers müssen stärker geschützt werden und benötigen größere Schutzzonen (russisch »Sapowednik«) sowie neue Reservate. Der Status des Menzbiers Murmeltiers sollte im Rotbuch geändert werden; beide Unterarten sollten als »Gefährdete und kleinräumig verbreitete Art« eingestuft werden.

Einbürgerungen. Es gibt keine Publikationen über Wiedereinbürgerungen von Murmeltieren in den USA und Kanada. Einige Erfolge wurden in Europa bei der Wiedereinbürgerung des Alpenmurmeltiers in den Pyrenäen, auf dem Balkan und in den Karpaten erzielt. 1860 wurde erstmalig versucht, sechs Murmeltiere aus der Hohen Tatra in die Niedere Tatra umzusiedeln. Diese Aktion verlief erfolgreich, und 1933 lebten hier bereits etwa 250 Murmeltiere (VOSKARPER, pers. Mitt.). Nach neueren Informationen aus dem Nationalpark Niedere Tatra dürfte heute dort etwa die gleiche Anzahl Murmeltiere leben.

1948 wurden Alpenmurmeltiere in den Pyrenäen eingebürgert, wo sie bereits im Paläolithikum vorkamen. Von 1952 bis 1955 wurde hier eine weitere Gruppe Murmeltiere angesiedelt, darunter auch ein adultes Weibchen aus dem italienischen Nationalpark Gran Paradiso. 1954 zählte man insgesamt 25 Tiere im Aussetzungsgebiet (COUTURIER 1955, 1964). Die Aussetzungsaktionen wurden mehrfach wiederholt, insbesondere in den 60er und 70er Jahren, und die Murmeltiere breiteten sich weiträumig auf beiden Seiten der Pyrenäen aus (Abb. 13). Anfang der 80er Jahre erstreckte sich das Siedlungsgebiet in Spanien insgesamt über eine Länge von mehr als 200 Kilometern (HERRERO et al. 1988).

Wiedereinbürgerungen wurden auch erfolgreich im französischen und italienischen Teil der Alpen durchgeführt, wenn auch nicht in sehr großem Umfang. Die heutige Murmeltierpopulation auf dem Appennin beruht auf einer einzigen Einbürgerungsaktion (FERRI et al. 1988). Zwischen 1946 und 1987 wurden 70 Tiere in schätzungsweise 16 Gebieten im nördlichen Teil des Gebirges freigelassen. An zwei Stellen wurden Tatramurmeltiere (*M. marmota latirostris*) ausgesetzt. In zehn Gebieten konnten sich Murmeltierpopulationen etablieren; die Ergebnisse aus den anderen Aussetzungsgebieten sind mir nicht bekannt.

Die natürlichen Siedlungen im Nationalpark Gran Paradiso auf der Südseite der Alpen liegen oberhalb der Bergwaldgrenze (2 000 m üNN) und somit in größerer Höhe als die neuen Kolonien auf dem Apennin. Einige Kolonien, die sich unterhalb der Bergwaldgrenze (1 300 m üNN) befanden, sind vermutlich das Ergebnis einer früheren, nicht aufgezeichneten Wiedereinbürgerung. Über weitere Einbürgerungsversuche in anderen Alpenländern liegen mir keine Informationen vor.

Informationen über Wiedereinbürgerungen von Murmeltieren in asiatischen Ländern (mit Ausnahme der ehemaligen Sowjetunion) sind nicht vorhanden. Mir ist ein Wiedereinbürgerungsversuch bekannt, bei dem etwa 2 000 Tarbagans aus dem südlichen Hantai an die Südgrenze der Mongolei in der Nähe von Dariganga umgesiedelt wurden. Nach zehn Jahren war die Zahl der Murmeltiere in diesem Gebiet angestiegen, und die Menschen begannen, Jagd auf sie zu machen. Einzelheiten dieser Umsetzung sind unbekannt.

In den 30er Jahren setzten die ersten Einbürgerungen und Wiedereinbürgerungen unterschiedlicher Murmeltierarten auf dem Gebiet der damaligen Sowjetunion ein; auf diese Weise sollten die ursprünglichen Populationszahlen und Verbreitungsgebiete wiederhergestellt werden. Von 1934 bis 1937 wurden 478 Murmeltiere ausgesetzt. Nach dem Zweiten Weltkrieg wurden die Wiedereinbürgerungsversuche erneut aufgenommen. In Usbekistan setzte man Menzbiers Murmeltiere aus, in Kasachstan und in der Ukraine Steppenmurmeltiere sowie Kappenmurmeltiere in Jakutien. Von 1945 bis 1963 wurden 282 Murmeltiere ausgesetzt; insgesamt wurden im Rahmen aller Einbürgerungsaktionen 760 Murmeltiere aus vier Arten freigelassen (Tab. 19).

Tab. 19: Anzahl der wiedereingebürgerten Murmeltiere in der ehemaligen UdSSR. Verändert nach PAVLOV (1973).

Republiken und Regionen	Anzahl und Jahr der Einbürgerung							Ges.
	1934–1937	1945	1950	1954	1957	1961	1963	
Kasachstan	–	7	–	–	–	–	–	7
Usbekistan	–	–	–	–	61	94	–	155
Ukraine	100	–	18	–	–	15	–	133
Altai	234	–	–	–	–	–	–	234
Baschkirien	31	–	–	–	–	–	–	31
Dagestan	113	–	–	–	–	–	–	113
Jakutien	–	–	–	26	–	–	61	87
Gesamt	478	7	18	26	61	109	61	760

1934 wurden 113 Altai Steppenmurmeltiere aus dem Altai nach Gunib (Dagestan) transportiert. Während der folgenden 30 Jahre galt die Einbürgerung der Murmeltiere auf dem Gunib-Plateau als besonders erfolgreich. Ungeachtet der Tatsache, daß die Tiere in sehr schlechtem Zustand transportiert wurden und knapp die

Hälfte nach ein paar Jahren gestorben war, hatte sich auf den subalpinen Weiden, umgeben von Geröllhalden, eine stabile Kolonie gebildet. Im August 1935 wurden 107 Murmeltiere gezählt. Anfang der 60er Jahre war die Murmeltierpopulation des Gunib-Plateaus auf 1 200 Tiere gestiegen, die auf einer Fläche von 60 km^2 lebten (IMSHENEZKII 1972). Während des extrem kalten und regenreichen Sommers 1963 wurde ein Großteil der Wiesen samt der Murmeltierbaue von Schlammlawinen weggerissen; die Murmeltiere konnten keine Fettreserven bilden und begaben sich Ende Oktober in den Winterschlaf. Drei Jahre später (1966) war die Population erloschen. Eine andere Version besagt, der Hauptgrund für das Verschwinden der Murmeltiere seien Wilderer gewesen, die die Nager töteten, um ihr Fett an Urlauber in einem nahegelegenen Kurort zu verkaufen.

In der Ukraine schlug die Einbürgerung der Murmeltiere selbst in Askanja-Nowa fehl, wo man in der Vergangenheit mehrmals Tiere ausgesetzt hatte. Von 1967 bis 1971 wurden erneut 155 adulte Murmeltiere aus den Bezirken Charkow und Lugansk nach Askanja gebracht. Diese Tiere bildeten erfolgreich Kolonien und breiteten sich 10 km weit aus. 1982 war diese Population bereits auf 200 bis 250 Tiere angestiegen.

Während die Aussetzungen von Murmeltieren in der Ukraine und Dagestan erfolgreich verliefen, müssen Einbürgerungen in Baschkirien, Kasachstan, Usbekistan und Jakutien, die in den 70er Jahren erfolgten, letztlich als Fehlschläge bewertet werden. Immerhin konnten die gewonnenen Erfahrungen bei den Einbürgerungsversuchen der Bobaks in den 70er und 80er Jahren berücksichtigt werden. Im übrigen vergrößerten Europäische Bobaks bis Ende der 70er Jahre ihr Verbreitungsgebiet auf natürlichem Wege und ohne Zutun des Menschen. Auf diese Weise erreichten die Tiere auch Regionen, in denen es noch Reliktpopulationen von Artgenossen gab (Tab. 20).

Im Verlauf von 14 Jahren (1977 bis 1990) besiedelten 41 955 Bobaks (davon ca. 18 000 während der letzten drei Jahre) insgesamt eine Fläche, die 21 Provinzen und 158 Verwaltungsbezirke der Russischen Föderation umfaßt. Die Murmeltiere wurden in ihren angestammten Gebieten angesiedelt, aber auch in völlig andere Landstriche gebracht; man bürgerte sie sowohl an Orten ihres historischen Verbreitungsgebietes als auch in Gegenden aus, wo noch nie zuvor Murmeltiere gelebt hatten. Etwa 58 Bezirke wurden auf natürliche Weise besiedelt, 175 Bezirke durch menschliches Zutun. Insgesamt waren es über 375 Orte, an denen die Tiere eingebürgert wurden, an manchen sogar mehrfach. Eine völlige Neubesiedlung (in Gruppen) erfolgte vor allem in den Bezirken Saratow, Rostow, Woronesch und Uljanowsk. Für gewöhnlich bestand eine Gruppe aus mindestens 50 Tieren unterschiedlichen Alters und Geschlechts, und oft waren 50 % der Tiere juvenil. Verluste beim Einfangen und Transport der Tiere traten nicht auf. Die Empfehlung, Familien gemeinsam zu transportieren und auszusetzen, wurde nicht befolgt. Desgleichen konnten die umgesiedelten Tiere auch nicht immer mit Ohrmarken versehen oder in ihren neuen Territorien ausreichend geschützt werden. Auffallenderweise verließ ein Teil der ausgesetzten Tiere die Gruppe oft nach kurzer Zeit, um benachbarte Gebiete zu besiedeln.

Insgesamt verlief die Ansiedlung der Bobaks erfolgreich, und interessanterweise wuchsen die neuen Kolonien in solchen Gebieten stärker, die außerhalb ihres

Tab. 20: Wiedereinbürgerung des Steppenmurmeltiers in Rußland (1977–1990) und in der Ukraine (1986–1993).

Verwaltungsbezirke	Anzahl der wiedereingebürgerten Murmeltiere	Mindestzahl der Wiedereinbürgerungsplätze
Rußland (Angaben: DEZHKIN)		
Baschkortostan	946	17
Belgorodskaja	731	29
Krasnodarskij	600	3
Lipetskaja	614	7
Mordwinien	916	8
Nischegorodskaja	211	1
Orenburgskaja	2 051	19
Orlowskaja	1 276	11
Pensenskaja	120	1
Rostowskaja	12 383	70
Samarskaja	929	29
Saratowskaja	10 031	70
Stawropolskij	860	6
Tambowskaja	635	3
Tatarei	1 165	16
Tschuwaschskaja	940	9
Tulskaja	148	1
Udmurtien	600	1
Uljanowskaja	1801	17
Wolgogradskaja	238	7
Woroneschskaja	760	50
Gesamt	41 955	375
Ukraine (Angaben: O. V. DUDKIN)		
Charkowskaja	610	10
Chmelnitskaja	65	2
Djnepropetrowskaja	50	1
Donezskaja	704	5
Kiewskaja	200	3
Krimskaja	> 60	3
Nikolajewskaja	226	3
Odesskaja	220	4
Poltawskaja	300	4
Saporoschskaja	150	2
Sumskaja	240	5
Tscherkasskaja	30	1
Gesamt	> 2 855	43

historischen Verbreitungsgebietes lagen. Vorläufig lassen sich folgende Ergebnisse festhalten:

(1) Etwa die Hälfte aller Einbürgerungen schlugen fehl, an den Aussetzungsstellen fanden sich entweder gar keine oder nur wenige Murmeltiere, die aber nicht überlebensfähig waren.

(2) Auf etwa 1/4 der Aussetzungsstellen hatten sich die neuangesiedelten Murmeltiere fortgepflanzt, jedoch lebten hier selbst nach mehreren Jahren immer noch weniger Tiere, als ursprünglich ausgesetzt wurden.

(3) Auf einem weiteren Viertel der Aussetzungsstellen verlief die Ansiedlung erfolgreich, die Anzahl der Tiere liegt höher als bei der Ausgangspopulation, und die Population besteht heute vor allem aus Jungtieren, die hier geboren wurden.

Wie wichtig es ist, die angesiedelten Murmeltiere vor Menschen und streunenden Hunden zu schützen, zeigt die Einbürgerung auf Waldsteppengebieten im Bezirk Nischnij-Nowgorod (LEONTYEVA et al. 1983). Ab dem dritten Jahr begann die neu gebildete Population, stetig zu wachsen und sich in einigen Jahren sogar zu verdoppeln. Die Tiere hatten sich in der Nähe des Aussetzungsortes in mehreren Schluchten niedergelassen, später wanderten einige Tiere ab (bis zu 24 km weit) und bildeten mehrere Tochterkolonien. Nachdem die Besiedlungsphase (erste Phase) in den neuen Kolonien abgeschlossen war, bestand ein Gleichgewicht mit natürlichen Feinden (Füchse, aber auch Hunde), und es entstanden so die Voraussetzungen für die zweite Phase, in der sich die Kolonie weiter stark vermehrte (SHIJAN et al. 1991).

In der Ukraine wurden Murmeltiere im Laufe von vier Jahren (1987 bis 1991) in zwölf Bezirken angesiedelt, vor allem in den Bezirken Donezk, Odessa und Suma. Insgesamt wurden über 2 855 Tiere ausgesetzt, wobei in einigen Gebieten mehrfach Tiere ausgesetzt wurden. Die Ergebnisse werden zwar noch ausgewertet, doch läßt sich schon feststellen, daß die ursprüngliche Individuendichte bei der Aussetzung nicht wieder erreicht wurde. Im Bezirk Suma, wo die Murmeltiere geschützt sind, wurden 240 Tiere ausgesetzt, 1992 zählte man dort jedoch nur noch 82 Murmeltiere (einschließlich der hier geborenen). Diese leben an drei oder vier Stellen des Aussetzungsgebietes, wo sie fünf Kolonien bilden, die noch in der Entwicklung begriffen sind.

Insgesamt kann man die vorläufigen Ergebnisse der seit über zehn Jahre dauernden Einbürgerungsversuche Europäischer Bobaks als positiv betrachten. Die Methoden beim Fangen, Halten, Transportieren und Aussetzen der Murmeltiere wurden weiterentwickelt und verbessert. An den meisten Aussetzungsstellen ließen sich die Tiere dauerhaft nieder. Allerdings fallen ihre Individuendichten sowie die von ihnen besiedelten Territorien gering aus, so daß der Mensch immer wieder die Bestände mit neuen Tieren stützen mußte. Inzwischen breiten sich die Murmeltierbestände, die auf bis zu 250 000 bis 300 000 Tiere angestiegen sind, in ihren Gebieten auf natürliche Art und Weise aus.

Zucht. Die Zucht von Murmeltieren in Gefangenschaft gelang zuerst bei Waldmurmeltieren (HOYT & HOYT 1950) und Alpenmurmeltieren (PSENNER 1956). Das Interesse an diesem Thema war allerdings nicht sehr groß, meines Wissens sind vor 1980 nur ganz wenige Arbeiten zu diesem Thema publiziert worden. Obwohl in Einzelfällen über die Fortpflanzung von Bobaks und Grauen Steppenmurmeltieren in Gefangenschaft berichtet wurde, sind die Einzelheiten unklar. Möglicherweise befinden sich unter den bisher unveröffentlichten Arbeiten auch solche über trächtig gefangene Weibchen, die in Gefangenschaft warfen. Seltsamerweise wurde in

Rußland, wo viele einheimische Pelztiere in Farmen gehalten und gezüchtet werden (und neuerdings auch Versuche unternommen werden, nicht einheimische Arten wie Chinchilla, Nutria und Waschbär zu züchten), in der Vergangenheit niemals ernsthaft versucht, Murmeltiere kommerziell zu züchten. Erst in den letzten Jahren wurden erste Schritte in dieser Richtung unternommen.

Meine eigenen (kurzen) Erfahrungen als Halter beruhen auf Beobachtungen an Murmeltieren im Winterschlaf. Die Tiere waren nervös, und die zufällig zusammengesetzten Paare hatten in der Regel keinen Nachwuchs. Wichtige Voraussetzungen zur Zucht dieser geselligen Nager sind daher günstige Bedingungen für den Winterschlaf.

Positive Aspekte für zukünftige Murmeltierfarmen sind, daß sich die Tiere verhältnismäßig leicht an den Menschen gewöhnen, in Gefangenschaft relativ schnell wachsen und geschlechtsreif werden und daß sie Pflanzenfresser sind. Ein weiterer großer Vorteil ist, daß sich Murmeltiere den größten Teil des Jahres im Winterschlaf befinden — ein Zeitraum, der sich höchstwahrscheinlich gut überwachen läßt. Außerdem prädestiniert sie ihre Ernährungsweise dazu, sie mit Fertigfutter und industriell verarbeiteten Pflanzenextrakten zu füttern (z. B. ein Gemisch aus Algen, Vitaminen und Mineralien).

Erste ernsthafte Erfahrungen mit der Zucht von Murmeltieren wurden Ende der 80er Jahre durch die Biologische Station der Universität Charkow gemacht, die seit dieser Zeit Bobaks, u. a. auch eine Melano-Form, erfolgreich züchtet. Hier werden auch andere Arten (Rote, Kappen-, Menzbiers Murmeltiere und andere) in Gefangenschaft gehalten, allerdings bisher ohne Nachwuchs. Eine Bobakfamilie lebt sogar auf dem Rasen zwischen den Universitätsgebäuden. Die Tiere überwintern in einem selbst gegrabenen Bau und verteidigen ihr Familienrevier, indem sie unerwünschte Besucher angreifen.

Erste kommerzielle Zuchterfahrungen wurden in der Puschkinskij-Pelzfarm, der größten Institution dieser Art, die in der Nähe von Moskau liegt, sowie in einer bei Wjatka gelegenen Zuchtanstalt des Instituts für Jagdwirtschaft und Tierzucht gesammelt. Über das Fortpflanzungsverhalten von Bobaks liegen aus der der Puschkinskij-Farm erste Erfahrungen vor (Maximov 1993). 1989 wurden der Zuchtfarm etwa 1 500 Europäische Bobaks geliefert. Die Tiere hatte man einige Jahre zuvor im Bezirk Rostow gefangen und anschließend in der Nähe von Moskau unter extremen Bedingungen in Käfigen gehalten. Die Tiere schienen sich jedoch an das rauhe Leben im Käfig gewöhnt zu haben. Allerdings überlebten nicht alle Tiere diese Tortur, wobei der Anteil der verendeten Murmeltiere bei den Adulten doppelt so hoch ausfiel wie bei Jungtieren.

Das Murmeltier ist ein sehr scheues Tier, das durch ein Leben im Käfig und ohne ausreichende Versteckmöglichkeiten stark gestreßt wird. Für die Zucht wurden nur solche Tiere verwendet, die sehr ausgeglichen und gleichmütig waren und sich gegenüber Menschen apathisch zeigten. Nach einiger Zeit zeigte sich, daß sich die Tiere an die neuen Lebensbedingungen gewöhnt hatten. Als die Tage nach dem Winterschlaf aufwachten, begannen sie in ihrem Käfig, ganz ähnlich wie im Freiland, einen »Frühjahrsputz« zu unternehmen, indem sie das Polstermaterial durch den Maschendraht des Käfigs nach draußen warfen. Weibchen, die Junge hatten, säuberten ihren Käfig zu einem späteren Zeitpunkt. Insgesamt warfen nur fünf Weibchen im ersten Frühjahr nach ihrer Ankunft, im zweiten Jahr waren es schon 62 Weibchen. 1992 hatten 97 Weibchen Nachwuchs, darunter drei Tiere, die 1990 geboren waren.

Die Tiere werden ganzjährig in einem Käfig aus Maschendraht gehalten, in dem sich ein dunkler Unterschlupfplatz (Holzbox) befindet. Es ist unbedingt erforderlich, daß der Draht sehr stark ist, da die Tiere ziemlich kräftig sind und auch sehr ausdauernd sein können. Die kräftigen Schneidezähne der Murmeltiere könnten Holzteile innerhalb kürzester Zeit zerlegen, wenn sie nicht von innen durch Gitterdraht verstärkt werden.

Die Ernährung mit einem Kaninchen-Fertigfutter, dem einige Zusätze beigemischt sind, erleichtert das Füttern der Tiere. In freier Natur trinken Murmeltiere nicht, da sie ihren Flüssigkeitsbedarf durch die Pflanzenkost decken. Wenn die Tiere während der Fettreservenbildung mit Trockenfutter ernährt werden, trinken sie täglich große Mengen Wasser. Bei einem Käfigbesatz von sechs Tieren sollte man dreimal täglich frisches Wasser anbieten. Juvenile Tiere werden im ersten Lebensjahr zu sechst im Käfig gehalten, im zweiten Jahr wird der Besatz auf vier Tiere gesenkt. Aggressives Verhalten ist selten zu beobachten, am ehesten noch kurz vor dem Winterschlaf. Den Winter verbringen die Murmeltiere in den Holzboxen, die mit Nestern aus Heu ausgepolstert sind. Sie wachen periodisch auf, häufiger in den ersten Wintermonaten; dabei steigt ihre Temperatur auf 25 °C. Fast alle Tiere überstanden den Winter relativ gut, selbst bei strengem Frost gab es nur wenige Verluste. Der Gewichtsverlust während des Winterschlafs betrug etwa 25 bis 30 % (MAXIMOV 1993).

Die Tiere werden im Alter von zwei Jahren (nach dem zweiten Winterschlaf) geschlechtsreif und pflanzen sich bis zu einem Alter von zehn Jahren fort. Der Winterschlaf wird in der zweiten Februarhälfte beendet. Während dieser Zeit haben die Weibchen drei bis vier Geschlechtszyklen; eine Kopulation erfolgt jedoch erst in der zweiten Märzhälfte. Sie werfen durchschnittlich vier bis fünf (mitunter auch zehn) Junge gleichzeitig. Diese werden 45 Tage lang gesäugt. Allerdings säugen nicht alle Weibchen ihren Nachwuchs; in solchen Fällen setzt man die Jungen zu einem Weibchen, das nur einen kleinen Wurf hat. Mitunter ist der Mutterinstinkt einzelner Weibchen sehr stark ausgeprägt, so daß sie die halb erfrorenen Jungen anderer Weibchen wärmen. In einigen Fällen kommt es vor, daß das Weibchen seine Neugeborenen nicht mehr säugt, selbst die Nahrung verweigert und nach einiger Zeit eingeht. Diese Tiere waren meist schon entkräftet, bevor sie trächtig wurden.

Anfang Herbst wiegen die Jungen 3 bis 3,5 kg, manche Männchen sogar bis zu 5 kg (unter natürlichen Bedingungen nur 2 kg). In ihrem ersten Jahr sterben sehr viele Murmeltiere. Der Haarwechsel findet von Anfang Mai bis Ende Juli statt. Weibchen, die in diesem Jahr geworfen haben, wechseln bis Mitte August ihr Fell. Mitte August wiegen adulte Weibchen 6 bis 7 kg, adulte Männchen 7 bis 9 kg, einjährige Weibchen 5,5 kg und einjährige Männchen 6,5 kg (alles Maximalgewichte). Anschließend stellen die Tiere ihre Nahrungsaufnahme drastisch ein, die Jungtiere fressen und wachsen allerdings noch bis Mitte September. Während der gesamten Aktivitätsperiode verzehren die Tiere pro Tag nicht mehr als 250 g Fertigfutter sowie 600 g Frischfutter (z. B. sukkulente Pflanzen). Gerne fressen sie die Wurzeln von Feldfrüchten, Kohlblätter sowie frischen Grasschnitt.

Murmeltiere aus Pelztierfarmen unterscheiden sich untereinander deutlich bezüglich ihres Charakters, Gewichts sowie der Qualität und Färbung ihres Fells. Diese Unterschiede sind die Kriterien, wonach die Zuchtauswahl erfolgt. Bei einigen Tieren besitzt das Fell sehr hübsche Farbkombinationen, die möglicherweise vererbt werden. Gegenwärtig besteht etwa 1/3 der Bobaks, die in Farmen gehalten werden, aus Tieren, die dort geboren und sowohl an das Leben im Käfig wie auch an die Fertignahrung gewöhnt sind. Charakterlich unterscheiden sie sich beachtlich von ihren wilden Artgenossen.

Vor nicht allzu langer Zeit erfuhren wir, daß ein Wurf Menzbiers Murmeltiere in der kasachischen Ortschaft Aksu Dschabagly (in der Nähe von Taschkent) in Gefangenschaft geboren wurde. Einigen Angaben zufolge soll jetzt auch das Interesse einiger Hobby-Tierzüchter an Murmeltieren geweckt worden sein, so daß nun überall im Lande kleine Murmeltierfarmen entstehen. 1992 wurde in einer Zuchtanstalt, die zur Kamtschatka-Abteilung des Instituts für Jagdwirtschaft und Tierzucht gehört und in Petropawlowsk-Kamtschatskij liegt, erstmalig ein großer Wurf Kamtschatkamurmeltiere mit exzellentem dunklen Fell geboren (TOKARSKII, pers. Mitt.). Im Sommer 1993 pflanzten sich mehrere Paare fort, nachdem sie in Käfigen überwintert hatten; diese waren zum Schutz vor den winterlichen Bedingungen mit Heu ausgepolstert und mit einer dicken Schneedecke bedeckt. Im Winter 1993/94 überwinterten über 70 Tiere auf dieser Farm. Genauere Umstände und Einzelheiten dieses Zuchterfolges sind allerdings noch nicht erhältlich.

In vielen Ländern gibt es Zoologische Gärten, in denen Murmeltiere gehalten werden. Laut bruchstückhaften Informationen aus Quellen des Zentralzoos der ehemaligen UdSSR wurden 1988 in russischen zoologischen Gärten Europäische, Kasachische und Mongolische Steppenmurmeltiere gezeigt (allerdings nur zwei Exemplare im Moskauer Zoo). Im Nowosibirsker Zoo gibt es Graue Steppenmurmeltiere, während Bobaks in den Zoos folgender russischer Städte gehalten werden: Alma-Ata (ein Männchen), Karaganda (zwei Männchen), Charkow (ein Männchen, zwei Weibchen), Rostow a. Don (drei Männchen, drei Weibchen), St. Petersburg (zwei), Perm (?), Riga (ein Männchen, zwei Weibchen). Über Fortpflanzungserfolge gibt es keine Angaben.

Wie aus dem Internationalen Jahrbuch der Zoologischen Gärten hervorgeht, gibt es in mehreren nordamerikanischen und europäischen Zoos Murmeltiere, die sich auch fortpflanzen. *M. monax* wird in den Zoos von Calgary (Kanada) und Little Rock (Arkansas, USA) gehalten. Auch Vancouvermurmeltiere pflanzen sich mitunter in Zoos fort (NOWAK 1991). Alpenmurmeltiere findet man in vielen europäischen Zoos. Meist werden sie unter halbnatürlichen Bedingungen gehalten, und man kann die Tiere oft auch in ihren unterirdischen Schlafkammern beobachten — z. B. im Alpenzoo in Innsbruck.

7 Resümee

Am Ende des Buches muß ich erneut an jenes unverdiente und widrige Geschick denken, daß den Murmeltieren, zumindest in der Alten Welt zuteil wurde. Jahrtausendelang verwendete der Mensch Fett, Fleisch und das weiche Fell unzähliger Tiere, um sich zu ernähren und zu kleiden. Der Bedarf des Menschen an Murmeltieren konnte leicht gedeckt werden, überlagerten sich doch die Verbreitungsgebiete von Menschen und Murmeltieren in weiten Teilen — vermutlich, weil beide Arten gleichermaßen von den offenen Tundren der Holarktis angezogen wurden, die sich vor dem riesigen Gletscherschild erstreckten.

Ich habe bereits angedeutet, daß Murmeltiere damals eine vermutlich leichtere Beute darstellten als die großen, wilden Huftiere, und sicherlich haben Murmeltiere unseren Vorfahren oft das Leben gerettet, wenn andere Nahrungsquellen gerade nicht verfügbar waren. Aber auch wenn es in der jüngeren Vergangenheit Jahre mit Mißernten und Klimaanomalien gab, waren es immer wieder die Murmeltiere, die der hungernden Bevölkerung in vielen Ländern Eurasiens als Notspeise dienten.

Bis vor kurzem schlachtete man Murmeltiere noch gedankenlos ab, und ihre Verbreitungsgebiete schrumpften ständig, weil weite Gebiete in landwirtschaftliche Flächen umgewandelt oder die natürlichen Lebensräume aus anderen Gründen zerstört wurden. Erst seit wenigen Jahren hat sich in der ehemaligen UdSSR die Einstellung zu Murmeltieren gewandelt. Mittlerweile gibt es Versuche, den Abschuß der Tiere zu reglementieren, und es wächst auch das Bewußtsein, daß seltene Arten, Unterarten und bestimmte lokale Populationen geschützt werden müssen. Selbst für die Murmeltiere in der Mongolei und in China, wo radikale Veränderungen bezüglich einer Beschränkung von Jagd und Ausrottung noch ausstehen, besteht Hoffnung. Eine vernünftige Nutzung der Murmeltiere ist ein wichtiges ökonomisches Problem aber auch eine Aufgabe des Umweltschutzes; es ließe sich lösen, wenn man eine genaue gebietsbezogene Aufnahme der Murmeltierbestände vornähme und die Ökologie einzelner Formen sowie deren Anpassungen an klimatische und anthropogene Einflüsse untersuchte. Selbstverständlich sollten sich Schutz und Hege von Murmeltierpopulationen in den natürlichen Pestreservoiren von den Maßnahmen unterscheiden, die für Populationen in seuchenfreien Regionen gelten. Gerade in Gebieten, wo die Pest normalerweise vorkommt, ist es sinnvoll, die Dichte der Murmeltiere durch geregelte Jagd streng zu kontrollieren.

Was seltene Murmeltierformen oder Gebiete mit stark regionaler Verbreitung der Bestände anbelangt, so sollten wir darauf hinweisen, daß in diesen Fällen eine gezielte Entnahme nur dann akzeptabel ist, wenn sie einer Wiedereinbürgerung in einem ehemaligen Verbreitungsgebiet dient. Wenn Murmeltiere — und das gilt auch für Biber, Zobel und andere Pelztiere — von wenigen Jägern unter wissenschaftlicher Aufsicht gezielt gejagt werden, so ist ein ordentlicher Schutz der Tiere gewährleistet. In solchen Fällen wird das Produktionspotential einer Population optimal genutzt, insbesondere indem die Bestandszahlen auf unterschiedlichen

Niveaus gehalten werden, was sich wiederum auf die Fortpflanzung, das Überleben der Jungtiere und eine frühere Geschlechtsreife auswirkt.

Die Zukunft der Murmeltiere wird entscheidend davon abhängen, wie rasch man der Umwandlung von Weide- in Ackerland Einhalt gebieten kann. Dieser Prozeß hält in vielen Gebieten der ehemaligen Sowjetunion unvermindert an. Schließlich werden die meisten Murmeltiere aus den Feldern verschwunden und die Ausdehnung ihrer Verbreitungsgebiete zurückgegangen sein. Viele Anzeichen deuten darauf hin, daß Weideviehwirtschaft weiter an Bedeutung verlieren und bis zum Ende des Jahrtausends durch moderne Mastviehhaltung in Ställen abgelöst sein wird. Ich möchte nur hoffen, daß sich der gesunde Menschenverstand letztlich durchsetzen wird. Selbst heute sehen wir in Rußland einige Anzeichen, daß Weideland wiederhergestellt wird, da der Bedarf an qualitativ hochwertigem Rindfleisch zunimmt und sich auch Aspekte der artgerechten Nutztierhaltung weiter in den Vordergrund schieben.

Bei den Vorbereitungen zu diesem Buch hatte ich es mir zur Aufgabe gemacht, die Ergebnisse der sowjetischen Murmeltierforschung zusammenzufassen, die den Spezialisten im Westeuropa und Amerika weitgehend unbekannt waren. Ein wesentlicher Punkt ist, daß die meisten unserer Publikationen in Russisch verfaßt wurden. Etliche hundert Artikel und mehrere Monographien über Murmeltiere in der ehemaligen UdSSR stellen einen großen Wissensschatz dar, in den unzählige Fakten und Gedanken über sämtliche Murmeltierarten im Laufe von mehr als 50 Jahren zusammengetragen wurden. Sie spiegeln wahrscheinlich ein breiteres Forschungsspektrum als dasjenige ausländischer Wissenschaftler wider. Angesichts dieser Aufgabe nimmt die Beschreibung der europäischen und amerikanischen Murmeltierforschung in diesem Buch weniger Platz ein. Die Ausführungen über Ökologie und soziale Beziehungen, die am eingehendsten in der Gruppe der amerikanischen Murmeltiere sowie bei *M. marmota* erforscht wurden, sind daher nur knapp gehalten und sicherlich nicht vollständig.

Ich habe versucht, die Ergebnisse einheimischer Forschungsarbeiten mit eurasischen und amerikanischen Murmeltieren zu vergleichen, um so geeignete Verallgemeinerungen herauszufinden, doch ist mir das nicht immer gelungen. Schwierigkeiten entstehen zum einen aufgrund der unterschiedlichen Zeiträume, in denen bedeutende Erhebungen durchgeführt wurden (in Westeuropa und in der ehemaligen UdSSR erfolgten diese vor allem von den 40ern bis in die 60er Jahre, in den USA hingegen von den 70ern bis in die 90er), zum anderen aber auch durch eine eher praktisch ausgelegte Orientierung, die an der Verwendung der Bestände interessiert ist, sowie durch die stärker klassischen Forschungsmethoden in Rußland. Russischen Wissenschaftlern bieten sich nur eingeschränkt die Möglichkeiten, moderne Methoden (z. B. Telemetrie, neue Methoden zur Erforschung von Populationsstrukturen) zu verwenden. Folglich weist unsere Wissenschaft Lücken auf, wenn es um das Sozialverhalten und die »reproductive strategy« von Murmeltieren geht. Leider muß ich dieses traurige Faktum eingestehen, doch möchte ich gerne einmal betonen, daß bedeutende Charakteristika der Murmeltierökologie vor einigen Jahrzehnten in unserem Land formuliert und beschrieben wurden, jedoch unter Verwendung etwas unmodernerer und weniger präziser Methoden.

Ich wünsche mir, daß es für Spezialisten wie auch für Naturfreunde gleichermaßen interessant ist, aus erster Hand etwas über die Ergebnisse vielseitiger, über mehrere Jahrzehnte währender Studien über Murmeltiere erfahren zu haben. Ich bin sicher, daß dieses Buch eine breite Wissensgrundlage beinhaltet, die auch die Möglichkeit in sich birgt, weitere Verallgemeinerungen im Rahmen einer wesentlich vollständigeren Monographie vorzunehmen.

8 Literaturverzeichnis

ABELENTSEV, V. A. (1971): Bobac in Ukraine. — Fauna i ecologia gryzunov 10: Moscow Univ., Moskau: 217–233.

ANDERSEN, D. C., K. B. ARMITAGE & R. S. HOFFMANN (1976): Socioecology of marmots: female reproductive strategies. — Ecology 57: 552–560.

ANDERSEN, D. C. & D. W. JOHNS (1977): Predation by badger on yellow-bellied marmot in Colorado. Southwest. — Nat. 22: 283–284.

ARMITAGE, K. B. (1961): Frequency of melanism in the golden-mantled marmot. — J. Mamm. 42: 100–101.

ARMITAGE, K. B. (1962): Social behaviour of a colony of the yellow-bellied marmot (*Marmota flaviventris*). — Anim. Behav. 10: 319–331.

ARMITAGE, K. B. (1965): Vernal behaviour of the yellow-bellied marmot (*Marmota flaviventris*). — Anim. Behav. 10: 319–331.

ARMITAGE, K. B. (1973): Population changes and social behavior following colonization by the yellow-bellied marmot. — J. Mamm. 54: 842–854.

ARMITAGE, K. B. (1974): Male behaviour and territoriality in the yellow-bellied marmot. — J. Zool., Lond. 172: 233–265.

ARMITAGE, K. B. (1975): Social behavior and population dynamics of marmots. — Oikos 26: 341-354.

ARMITAGE, K. B. (1977): Social variety in the yellow-bellied marmot: a population behavioural system. — Anim. Behav. 25: 585–593.

ARMITAGE, K. B. (1979a): Cannibalism among yellow-bellied marmots. — J. Mamm. 60: 205–207.

ARMITAGE, K. B. (1979b): Food selectivity by yellow-bellied marmots. — J. Mamm. 60: 626–629.

ARMITAGE, K. B. (1981): Sociality as a life history tactic of ground squirrels. — Oecologia 48:36–49.

ARMITAGE, K. B. (1982): Marmots and coyotes: behavior of prey and predator. — J. Mamm. 63: 503–505.

ARMITAGE, K. B. (1984): Recruitment in yellow-bellied marmot populations: kinship, philopatry, and individual variability. In: J. O. MURIE & G. R. MICHENER (eds.): The Biology of Ground-Dwelling squirrels, Univ. Nebraska Press, Lincoln: 377–403.

ARMITAGE, K. B. (1986a): Individuality, social behavior, and reproductive success in yellow-bellied marmots (*Marmota flaviventris*). — Ecology 67: 1186–1193.

ARMITAGE, K. B. (1986b): Marmot polygyny revisited: determinants of male and female reproductive strategies. In: D. S. RUBENSTEIN & R. W. WRANGHAM (eds.): Ecological Aspects of Social Evolution. Princeton University Press, Princeton: 303–33.

ARMITAGE, K. B. (1987): Do female yellow-bellied marmots adjust the sex ratios of their offspring? — Am. Nat. 129: 501–519.

ARMITAGE, K. B. (1988): Resources and social organization of ground-dwelling squirrels. In: C. N. SLOBODCHIKOFF (ed.): The Ecology of Social Behavior. Academic Press, NY: 131–155.

ARMITAGE, K. B. (1989): The function of kin discrimination. — Ethol. Ecol. Evol. 1: 111–121.

ARMITAGE, K. B. (1991): Social and population dynamics of yellow-bellied marmots: results from long-term research. — Ann. Rev. Ecol. Syst. 22: 379–407.

ARMITAGE, K. B. (1992): Social organization and fitness strategies of marmots. — Proc. 1rst Int. Symp. on Alpine Marmot: 89–94.

ARMITAGE, K. B. und J. F. DOWNHOWER (1974): Demography of yellow-bellied marmot populations. — Ecology 55: 1233–1245.

ARMITAGE, K. B., J. F. DOWNHOWER und G. E. Svendsen (1976): Seasonal changes in weights of marmots. — Am. Midl. Nat. 96: 36–51.

ARMITAGE, K. B. und D. W. JOHNS (1982): Kinship, reproductive strategies and social dynamics of yellow-bellied marmots. — Behav. Ecol. Sociobiol. 11: 55–63.

ARMITAGE, K. B. und C. M. SALSBURY (1992): Factors affecting oxygen consumption in wild-caught yellow-bellied marmots. — Comp. Biochem. Physiol. 103A: 729–737.

ARNOLD, W. (1988): Social thermoregulation during hibernation. — J. Comp. Physiol. B 158: 151–156.

ARNOLD, W. (1990a): The evolution of marmot sociality: I. Why disperse late? — Behav. Ecol. Sociobiol. 27: 229–237.

ARNOLD, W. (1990b): The evolution of marmot sociality: II. Cost and benefits of joint hibernation. — Behav. Ecol. Sociobiol. 27: 239–246.

ARNOLD, W. (1992a): Social evolution and obligatory group hibernation in marmots. — Proc. 1st Int. Symp. on Alpine Marmot: 41–54.

ARNOLD, W. (1992b): Adaptation to the cold — the physiology of marmot hibernation. — Proc. 1st Int. Symp. on Alpine Marmot: 31–39.

ARNOLD, W., G. HELDMAIER, S. ORTMANN, H. POHL, T. RUF & S. STEINLECHNER (1991): Ambient temperatures in hibernacula and their energetic consequences for Alpine marmots (*Marmota marmota*). — J. Therm. Biol. 16: 223–226.

BAILEY, E. D. (1965): The influence of social interaction and season on weight change in woodchucks. — J. Mamm. 46: 438–445.

BAILEY, E. D. & D. E. DAVIS (1965): The utilization of body fat during hibernation in woodchucks. — Can. J. Zool. 43: 701–707.

BANNIKOV, A. G. (1954): Mammals of the Mongolian Peoples Republic. — Trudy Mongolskoi Komissii. 53 — Academy of Sciences, Moskau, 699 S.

BANNIKOV, A. G. (1958): Ecological peculiarities and foci of forming of alpine fauna. — Problemy Zoogeografii Sushi. Materialy soveschania, Lvov: 5–8.

BARASH, D. P. (1973a): The social biology of the Olympic marmot. — Anim. Behav. Monogr. 6: 171–249.

BARASH, D. P. (1973b): Social variety in the yellow-bellied marmot, *Marmota flaviventris*. — Anim. Behav. 21: 579–584.

BARASH, D. P. (1973c). Latitudinal replacement in habitat utilization of mountain mammals. — J. Mamm. 54: 535–536.

BARASH, D. P. (1974a): The evolution of marmot societies: A general theory. — Science 185: 415–420.

BARASH, D. P. (1974b): The social behaviour of the hoary marmot, *Marmota caligata*. — Anim. Behav. 22: 257–262.

BARASH, D. P. (1974c): Mother-infant relations in captive woodchucks (*Marmota monax*). — Anim. Behav. 22: 446–448.

BARASH, D. P. (1976): Pre-hibernation behavior of free-living hoary marmots, *Marmota caligata*. — J. Mamm. 57: 182–185.

BARASH, D. P. (1989): Marmots social behavior and ecology. — Stanford Univ. Press, Stanford. 360 S.

BASSANO, B., P. DURIO, C. FACELLO, E. MACCHI, R. PIAZZA & C. TRINCHERO (1992): Preliminary analysis of the temporale and spectral acoustic parameters of *Marmota marmota* sound emissions. — Proc. 1st Int. Symp. on Alpine Marmot: 69–83.

BELTZ, A. & E. S. BOOTH (1952): Notes on burrowing and food habits of the Olympic marmot. — J. Mamm. 33: 495–496.

BERENDJAEV, S. A. (1963): Natural foci of plague in Central Tien Schan and the problem of its sanitation. — Ref. cand. diss., Frunze: 19 S.

BERENDJAEV, S. A. & N. A. KULJIKOVA (1965): About interspecies relations in gray marmots. — Zool. Journ. 44: 110–115.

BERENDJAEVA, E. L & N. A. KULJIKOVA (1961): Ecology of gray marmot fleas. — Trudy Sredneasiatskogo protivochumnogo instituta 7: 273–283.

BERENDJAEVA, E. L., D. I. BIBIKOV, L. P. RAPOPORT et al. (1966): Experience of investigation of interspecies contacts in gray marmots using radio marking. — Zool. Journ. 45: 430–435.

BIBIKOV, D. I. (1957): The accumulation and expenditure of fat by tarbagans. — Izvestia Irkutsk. Protivochumn. Inst. 16: 32–38.

BIBIKOV, D. I. (1961): The influence of snow cover on the life of marmots. — Trudy Sredne-Asiatsk. Protivochumn. Inst. 7: 205–219.

BIBIKOV, D. I. (1962): Marmot movements. — In: Animal migrations. Academy of sciences, Moskau: 62–86.

BIBIKOV, D. I. (1967): Mountain marmots of Middle Asia and Kazakhstan. — Nauka, Moskau: 198 S.

BIBIKOV, D. I. (1968): Die Murmeltiere. — Die Neue Brehm-Bücherei Bd. 388, Ziemsen-Verlag, Wittenberg Lutherstadt, 168 S.

BIBIKOV, D. I. (1980): Geograpical peculiarity and ecology. — In: Marmots. Biocenotic and practical meaning. Nauka, Moskau: 255 S.

BIBIKOV, D. I. (1989): The marmots. — Agropromisdat, M. 255 pp.

BIBIKOV, D. I. (1991): The steppe marmot and its future. — Oryx, 25: 45–49.

BIBIKOV, D. I. (1992): Marmots are zoonosis provoking carriers. — Proc. 1st Int. Symp. on Alpine marmot: 25–29.

BIBIKOV, D. I., S. A. BERENDJAEV, L. A. PEJSAKHIS et al. (1973): Natural foci of marmot plague in the USSR. — Medicina, Moskau: 192.

BIBIKOV, D. I., V. P. CHERVJAKOVA & V. D. CHERVJAKOV (1961): Observation of movements of marked gray marmots in Tien-Schan. — Trudy Sredne-Asiatskogo protivochumnogo inst, Alma-Ata: 221–232.

BIBIKOV, D. I. & D. MJAGMARGAV (1983): The experience of mapping and counting of marmot numbers in Mongolia. Materialy vsesouznogo soveschania »Okhrana, ratsionalnoe ispolzovanie and ecologia surkov«. — Vsesouznoe Theriol. obschestvo, Moskau: 22–26.

BIBIKOV, D. I. & V. J. RUMIANTSEV (1993): Some adaptations of marmots as a result of historical modifications of their habitat conditions. Mezhdunarodnoe soveschanie po surkam SNG. — Gaidary. Theriol. obschestvo. Ross. Akad. nauk, Moskau: 44–45.

BIBIKOV, D. I. & I. I. STOGOV (1957): Ecological lawfulness of stationary distribution of gray marmots (*M. baibacina* KASTSCH.) in Tien-Schan. — Bull. MOIP. otd. biol. 62: 13–18.

BIBIKOV, D. I., N. N. TRUKHACHEV & K. I. ISAKULOV (1963): Observation of gray marmot hibernation under experimental conditions. — Izvestia Irkutskogo protivochumnogo inst. 25: 223–231.

BIBIKOV, D. I. & N. M. ZHIRNOVA (1956): About behavior of marmots after a fight with them. — Trudy Sredne-Asiatskogo Protivochumnogo Inst. 3: 81–85.

BIBIKOV, D. I. & N. M. ZHIRNOVA (1957): Seasonal changes of ecological-physiological peculiarities in gray marmots. — Zool. Journ. 35:1565–1574.

BIBIKOV, D. I., L. I. ZHIRNOV & V. P. KULIKOVA (1956): Seasonal changes of ground activity and interpopulation contacts in gray marmots in Tien-Schan. — Trudy Sredne-Asiatskogo protivochumnogo inst. 3: 63–74.

BLIZNETSOV, I. J. (1966): Some eco-physiological peculiarities of hibernating gray marmots and yellow ground squirrels. — Ref. Cand. biol. Frunze: 19 S.

BOBRINSKII, N. A. (1937): Review of Eurasian marmots (Marmota). — Akad. Nauk USSR, Moskau-Leningrad: 51–68.

BOPP, P. (1954): Zur Topographie der Murmeltierterritorien. — Rev. Suisse Zool. 61: 374–380.

BRODY, A. K. & J. C. MELCHER (1984): Infanticide in yellow-bellied marmots. — Anim. Behav. 33: 673–674.

BRONSON, F. H. (1962): Daily and seasonal activity patterns in woodchucks. — J. Mamm. 43: 425–426.

BRONSON, F. H. (1963): Some correlates of interaction rate in natural populations of woodchucks. — Ecology 44: 637–643.

BRONSON, F. H. (1964): Agonistic behaviour in woodchucks. — Anim. Behav. 12: 470–478.

BRYANT, A. A. (1994): Notes on the Vancouver Island marmot (*Marmota vancouverensis*). — Vancouver Island Marmot Recovery Project Review Paper No. 3. 25 S. (unveröff.).

CAHALANE, V. N. (1947): Mammals of North America. — Macmillan Co., New York: 682 S.

CAO, X & D. ZHA (1982): Assimilation test of the movement of *M. baibacina*. Zool. Research 3: 225–233.

CAREY, H. V. (1985): The use of foraging areas by yellow-bellied marmots (*Marmota flaviventris*). — Oikos 44: 273–272.

CAREY, H. V. & P. MOORE (1986): Foraging and predation risk in yellow-bellied marmots (*Marmota flaviventris*). — Am. Midl. Nat. 116: 267–275.

CHEKALIN V. B. (1965): Ecology of gray marmot (M. baibacina): and sanation of plague natural foci in North-East part of Central Tien-Schan. — Ref. cand. diss., Alma-Ata: 19 S.

CHERKASOV, A. A. (1990): Notes of East Siberian hunter. — Fizkultura i sport, Moskau: 574.

CHERVJAKOVA, V. P. (1963): Aboveground activity of gray marmots. — Mater. Nauchn. Conf. on natural focality of plague, Alma-Ata: 246–247.

CHERVJAKOVA, V. P. (1968): Interspecies variability and structure of gray marmots' population. — Ref. cand. diss., Alma-Ata: 21.

CHERVJAKOVA, V. P. (1980): Interspecies variability of marmots. — Aus: Surki. Biocenotic and practical significance. R. P. ZIMINA (Hrsg). Nauka, Moskau: 165–170.

CHERVJAKOVA, V. P. & D. I. BIBIKOV (1971): Productivity of gray marmots in connection with population number. — Mater. 7 nauchn. conf. protivochumn. uchrezhd. Kazakhstana i Sredn. Asii, Alma-Ata: 356–358.

CHRISTIAN, J. J. (1962): Seasonal changes in the adrenal glands of woodchucks (*Marmota monax*). — Endocrinology 71: 431–447.

COUTURIER, M. A. (1955): Acclimatation et acclimatement de la Marmotte des Alpes, *Marmota m. marmota* (LINNÉ, 1758) dans les Pyrenées francaises. — Säugetierkdl. Mitteilungen 3: 105–108.

COUTURIER, M. A. (1964): La Marmotte des Alpes. — In: Le Gibier des montagnes francaises. Arthaud Ed.: 137–165.

DAVIDOV, G. S., I. M. NERANOV, G. P. USACHEV et al. (1978): The red marmot. Aus: R. P. ZIMINA (Hrsg.): Marmots: Their Distribution and Ecology. Nauka, Moskau, S. 117–125.

DAVIS, D. (1962): The potential harvest of woodchucks. — J. Wildl. Manage. 26: 144–149.

DAVIS, D. (1964): Evaluation of characters for determining age of woodchucks. — J. Wildl. Manage. 28: 9–15.

DAVIS, D. (1967a): The annual rhythm of fat deposition in woodchucks (*Marmota monax*). — Physiol. Zool. 40: 391–402.

DAVIS, D. (1967b): The role of environmental factors in hibernation of woodchucks (*Marmota monax*). — Ecology 48: 683–689.

DAVIS, D. (1976): Hibernation and circannual rhythms of food consumption in marmots and ground squirrels. — Quart. Rev. Biol. 51:477–514.

DAVIS, D. & J. LUDWIG (1981): Mechanism for decline in a woodchuck population. — J. Wildl. Manage. 45: 658–668.

DAVIS, D. E., J. J. CHRISTIAN & F. BRONSON (1964): Effect of exploitation on birth, mortality, and movement rates in a woodchuck population. — J. Wildl. Manage. 28:1–9.

DE VOS, A & D. I. GILLESPIE (1960): A study of woodchucks on an Ontario farm. — Can. Field-Nat. 74: 140–145.

DINESMAN, L. G. (1961): Experience of researching fossil animal settlements to the clarification of paleogeographic forests. — Zool. Labor. of Forest Investigation, Akad. Sci. USSR. 3: 89–99.

DINESMAN, L. G. (1977): Steppe biocenosis in the Holocene epoch. — Nauka, Moskau: 1961.

DINESMAN, L. G., N. K. KISELEVA & A. V. KHJASEV (1989): The history of steppe ecosystems. Mongolian Peoples Republic. — Nauka, Moskau: 214 S.

DOWNHOWER, J. F. & K. B. ARMITAGE (1971): The yellow-bellied marmot and the evolution of polygamy. — Am. Nat. 105: 355–370.

DOWNHOWER, J. F. & K. B. ARMITAGE (1981): Dispersal of yearling yellow-bellied marmots (*Marmota flaviventris*). — Anim. Behav. 29: 1064–1069.

DUBININ, V. B. & L. I. LESHKOVICH (1945): Fat reserves of tarbagans and invasion by ascarids before hibernation. — Zool. Journ. 24: 373–379.

DUBROVSKII, I. A. (1962): The size of marmot mounds as an index of the age of their settlements. Issled. Geography of plant and animal stocks. — Akad. Sci., Moskau: 80–94.

DUNBAR R. (1983): Life history tactics and alternative strategies of reproduction. Aus: P. BATESON (Hrsg.): Mate Choice, Cambridge Univ. Press. NY, S. 423–433.

ELLERMAN J. & T. MORRISON-SCOTT (1966): Checklist of Palearctic and Indian mammals. 1758 to 1946. — British Museum, London.

EVERSHAM, E. (1850): Natural History of the Orenburg Region. — Mammals. Kazan 2: 294.

FALL, M. W. (1971): Seasonal variations in the food consumption of woodchucks (*Marmota monax*). — J. Mamm. 52: 370–375.

FERRI, M., G. PIGOZZI, L. SALA, C. SOLA, A. SPAMPANATO, J. TARANTINO, P. TONGIORGI & L. TOSI (1988): Primi risultati di una ricerca sulla populazione di *Marmota marmot*a del crinale appenninico tosco-emiliano. -I Conv. Naz. Biologi della Selv. Suppl. Ric. Biol. Selv. 14: 339–349.

FILONOV, K. P. (1961): Data on the ecology of black-capped marmots in Berguzin Zapovednic. — Trudy Berguzinskogo Zapovednika 3: 169–180.

FORMOSOV, A. N. (1929): Mammals of North Mongolia. Predvar. Otchet Zool. Ekspedicii v severnuiu Mongoliju za 1926. — Akad. Nauk, Leningrad: 144 S.

FRASE, B. A. & K. B. ARMITAGE (1989): Yellow-bellied marmots are generalist herbivores. — Ethol. Ecol. Evol. 1: 353–366.

FRASE, B. A. & R. S. HOFFMANN (1980): *Marmota flaviventris*. — Mammalian Species 135: 1–8. Am. Soc. Mammalogists.

FRENCH, G. R. (1990): Age-class differences in the pattern of hibernation in yellow-bellied marmots, *Marmota flaviventris*. — Oecologia 82: 93–96.

GARCIA-GONZALEZ, R., J. CANUT, D. GARCIA, J. HERRERO, R. HIDALGO, G. JORDAN, V. NAVAZO, J. RUIZ-OLMO & J. MARCO (1985): Primeras notas sobre la distribuciòn de la marmota (*M. marmota* L., 1748) en la Peninsula Iberica. — Pirineos 125: 113–115.

GARROTT, R. A. & D. A. JENNI (1978): Arboreal behavior of yellow-bellied marmots. — J. Mamm. 59: 433–434.

GRIZZELL, R. A. (1955): A study of the southern woodchuck, *Marmota monax monax*. — Amer. Midl. Nat. 53: 257–293.

GROMOV, I. M., D. I. BIBIKOV, N. I. KALABUKHOV & M. N. MEYER (1965): Fauna of the USSR. Vol. 3, no. 2. Marmotinae — Nauka, Moskau-Leningrad. 466 S.

GROSSET, G. E., L. G. DINESMAN & V. I. ZALKIN (1965): The ancient distribution of the steppe marmot. — Bill. Mosk. Obsch. Isp. Prirody 70, 2: 34–47.

GUMILEV, L. N. (1966): The source of rhythm of wander culture. — Narody Asii i Afriki. 4: 85–94.

HAFNER, D. J. (1984): Evolutionary relationships of the Nearctic Sciuridae. Aus: J. O. MURIE & G. R. MICHENER (Hrsg.): The Biology of Ground-Dwelling Squirrels, Univ. Nebraska Press, Lincoln, S. 3–23.

HAMILTON, W. J. (1934): The life history of the rufescent woodchuck. — Ann. Carnegie Mus. 23: 87–118.

HAYES, S. R. (1976): Daily activity and body temperature of the southern woodchuck, *Marmota monax monax* in northwestern Arkansas. — J. Mamm. 57: 291–299.

HEREDIA, R. & J. HERRERO (1992): Bearded vulture *(Gypaetus barbatus)* and Alpine marmot (*Marmota marmota*) interactions in southern Pyrenees. — Proc. 1st Int. Symp. on Alpine Marmot: 227–229.

HERRERO, J., R. HIDALGO & R. GARCIA-GONZALES (1988): Colonization process of the alpine marmot (*Marmota marmota*) in Spanish Western Pyrenees. — Pirineos 130: 87–94.

HOFFMAN, R. S. (1968): Russian Science: a personal view. — Science Year 1968: 228–239.

HOFFMAN, R. S. & C. F. NADLER (1968): Chromosomes and systematics of some North American species of the genus Marmota (Rodentia, Sciuridae). — Experientia 24:740–742.

HOFFMAN, R. S., J. W. KOEPPL & C. F. NADLER (1979): The relationships of the amphiberingian marmots (Mammalia: Sciuridae). — Occas. Pap. Mus. Nat. Hist. Univ. Kansas 83: 1–56.

HORNING, B. (1969): Parasitologische Untersuchungen an Alpenmurmeltieren (*M. marmota*) der Schweiz. — Jb. Naturhistor. Mus., Bern, 1966–1968: 137–200.

HOLMES, W. G. (1984a): Predation risk and foraging behavior of the hoary marmot in Alaska. — Behav. Ecol. Sociobiol. 15: 293–301.

HOLMES, W. G. (1984b): The ecological basis of monogamy in Alaskan hoary marmots. Aus: J. O. MURIE & G. R. MICHENER (Hrsg.): The Biology of Ground-Dwelling Squirrels, Univ. Nebraska Press, Lincoln, S. 250–274.

HOWELL, A. H. (1915): Revision of the American Marmots. — N. Amer. Fauna 37: 1–80.

HOYT, S. & S. HOYT (1950): Gestation period of the woodchuck, Marmota monax. — J. Mamm. 31: 454.

HUANG, X., Z. WANG, I. WU et al. (1986): The breeding biological characteristics of Marmota himalayana in Reshuitan Wulan-naotan. — Chaiyan Country Quinghai prov. Acta Theriol. Sinica 6: 307–311.

HUBER, W. (1965): Das Alpenmurmeltier. — Fischers Tiermonograph. 3. Munsingen. Bern: 33 S.

IMSHENEZKII, S. B. (1972): Altaian marmot in Dagestan. — Dagestan. Publ. House, Makhach-Kala: 124.

IOFF, I. G., N. P. NAUMOV, S. S. FOLITAREK & F. I. ABRAMOV (1951): Alpine natural foci of plague in Kirgizia. Prirodnaja ochagovost transmissionnykh bolezneii v Kazakhstane. — 1. Kazakh. Akad. nauk, Alma-Ata: 173–324.

ISMAGILOV, M. I. (1956): Data on the ecology of the Tien-Schan marmot (*M. bobak centralis*). — Zool. Journ. 35:6.

ISMAGILOV, M. I. (1976): Specific ecology of steppe marmot under arid living conditions. — »Biolog. nauki« 3. Alma-Ata: 59–73.

JAMIESON, S. H. & K. B. ARMITAGE (1987): Sex differences in the play behavior of yearling yellow-bellied marmots. — Ethology 74: 237–253.

JOHNS, D. W. & K. B. ARMITAGE (1979): Behavioral ecology of alpine yellow-bellied marmots. — Behav. Ecol. Sociobiol. 5: 133–157.

JUNATOV, A. A. (1950): Main features of flora of Mongolian Peoples Republic. — Trudy Mong. comissii, Moskau-Leningrad. Akad. nauk USSR. 39: 223.

KALABUKHOV, N. I. (1985): Hibernation of Mammals. — Nauka, Moskau: 260 S.

KAPITONOV, V. I. (1960). Outline of the biology of the black-capped marmot (*M. camtschatica* POLL.). — Zool. Jour. 39: 448–457.

KAPITONOV, V. I. (1964): Molting of marmots. — Trudy Inst. Zoologii Kazakh. Akad. Nauk. 23: 169–190.

KAPITONOV, V. I. (1966): Distribution of marmots in Central Kazakhstan and perspectives of their procurement. — Trudy Inst. Zoologii Kazakh. Akad. Nauk, Alma-Ata: 94–134.

KAPITONOV, V. I. (1969a): Gray or Altaian-Tien-Schanian marmot (*M. baibacina*). Menzbier marmot (*M. menzbieri*). Long-tailed or red marmot (*M. caudata*). Mlekopitajuschie Kazakhstana. I. Grizuny. — Nauka, Alma-Ata: 267–422.

KAPITONOV, V. I. (1969b): Behavioral observation of bobac. — Sbornik nauchn. tekhnich. inf. »Okhota, Pushnina, Dich«, Kirov 26: 23–29.

KAPITONOV, V. I. (1976): Adaptative features of marmot locomotion. — Chtenija pamjati akad. E. N. Pavlovskogo. Nauka, Alma-Ata: 3–24.

KAPITONOV, V. I. (1978): Black-capped marmot. Menzbier's marmot. Aus: R. P. ZIMINA (Hrsg.): Surki. Nauka, Moskau, S. 178–209 , 126–157.

KAPITONOV, V. I. & I. S. LOBACHEV (1964): Ecological observations on *Marmota menzbieri* KASCHK. in Karzhantau mountains (West Tien-Schan). — Zool. Jour. 43: 1211–1220.

KILGORE, D. L. Jr. & K. B. ARMITAGE (1978): Energetics of yellow-bellied marmot populations. — Ecology 59: 78–88.

KIRIKOV, S. V. (1959): Changes of animal communities in natural zones of the USSR. Stepnaja zona i lesosteppi. — Akad. Nauk. USSR, Moskau: 53–65.

KIRIKOV, S. V. (1980): Historical changes in bobacs distribution in XVII-XIX Centuries and the first part of XX. Aus: R. P. ZIMINA (Hrsg.): Surki. Biocenot. i practicheskoe znachenie. Nauka, Moskau, S. 20–31.

KIZILOV, V. A. & S. A. BERENDJAEV (1978): Red marmot. Aus: R. P. ZIMINA (Hrsg.): Surki. Biocenot. i practicheskoe znachenie. Nauka, Moskau, S. 52–54.

KIZILOV, V. A. & S. A. BERENDJAEV (1983): Families of red marmots. Ochrana, racionalnoe Ispolzovanie i ecologia surkov. — Vses. Theriol. obschestvo. Nauka, Moskau: 52–54.

KIZILOV, V. A. & N. I. SEMENOVA (1963): Inter- and intraspecies relations in rodents of Pamir-Alatai. — Mater. nauchn. conf. po prirodn ochagovosti i profilaktike chumy. Alma-Ata: 101–102.

KOENIG, L. (1957): Beobachtungen über Reviermarkierung sowie Droh-, Kampf- und Abwehrverhalten des Murmeltieres (*Marmota marmota*). — Zeit. für Tierpsychol. 14: 510–521.

KOFORD, C. B. (1958): Prairie dogs, whitefaces and blue grama. — Wildl. Monogr. 3: 1–78.

KORZINKINA, E. M. (1935): Biology, ecology and hunting of marmots in Kash-agach Aimk (Oirotia). — In: SBORNIK: Marmot ecology and hunting Vneshtorgizdat, Moskau-Leningrad: 30–62.

KRAPP, F. (1978): *Marmota marmota* - Alpenmurmeltier. In: NIETHAMMER J. & F. KRAPP (Hrsg.): Handbuch der Säugetiere Europas, Bd. 1, Rodentia I. — Aula, Wiesbaden: 152–181.

KRYLOV, D. G. (1964): Zoological characteristics of Sarydgaz area of Middle-Asian plague foci. — Ref. cand. diss. Mosc. Univ, Moskau: 22.

KUCHERUK, V. V. (1963): Influence of grass foraging mammals on productivity of steppe vegetation and their significance in formation of steppe soils. — Trudy Mosk. obsch. ispyt. prirody 10: 157–193.

KUCHERUK V. V., V. A. RJUTIN & T. N. DUNAEVA (1951): Experience of research on tarbagan pasteurellosis epizootics in East Mongolia. — In: Mater. po gryzunam, 4, Mosc. obschestvo. ispytat. pripody: 82–97.

KULIKOVA N. A. & V. K. POPOV (1976): Data on gray marmot reproduction in different conditions. — Mater. 5 nauchn. conf. protivochumn. Uchregd. Sredneii asii i Kazakhstana, Alma-Ata: 116–117.

LEE, D. S. & J. B. FUNDERBURG (1982): Marmots. In: CHAPMAN, J. A. & G. A. FELDHAMER, (eds.): Wild Mammals of North America: Biology, Management and Economics. — Johns Hopkins Univ. Press, Baltimore: 176–191.

LEMKE, D. E. (1989): *M. flaviventris* from the central Mojave desert of California: biogeographic implications. — Southwest. Nat. 34: 284–287.

LENTI BOERO, D. (1992): Alarm calling in Alpine marmot (*Marmota marmota* L.) evidence for semantic communication. — Ethol. Ecol. & Evol. 4: 125–138.

LEONTYEVA, M. N., V. S. PETROV, R. I. SHIJAN et al. (1983): A possibility of bobac reacclimatization in the Gorkii region. Ochrana, razionalnoe ispolzovanie i ecologia surkov. — Akad. Nauk, Moskau: 59–61.

LEONTIEV, A. N. & B. I. PESHKOV (1966): About determination of tarbagan's age. — Izvest. Irkutsk. protivochumn. Inst. 26: 175–185.

LETOV G. S. (1959): Materials on the investigation of the connection between marmot hunting and plague. — Trudy Rost. protivochumn. inst. 14: 83–98.

LIPAEV, V. M. (1967): Rodents of Northeast Mongolia and their significance in plague epizootics. — Ref. cand. diss. Irkutsk: 19.

LYAPUNOVA, E. A., G. G. BOYESKOROV & N. N. VORONTSOV (1992): *Marmota camtschatica* PALL. Nearctic element in Palearctic marmot fauna. — Proc. 1rst Int. Symp. on Alpine Marmot: 185–191.

MARKOV, K. K. & A. A. VELICHKO (1967): Quarterly period (glacial period-anthropogen period). — 3. Continents and oceans. Nedra, Moskau; 198 S.

MASHKIN, V. I. (1981): Biology of Menzbier's marmot in the Chatcal Range. — Ref. cand. diss., Moskau: 19 S.

MASHKIN, V. I. (1983): Intraspecific relationships among Menzbier's marmots. Fauna and ecology of rodents. — Universität Moskau, Moskau 15: 204–224.

MASHKIN, V. I. & H. BATURIN (1993): The Menzbier's marmot. — Vseross. Inst. ochotn. chaz. i zverovodstva. Kirov: 141 S.

MASSEMIN, S., R. RAMOUSSE & M. LE BERRE (1993): Comportement de vigilance chez la Marmotte Alpine *(M. marmota)* — Bull. Soc. Zool. Fr. 118: 195–201.

MAXIMOV, A. I. (1993): Reproduction of marmots. Crolikovodstvo i zverovodstvo. — 2. Koloss, Moskau: 6–7.

MELCHER, J. C., K. B. ARMITAGE & W. P. PORTER (1990): Thermal influences on the activity and energetics of yellow-bellied marmots (*Marmota flaviventris*). — Physiol. Zool. 63: 803–820.

MERRIAM H. G. (1971): Woodchuck burrow distribution and related movement patterns. — J. Mamm. 52: 732–746.

MIKHAILYUTA, A. A. (1983): Reproduction of gray marmots in populations with reduced number. Ochrana, razionalnoe ispolzovanie i ecologia surkov. — Acad, Nauk, Moskau: 68–71

MIKHAILYUTA, A. A. (1988): The structure of gray marmot populations in the high mountains of Tien-Schan. — Ref. cand. diss., Universität Moskau: 22.

MIKHAILYUTA, A. A. (1991): The study of family groups of gray marmots. — In: Population structure of marmots. USSR Theriol. Society, Moskau: 172–187.

MIKHAILYUTA, A. A. & N. A. KULIKOVA (1969): The composition of gray marmot families in different living conditions. — Mater. 6 nauchn. conf. protivochumn. uuchregd. Sredn. Asii i Kazakhstana, Alma-Ata. 2: 27–30.

MÜLLER, I. (1986): Das Murmeltier. — Desertina Verlag, Disentis: 55.

MÜNCH, H. (1958): Zur Ökologie und Psychologie von *Marmota m. marmota*. — Zeit. für Säugetierk. 23: 129–138.

NAGORSEN, D. W. (1987): *Marmota vancouverensis*. — Mammalian Species 270: 1–5, Am. Soc. Mammalogists.

NAUMOV, N. P. (1954): Settlement types of rodents and their ecological importance. — Zool. Jour. 33: 68–88.

NEKIPELOV, N. V. (1978): The tarbagan in south Transbaikalia. — R. P. Zimina (Hrsg.) Nauka, Moskau: 164–177.

NEKIPELOV, N. V. & B. I. PESHKOV (1958): Observations of hibernation in some marmots. Izvestia. — Irkutsk. protivochumn. inst. 19: 38–49.

NIKOLSKII, A. A. (1974): Geographical variability of sound calls and rhythmic organization in marmots of the bobac group. — Zool. Jour. 53: 436–444.

NIKOLSKII, A. A. (1984): Sound calls of mammals in the evolutionary process. — Nauka, Moskau: 119 S.

NIKOLSKII, A. A. & D. P. ORLENEV (1980): Peculiarity of sound calls of red marmots (*M. caudata*) in an East Pamir population. — Zool. Jour. 59: 892–898.

NOWAK, R. M. (1991): Mammals of the world. — I. Johns Hopkins Univ. Press, Baltimore and London: 567–569.

NOWICKI, S. & K. B. ARMITAGE (1979): Behavior of juvenile yellow-bellied marmots: play and social integration. — Z. Tierpsychol. 51: 85–105.

OGNEV, S. I. (1947): Mammals of the USSR and neighboring countries. — Rodents. 5. Akad. Nauk. USSR, Moskau: 800.

PAVLOV, M. P. (1973): Marmots (*Marmota*): In: Acclimatization of hunting mammals and bird in the USSR. — Volgo-Vijatskoe izd. Kirov: 312–318.

PETROV, B. M. (1960): On the ecology of Menzbier's marmot. — Uzb. Biol. Journ. 3, Tashkent: 42–47.

PETTERSON, J. R. (1992): Yellow-bellied marmot, *Marmota flaviventris*, predation on pikas, *Ochotona princeps*. — Can. Field-Nat. 106: 130–131.

POLE, S. B. (1974): Ecological and morphophysiological status of the gray marmot in populations with different densities in Middle Asian mountain foci of plague. — Ref. cand. diss. Akad. Nauk, Sverdlovsk: S. 24.

POLE, S. B. (1992): Dynamics of grey marmot population structure and size, and the mechanisms of their restoration in the Tien-Schan natural plague focus. — Proc. 1st Int. Symp. on Alpine Marmot: 129–133.

POLE, S. B. & D. I. BIBIKOV (1991): Dynamics of structure and mechanisms of supporting optimum density in populations of the gray marmot. Population Structure of marmots of the USSR. — Theriological Society, Moskau: 148–171.

POLE, S. B. & D. I. BIBIKOV (1992): Intraspecific baculum variability in gray marmots. — Proc. 1st Int. Symp. on Alpine Marmot: 213–214.

POLE, S. B., D. I. BIBIKOV & I. P. KUSIN (1971): Territorial distribution and movement of marmots in populations with decreasing numbers. — 7th conf. protivochumn. organiz. Sredneii Asii i Kazakhstana, Alma-Ata: 329–332.

POLE, S. B., D. MJAGMARZHAV, D. I. BIBIKOV et al. (1983): Distribution and location of marmots in Hangai and Hantei. — Ochrana, razionaln. ispolzovanie surkov. Vses. Teriol. obschestvo. Akad. Nauk, Moskau: 86–89.

POLE, S. B. & M. V. ZVEREV (1993): Phenetic variability of the baculum of gray marmots in Tien-Schan. — Tez. docladov mejdunar. conf. po surkam. 21–23 Sent. 1993. Teriol. obschestvo Ross. Akad. Nauk, Moskau: 26–27.

PSENNER H. (1956): Neue Beobachtungen zur Fortpflanzungsbiologie des Murmeltieres. — Z. für Jagdwiss. 2: 148–152.

RAUSCH, R. L. (1953): On the status of some arctic mammals. — Arctic 6: 91–148.

RAUSCH, R. L. & V. R. RAUSCH (1971): The somatic chromosomes of some North American marmots (Sciuridae), with remarks on the relationships of *Marmota broweri* HALL and GILMORE. — Mammalia 35: 85–101.

RUMIANTSEV, V. I. (1991): Steppe marmot on the ploughed land in Kazakhstan. — Bull. MOIP otd. biol. 955: 15–28.

RYABOV, N. I. (1948): Materials on the biology of transbaicalian marmots in the winter period. — Zool. Zhurn. 27: 245–256.

RYMALOV I. V. & A. Y. MAXIMOV (1992): Hibernation of marmots in captivity. — Proc. 1rst Int. Symp. on Alpine Marmot: 63–66.

SALA, L., C. SOLA, A. SPAMPANATO & P. TONGIORGI (1992): The marmot population of the Tuscan-Emilian Apennine Ridge. — 1st Int. Symp. on Alpine Marmot: 143–149.

SCHWARTZ, O. A. & K. B. ARMITAGE (1980): Genetic variation in social mammals: the marmot model. — Science 207: 665–667.

SCHWARTZ, O. A. & K. B. ARMITAGE (1994): Empirical considerations on the stable age distribution. - (unveröff.)

SCHWARTZ, O. A., K. B. ARMITAGE & D. VAN VUREN (1994): A 32-year demography of the yellow-bellied marmot. — (unveröff.)

SCHWARZ, S. S., V. S. SMIRNOV & L. N. DOBRINSKII (1968): Method of morpho-physiological pattern in the ecology of Vertebrata. — Nauka, Sverdlovsk: 388.

SEMICHATOVA, S. N. & T. E. PYLAEVA (1983): Ecology of bobac in the Volga region. — Ochrana, raz. isp. i ecologia surkov. Teriol. obschestvo. Akad. nauk. USSR, Moskau: 104–106.

SEREDNEVA, T. A. (1986): Ecology and significance of tarbagan. Stepi vostochnogo Changaja. — Nauka, Moskau: 159–162.

SEREDNEVA, T. A. & A. L. NESGOVOROV (1977): The number and productivity of the steppe marmot *(M. bobak)* on pastures and protected territories in Ukraine. — Zool. Jour. 56: 1216–1225.

SETON, E. (1953): Lives of game animals. — 4. Doubleday Doran and Co., Garden City: 949 S.

SHIJAN, R. I., M. N. LEONTYEVA & G. V. PARAMONOV (1991): The result of introduction of the European bobac in the northern limits of its past range in the Gorki region. Biology, ecology, conservation and management of Marmots. — All-Union Theriological society. T. A. SEREDNEVA (Hrsg.), Moskau: 166–170.

SHUBIN, I. G. (1962): The times of reproduction of Marmota bobac. — Zool. Jour. 41: 750–755.

SHUBIN, V. I. (1988): The relationships in family groups of bobac. Ecology and behavior of Kazakhstan mammals. — Trudy Inst. zool. Kazakh. Akad. nauk, Alma-Ata. Nauka: 112–132.

SHUBIN, I. G., V. I. ABELENTSEV & S. N. SEMICHATOVA (1978): Bobac. Aus R. P. ZIMINIA, (Hrsg.): Marmots distribution and ecology. — Nauka, Moskau, S. 10–38.

SHVETSOV, J. G. (1972): Modern distribution and number of tarbagan (*M. sibirica*) in Burjatia. — Khos. ispolz. i vosproizvodstvo okhotn. fauny. Irkutsk: 3–18.

SMIRIN, I. M., N. A. FORMOSOV, D. I. BIBIKOV et al. (1985): Characteristic settlements of two marmot species in the places of their contact in Mongolian Altai. — Zool. Jour. 64: 1873–1885.

SNYDER, R. L. (1962): Reproductive performance of a population of woodchucks after a change in sex ratio. — Ecology 43: 506–515.

SNYDER, R. L. & J. J. CHRISTIAN (1960): Reproductive cycle and litter size of the woodchuck. — Ecology 41: 647–656.

SNYDER, R. L., D. E. DAVIS & J. J. CHRISTIAN (1961): Seasonal changes in the weights of woodchucks. — J. Mamm. 42: 297–312.

SOLARI, C. & S. CAPRIASCA (1988): Versuch einer Kausalanalyse der Verbreitung & Dichte des Alpenmurmeltieres (*M. m. marmota*) im Kanton Tessin, Schweiz. — Zeitschr. für Jagdwiss. 34: 77–85.

SPIVAKOVA, L. V. (1988): Seasonal change of microstructure of sexual glands of males of gray marmots. Aus: A. BEKETOV (Hrsg.): Ecology and behavior of Kazakhstan mammals. — Nauka, Alma-Ata, S. 143–155.

STOGOV, I. I. (1956): Data on nutrition of gray marmots (*M. baibacina*). — Zool. Jour. 35: 1390–1394.

SUNTSOV, V. V. (1981): Territorial structure of population and interspecies relationships in tarbagans (*M. sibirica*) in Tuva. — Zool. Jour. 60: 1394–1405.

SUNTSOV, V. V. (1982): Ecology of tarbagans (*M. sibirica*) in Tuva. -Doktorarbeit , Moskau: S. 163.

SVENDSEN, G. E. (1974): Behavorial and environmental factors in the spatial distribution and population dynamics of a yellow-bellied marmot population. — Ecology 55: 760–771.

SVENDSEN, G. E. (1976): Structure and location of burrows of yellow-bellied marmot. — Southwest. Nat. 20: 487–494.

TARASOV, P. P. (1944): Biological observations on predatory birds in southeastern Transbaikalia. — Izv. Irkutsk. Protivoch. Inst. 5:161–175.

TARASOV, P. P. (1950): Some biological peculiarity of Hangaian tarbagan. — Izvest. Irkutsk. protivochumn. inst. 8. 128–132.

TARASOV, P. P. (1953): Drought as a factor in plague epizootics in Mongolia. — Izvest. Irkutsk. protivochumn. inst. 11: 53.

TARASOV, P. P. (1961): Investigation of marmot biology. Behavior, interspecies relationships and migrations. — Trudy Sredneasiatsk. protivochumnogo inst. 7: 233–248.

TARASOV, N. S., I. M. DUBOVIC & V. M. FEDOROV (1963): Intensity of tarbagan migration to Transbaikalia from Mongolia. — Izvest. Irkutsk. protivochumn. inst. 25: 220–231.

TAULMAN, J. F. (1977): Vocalizations of the hoary marmot, *Marmota caligata*. — J. Mamm. 58: 681–683.

TEPLOV, V. P. & V. I. TICHVINSKII (1932): Biological reasons of organization of marmot farms in the Volga-Kama region. — Uchenye. zapiski Kazanskogo Univ. 92, Kazan: 3–45.

THOMPSON, M. P. (1979): Most preferred woodchuck grains subject of study. — Pest control. 47 (9): 22–26.

TKACHENKO, A. A. (1962): Biology and agricultural significance of the steppe marmot in the virgin lands of Kazakhsten. — Doktorarbeit, Universität Moskau, Moskau, S. 22.

TOKARSKII, V. A. & D. I. BIBIKOV (1993): Appearance of a new color morph in marmots. — Abstract, Int. Conf. on marmots. 21–23 Sept. 1993. Haidary. Ukraine, Moskau; 37–38.

TOKARSKII, V. A. & A. S. VALENZEV (1991): Distribution and number of black-capped marmots in the Kamchatkan region. Population structure of marmots. — USSR Theriol. Society, Moskau: 290–299.

TRATTNIG, B. (1992): Murmeltiere — ein wunderbares Wild des Hochgebirges. — Österr. Waidwerk 8: 27–30.

TRAVIS, S. E. & K. B. ARMITAGE (1972): Some quantitative aspects of the behavior of marmots. — Trans. Can. Acad. Sci. 75: 308–321.

TURK, A. & V. ARNOLD (1988): Thermoregulation as a limit to habitat use in alpine marmots (*Marmota marmota*). — Oecologia 76: 544–548.

VAN-SIBO, U & I. GANJUAN (1983). Rodent fauna in Sinkiang — (Russische Übersetzung): 63–107.

VAN VUREN, D. (1990): Dispersal of yellow-bellied marmots. — Doktorarb., Univ. of Kansas, Lawrence.

VAN VUREN, D. (1991): Yellow-bellied marmots as prey of coyotes. — Am. Midl. Nat. 125: 135–139.

VAN VUREN, D. & K. B. ARMITAGE (1991): Duration of snow cover and its influence on life-history variation in yellow-bellied marmots. — Can. J. Zool. 69: 1755–1758.

VASILIEV, V. N. (1989). Ecology of hibernation in the Black-capped marmot (*M. camtschatica*). — Ref. cand. diss., Akad. Nauk USSR, Moskau: S. 22.

VASILIEV, V. N. (1992): Hibernation in black-capped marmot (*Marmota camtschatica* PALLAS, 1811). — Proc. 1st Int. Symp. on Alpine Marmots: 67–68.

VEVEY, A., P. OREILLER & W. BORNEY (1992): A case of albinism in *Marmota marmota* in Aosta Valley. — Proc. 1st Int. Symp. on Alpine Marmot: 245.

VONTOBEL, R. (1983): Roadchucks. — Natur. Can. 12: 7–12.

VORONTSOV, N. N. & E. A. LYAPUNOVA (1976): Genetic aspects of transberingian associations of holarctic mammals. Beringia in the Cenozoic. — Vladivostok: 337–353.

VORONTSOV, N. N., E. A. LYAPUNOVA & N. G. ZAGORUJKO (1969): Comparative karyology and evolution of isolating mechanisms in the genus *Marmota* (Mammalia: Rodentia). — Zool. Jour. 58: 317–334.

WARD, J. M. Jr. & K. B. ARMITAGE (1981): Circannual rhythms of food consumption, body mass, and metabolism in yellow-bellied marmots. — Comp. Biochem. Physiol. 69A: 621–626.

WARING, G. (1966): Sounds and communication of the yellow-bellied marmot (*Marmota flaviventris*). — Anim. Behav. 14: 177–183.

WEBB, D. R. (1981): Macro-habitat patch structure, environmental harshness, and *Marmota flaviventris*. — Behav. Ecol. Sociobiol. 8: 175–182.

WILLIAMS, D. D. & R. L. RAUSCH (1973): Seasonal carbon dioxide and oxygen concentrations in the dens of hibernating mammals (Sciuridae). — Comp. Biochem. Physiol. 44A: 1227–1235.

YANG, G., ZH. ZHANG & L. ZHANG (1986): The estimation of ages for gray marmots (*M. baibacina*). — Acta Theriol. Sinica. 6: 125–129.

YERBAEBA, M. A. (1970): The history of Lagomorpha and Rodentia anthropogenic fauna of the Selenga Region. — Nauka, Moskau: 132 S.

ZARUDNY, N. A. (1897): Notes on the mammal fauna of the Orenburg Region. Mateiali K. Poznaniyu Fauni i Flori Rossijskoi Imperii. — Otd. Zool. 3:1–42.

ZHAROV, V. R. (1975): Ecology of the black-capped marmot (*M. camtschatica doppelmayeri*): in the Barguzin Ridge. — ref. cand. diss., Universität Irkutsk: S. 22.

ZHAROV, V. R. (1976): Factors limiting the number of black-capped marmot in Barguzin Ridge. — Zool. Jour. 55: 1584–1586.

ZHOLNEROVSKAYA, E. I., D. I. BIBIKOV & V. I. ERMOLAEV (1992): Immunogenetical analysis of systematical relations among marmots. — Proc. 1st Int. Symp. on Alpine Marmot: 193–196.

ZIMINA, R. P. (1953): Outline of the ecology of steppe and gray marmots. — Trudy Inst. Geogr. Akad. nauk USSR, 54: 351–382.

ZIMINA, R. P. & I. P. GERASIMOV (1971): The periglacial expansion of marmots (Marmota) in middle Europe during the upper Pleistocene. — Bull. MOIP (Mosk. Obsch. Ispyt. Prirody), otd. biol. 76: 37–49.

ZIMINA, R. P. & I. P. GERASIMOV (1973): The periglacial expansion of marmots *(Marmota)* in middle Europe during late Pleistocene. — J. Mamm. 54: 327–340.

ZIMINA, R. P. & I. P. GERASIMOV (1980): The history of the genus Marmota and the role of periglacial condition of the glacial period in its form and distribution. Aus: R. P. ZIMINA (Hrsg.): Marmots. Biocenotic and practical significance. — Nauka, Moskau, S. 5–23.

ZIMINA, R. P. & R. I. ZLOTIN (1980): Biocenotic significance. Aus: R. P. ZIMINA (Hrsg.): Marmots. Biocenotic and practical significance. — Nauka, Moskau, S. 70–110.

9 Register

Die deutschen Murmeltiernamen sind unberücksichtigt geblieben und auch die Verweise bei den lateinischen Art- oder Unterartnamen beziehen sich nur auf wenige Hinweise, die meist in Zusammenhang mit Verbreitung, Taxonomie oder Schutz stehen.